日本のワイン・誕生と揺籃時代

本邦葡萄酒産業史論攷

麻井宇介 著

日本経済評論社

目　次——日本のワイン・誕生と揺籃時代——〈本邦葡萄酒産業史論攷〉

前編　殖産興業期のワイン

後編　後註と補遺

資料編

〔注記〕 資料編に収録した原本について。原本は全て著者の所蔵であり、今日、容易に閲覧ができないものを収めた。『独逸農事図解』（全三十図、附録一のうちブドウに関するもの二点）、『農業雑誌』（一二九号の一部）、『撰種園開園ノ雑説』、は原寸のまま、『葡萄効用論』（九六％に縮小）、『舶来果樹要覧』（ブドウ関係を抜萃、八八％に縮小）は本書全体の体裁を整えるためにそれぞれ縮小した。

前編　殖産興業期のワイン

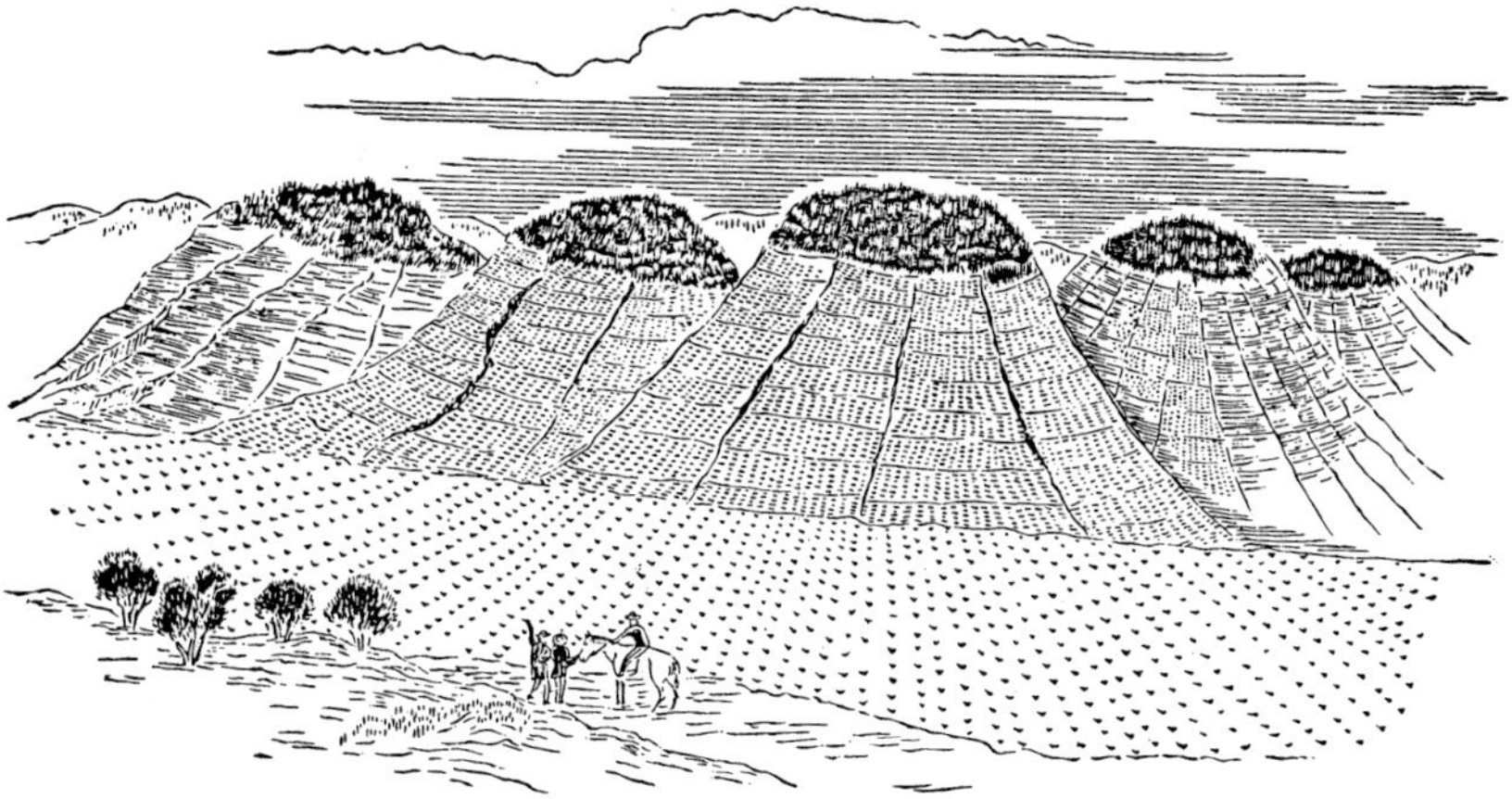

欧州葡萄園ノ景『葡萄栽培新書』より

一　国産ワインの始まり

萌芽の所在

日本のワインについて述べた大方の書物は、その歴史を藩籍奉還から廃藩置県へと進む維新後間もない山梨県甲府在住の二人の人物から書きおこしている。あるいは、さらにさかのぼって、ブドウ樹の伝播・繁殖からワインの由来を説いている。

これらは、『大日本洋酒缶詰沿革史』（大正四年）に誌すところの流説であって、後者に関する記述は、この『沿革史』においてもまた、福羽逸人著『甲州葡萄栽培法』（明治十四年）からの引用である。

この引用は、甲州におけるブドウ栽培の歴史を独立の項目としている『沿革史』においては妥当であるが、ワイン前史として甲州ブドウの来歴を述べることは、あたかもその栽培の歴史のなかに、ワイン醸造の起源が包含されているような誤解を生じやすい。いわゆる在来品種によって明治以前に土着のワインが醸造された明白な証拠は、これまでのところ発見されていない。

福羽逸人は後にわが国における温室栽培の創始者として園芸界の大先達となった。彼の名は、彼が作出した「福羽イチゴ」によって今日に及んでいるが、明治十三年に開設された播州葡萄園に用地選定の当初から参画し、明治十八年ブドウ栽培研究のため渡仏するまで、園長心得として栽培と醸造に苦心惨憺したことは、意外に知られていない。

播州葡萄園は、明治維新政府が殖産興業政策の一環として推進した西欧農業導入の具体例であった。しかし、勧業政策の基調が産業資本の確立に向かって転換し始めた時期に遭遇したため、所期の使命を果し得ないまま廃絶への道をたどることになる。

播州葡萄園の生みの親であり、大久保利通を頂点とする明治殖産興業政策の具現者の一人であった前田正名は、この葡萄園の最後を、わが手に引取って、彼が若い日フランスで摑んだ新しい農業の夢に自ら終止符を打たねばならなかった。この顚末は別に一章を設けて述べることとする。

わが国におけるブドウ酒製造の起源について『大日本洋酒缶詰沿革史』は、まず、「葡萄酒の起源を述べんと欲せば、吾人は筆を山梨県に起さざるを得ず。同県は葡萄の産地として夙に其の名を海内に馳せ、已に明治三、四年頃甲府市広庭町山田宥教、同八日町詫間憲久の両人共同して之が醸造を企て、越えて明治十年には同県勧業課に於て、葡萄酒醸造場を設置したるの事蹟あり」と概説したあと、項を改めて次のように記している。

　山梨県に於ける葡萄酒の起源を繹ぬるに明治三、四年頃、甲府市広庭町山田宥教《ひろのり》、同八日町詫間憲久《のりひさ》の両人、相共同して葡萄酒の醸造を開始し、製品を京浜地方に移出したるを以て権興とするが如し。蓋し山田宥教は維新前より野生葡萄実を以て葡萄酒を試醸し、其の結果相当に良好なりしを以て茲に共同経営を為すに至れるなりと云ふ。

明治四年県令[1]藤村紫朗任に同地に赴くや、恰も外国製葡萄酒の輸入漸く盛ならんとするを見て、同県が葡萄の産地にして斯業の前途有望なるを思ひ、之が奨励の為葡萄樹の栽培及葡萄酒の醸造を勧誘したり。明治九年内務省勧業寮より醸造業研究の為米国に派遣したる大藤松五郎の帰朝するや、氏を前記山田及詫間共同の醸造場に派して実地指導を為さしめ、其の担任の下に純良葡萄酒一万罎（四合入）を試醸せり、而して内務省は該醸造場に対し、醸造資金として無利子三ケ年賦にて千円を貸付し、以て之が保護に努めたるも、経営者は他の事業の失敗より倒産するのやむなき場合に遭遇し、折角の事業も茲に頓挫するに至れり。

『大日本洋酒缶詰沿革史』の洋酒篇を執筆したのは、発刊当時（大正四年）大蔵省主税局国税課長であった今村次吉と大蔵技師矢部規矩治である。矢部は農芸化学畑の技術官僚として草分け的存在で、醸造試験所の設立に尽力している。このような二人の地位から容易に推察できることであるが、洋酒篇に関する資料は、税務監督局や税務署の調査によるものが多く、また各地の行政機関や酒造業者から得たものも少なくない。

ただ惜むべきことに、記事の内容がいかなる資料によったかまったく明らかにされていない。たとえば、山田、詫間の共同事業として葡萄酒醸造が明治三、四年頃に始まったという記述は、口伝によったのか、それとも文献があるのか、はっきりしない。したがって、これを国産ワイン第一号の記録とみなすには、根本資料による裏づけが必要となる。

『甲府市史』（昭和三十九年）にも同様のことが書かれているので、ワイン発祥明治三、四年説はこの市史に拠ったものもあるかと思われる。これには次のように典拠を明らかにしてある。

「明治三、四年ごろ、甲府広庭町山田宥教と八日町詫間憲久が共同で醸造し、製品は京浜地方に移出していたというが、資本も少なかった上に醸造方法が幼稚であったから失敗し、明治九年廃業のやむなきに至ったもので、他に試醸していたものも恐れをなし相ついで醸造を廃したと、当時の『山梨県勧業第一回年報』にしるされている」

明治六年十一月設置された内務省が、その発足にあたって最優先の課題としたのは、勧業行政の強力な推進であった。このことは、大蔵省租税寮に所属していた勧業課を一躍一等寮に昇格させ、内務省を構成する六寮の筆頭としたことからも首肯できる。

これに呼応するのが各府県の勧業課で、政府の殖産興業政策の浸透と地域産業の育成にあたった。その記録は、各府県の勧業年報として残されている。

『山梨県勧業第一回年報』は主として明治十二年の生産情況を報告し、かつ当該事業の経緯に言及している。当然、ここにブドウおよびブドウ酒についての記述が見られる。『甲府市史』と対比するため、ブドウ酒の項について煩をいとわず全文を示しておく。

葡萄酒ノ現況

本県ノ葡萄酒ハ明治七年中県下甲府詫間憲久ナルモノ百方試醸ノ方法ヲ探究シ稍其緒ニ就クヲ得タリト雖トモ如何セン資本ノ欠乏ト方法ノ精到ナラサルトニ依リ充分ノ結果ヲ得ル能ハス同九年ニ至リ終ニ其ノ業ヲ癈休スルノ不幸ニ陥リタリ爾来之ヲ有志者ニ勧奨スト雖トモ詫間氏敗衂ノ余人々皆疑懼ノ念ヲ生シ之ニ応スルモノ

ナシ故ニ明治十年中勧業試験場内ニ就テ《ママ》醸造所ヲ設置シ教師ヲ聘シテ該業ニ従事セシメタリ爾来三年ノ久ヲ経ルモ其醸酒ノ如キ曽テ腐敗等ノ患ナク却テ醸酒ノ品位ヲ善美ニ進マシムルニ至レリ是ニ於テカ県下有志者該事業ノ今日ニ緊急ナルヲ知リ協同結社シテ生徒二名ヲ仏国ニ渡航セシメ修業帰朝目下専ラ葡萄ノ栽培ヨリ醸酒ニ至ル迄該社ニ於テ之ヲ担任シ大ニ後来醸酒ノ目的ヲ達セントス県下ニ於テ此事情ニ従事スルモノ年々月々益盛ナルヲ加ヘ醸酒ノ方法モ亦年ヲ逐テ精到周密余蘊ナキニ至ルヲ確信ス

このように、山田、詫間の起業を明治七年としていて、それ以前の事蹟には触れていない。また、山田の名を逸しているが、これは醸造担任者の山田と、出資者の詫間という対外的な立場の差によるのであろうか。念のために『山梨県史』によって明治三年より七年にいたる産業事蹟を調べたが、ワイン醸造の記録はない。

しかし、明治維新の行く方も定かでないこの時期に、開港場から遠くはなれた盆地の小都会で、ワインなどという飛びきりモダンな品物を商売してみようと思いたつ人物がいたとしても、一見驚くべき開明さではあるが、それ自体さほど特殊なことではない。それは当時の交易の事情を知ることで理解されよう。

横浜が開港されたのは、明治になる九年前の安政六年七月であった。ここで最初に外国人の目にとまったのが、甲州島田糸であったという。以後、生糸はたちまち輸出品の王座を占め、明治の国家財政を支える強力な柱となった。

その生糸は、福島県二本松、群馬県桐生、富岡、そして長野県諏訪、岡谷が主要な産地であった。明治初期の鉄道敷設は、これらの産地と横浜を結ぶ産業路線としての性格をもっていたが、それ以前は生糸商人の馬の背による輸送に頼るよりほかはなかった。諏訪、岡谷から横浜への道は、誰いうとなく「絹の道」と呼ばれた。それは甲府、塩山、大菩薩峠、八王子、鑓水峠、原町田を経て神奈川、横浜に至るルートである。生糸商人はこの道すがら山梨県内の生糸も集荷していった。

こうして、明治三、四年の甲府は、文明開化の足音が、生糸ブームによって山並の彼方から誰の耳にもひたひたと押し寄せてくるのが聞こえていた。

甲府柳町に住む野口正章もその一人であった。彼は明治二年頃からビール醸造を試み、醸造機械器具の製作について当時京都にいた外人に指導を受け、その後、明治五年、横浜に居留する米国人コプランドを招いて製造に着手、巨額の私財を投じて苦心の末、遂に明治七年「三ツ鱗」印ビールを完成発表した。

コプランドはこれより前、すでに横浜で在留外人向けにビールを醸造しているし、大阪では明治五年三月から米人ヒクナツ・フルストの指導によって、渋谷庄三郎が「渋谷麦酒」の製造を始めているので、野口の事業を嚆矢とするわけにはいかない。しかし、創業の苦労は立地条件の悪い野口の方が、はるかに大きかった。たとえば、横浜で入手した糖化釜を富士川沿いに運搬しようとしたが大きすぎて運べず、甲府で新たに製作したという。

野口は最初、甲州特産のブドウでワインを製造する考えであったが、権令藤村紫朗からワインは勧業課で事業化する計画があるのでビールをやってはどうか、と奨められワインを断念したのだという話もある。これは、藤村が権令（副知事）として初めて山梨へ赴任してきたのが明治六年であるところからすると、ビールに着手した時期の方が早く、つじつまが合わない。

しかしこうした事情からも、山田、詫間のワイン事業着手が個人的な先見性によるよりも、明治初頭の甲府の町に、そのような開明的雰囲気がいち早くたちこめていたという見方が適切であろう。野口のビールも、山田、詫間のワインも、「絹の道」と同じく、その販路は開港場や居留地をめざしていた。

いずれにしても、新しい時代が開けていくなかで、国家も人民も西欧文明を摂取しつつ、そこから新しい産業を興そうとする気運の中にあった。それが最も素朴な形で現れるのが、山ブドウによるワインの製造である。山田宥教が維新前から試醸していたらしいということは、すでに触れた。維新後、醸造を目的としたブドウ苗木の栽植が各地で始まるまで、ワインを志す先駆的な試行は、山ブドウによって着手されるのが通例であった。

このなかで、北海道開拓使、弘前市藤田醸造場など、ごく少数が醸造用品種による本格生産への移行に成功したが、多くは記録にも残らず消滅したと推察される。『農務顛末』にわずかに収録されている長野県松本市（当時松本県）、茨城県那珂郡八田村、栃木県塩谷郡栗山郷におけるワイン醸造、および愛媛県におけるブランデー製造などは、その断片と見てよいであろう。

その一つ、松本の例は山ブドウによるワインの専売を願い出たもので、国産ワインの製造に関する最も古い文書と思われる。

西洋各国ニヲイテ製シ候葡萄酒ノ義ハ胃中ヲ養ヒ性命（ママ）ヲ保スルノ一品ニシテ当管内ニハ幸ヒ山葡萄モ沢山有之候七ケ年ノ間私一手エ右株御免被下置候ハバ来申年ヨリ葡萄酒造仕御管内ハ勿論御近隣モ相弘国産ノ一品ニ仕度何卒元手金エ戻候迄私一手エ御免被下置候様仕度此段宜敷被仰上御許容下候様奉願上候以上

本町第九区九十四番地　百瀬　二郎

明治辛未年（四年）九月

今井　六衛　殿

太田　冨衛　殿

小松　清八郎　殿

右之通願出候ニ付取次差上申候以上

肝煎　太田　冨衛
名主　今井　六衛

松本県御役所

松本県から政府へ出された伺書に対する回答は、大蔵卿大久保利通の名をもって、製造は勝手だが専売は認められない、というものであった。それ以後、果してブドウ酒が醸造されたのかどうか、わからない。

このように、たとえある時期、先駆的な事蹟があったにしても、それを継承するものがなく、そこに蓄積されたはずの経験や判断が根だやしになってしまった場合、産業発達史のなかでの位置づけは、先覚者としての個人的な評価と、おのずから別のものとなる。ワイン醸造のように、初歩的段階の企業化だけを見ると、農産製造業のなかでも特に取り組みやすいものは、こうした点についての配慮がとりわけ肝要となる。

ひるがえって、山田、詫間の場合はどうであろうか。彼らの業績を国産ワインの源流とみなしてよいであろうか。他の商品生産と同じく、ワインもまたマーケットの発見、開拓、育成といった販売面での課題が事業の成否を決めるといってよい。文明開化は外的要因として有利に作用したが、食生活における保守性は、ワインに対する関心をどうしても皮相的なものにとどめてしまう。山田、詫間の努力も、それを国産ワインの市場開拓という観点に立って見れば、評価するにあまりにも微力であった。

したがって、この時期におけるワイン生産は、企業としての成否よりも、ブドウ栽培とワイン醸造に導入、あるいは考案され、実際に駆使された技術の高さに着目すべきである。そして、ワイン産業前史ともいうべき個人的苦闘時代にあっては、一見散発的で脈絡のない国産ワインの歴史を、技術伝承の系譜としてとらえ、後続の者への寄与の大きさによって位置づけをする試みがなされてよいのではないだろうか。

そこで、山田、詫間の醸造技術はどの程度のものであったか、彼らはそれを経験的に体得したのか、それとも野口正章におけるコプランドのごとく、教える人がいたのか、出来上がったワインの品質はどのようなものであったか、そして、彼らから技術を習得した者はいなかったか、というような疑問に解答を見出さなければならない。

その一部は『山梨県勧業第一回年報』が答えている。また、当時の景況を伝える資料として、『農業雑誌』第二十九号（明治十年三月）に次の一文がある。

「(前略）予はまた甲府に至り詫間氏、山田氏の居寓を訪いたるに、諸氏は其の近傍に培養したる葡萄、野生の葡萄、より醸造したる葡萄酒をもって予を饗待せり。予は先づ諸氏の此の葡萄酒を製したるの労を讃美しあわせて此の種の葡萄にては通常の飲料は製することを得ると雖も、以て佳良の葡萄酒を醸造すること能わざることを証せり。また諸氏はこの葡萄の実皮を蒸留して焼酎を製したり。もし諸氏のなほ之れを精製することを勉めなば、果して頗る佳良の飲料を製することを得べき也」

この筆者、津田仙は、明治のベストセラー『西国立志編』の訳者で明六社を組織した中村正直、同志社大学の創立者新島襄とならんで、キリスト教界の三傑といわれた。津田塾を開いた津田梅子は、仙の長女である。

彼は、明治八年、麻布に学農社を興し、農学校を設立して西洋農学を教授する傍ら輸入穀菜の頒布と栽培指導を行った。また機関誌『農業雑誌』を発刊して西洋農法の普及に努め、当時の欧化思想を背景に、一つの文化運動的な結社ともいうべき活躍を展開した。内村鑑三は、「津田式農業は、第一に文明流の農業である。第二に平民的農業であって、位階勲章をもって誇るが如き役人的農業ではなくて体を養うと同時に天に徳をつまんとする農業である」と評したが、まことに彼は明治前期農業界の民間における最大の指導者であった。

東京大学農学部の前身、駒場農学校が開校したのは明治十一年、クラークが札幌農学校に赴任したのが明治九年であることを思えば、津田仙の学農社が、農業教育においていかに先駆的であったか、西洋農学啓蒙においてその貢献がいかに大きなものであったか、容易に想像できるであろう。播州葡萄園の福羽逸人は、学農社農学校に学んで津田の薫陶を受けた一人であった。

津田自身の泰西農業開眼は幕末にさかのぼる。彼は蘭語、英語に通じ蕃書取調方として翻訳・通弁に従事していた。慶応三年、幕府は軍艦・武器購入のため米国へ使節団を派遣することとなり、彼はその通詞となった。米国での見聞を通して、津田は西欧の農業が学理に立脚していることを知り、大いに感ずるところがあった。維新後、官途に志を得られなかった彼は、築地ホテルに勤め、そこで西洋野菜の栽培を試みている。

明治六年、政府はウィーン万国博覧会への参加を機会に、技術伝習生を派遣することになった。津田はこのとき選ばれて、農事・樹芸修習のためオーストリアの農学者ホーイブレンに師事する。これが津田にとって第二の開眼であった。彼が勉学した成果は、『農業三事』（明治七年）として、明治前期の農業界に旋風を巻き起こした。学農社もまた、彼の宿願の実践であった。こうして津田の農事改良家としての名声は、性急で無批判な西洋農法導入が行き詰まるまでの間、ひときわ高かったのである。

山田、詫間の醸造場を訪れた津田は、つまりこのような新知識の人であって、単なる探訪者ではなかった。したがって、彼の一言一句は山田や詫間にとって決定的であり、深刻な影響を与えずにはおかなかったであろう。

彼らのワインを批評するのに、津田はまず暗中模索でワインをつくり出した二人の労苦をねぎらっている。しかし、彼が初めて飲んだ国産ワインは、良いできではなかった。その原因を設備や醸造法に求めず、直截に原料ブドウの品質と指摘しているのは、今日では異論があるかもしれないが、すぐれた見識である。

確かにワインは、最も素朴に自然を反映して、つつみ隠すところがない。ワインづくりが醸造だけを意味するものでなく、ブドウ畑の農作業から始まるものであることを、津田は二度の西欧体験で実感していたに違いない。

ワインをつくるためにブドウを栽培するという考え方は、明治になるまで日本には存在しなかった。もう少し正確にいうなら、幕末海外へ渡航した人たちの幾人かが、彼地の大農経営をまのあたりに見て、日本における農業近代化の方途に思いをいたすまで、牧畜とか果樹園芸とかを、農民の生業として捉える思想は生まれる余地がなかった。

それを制度的に打ち破ったのが、明治四年九月、俗に「田畑勝手作許可」といわれる「水田、白田ノ種芸ハ米麦諸穀ニ限ラス其ノ土質ニ適応スル者ヲ培殖方大蔵省稟議」の裁可である。

しかし、これがただちに欧米農法移植を目標とする農政へ結びつくわけではなく、この時期には、窮乏した維新政府の財政を支えるため、いかに農業生産を増大させるかが切迫した課題であった。開墾を奨励し、北海道開拓を国家の事業としたのも、家禄を失った武士団の救済という一面はあったにせよ、西洋列強の軍事的、経済的圧力の下では農民の生産力に頼る以外に、近代化の道はなかったのである。

津田仙が甲府を訪れたのは、明治八年から遅くも九年の前半までの間と推定される。雑誌の発行は明治十年三月、ということからすれば、なるべくこれに近い時期とみるべきであるが、前掲の『勧業年報』にもあるように、明治九年になると、詫間らは資金的な行き詰まりに逢着しているので、当然そのような雰囲気が文中にうかがわれて然るべきである。

明治九年七月二十六日、詫間憲久は山田宥教と連名で「葡萄酒醸造ニ付御願」という書面を、山梨県令藤村紫朗に提出している。彼らの事業が行き詰まっている事情を示すものとして興味深い資料である。

「私共儀本国ノ産物ニ付是迄葡萄酒醸造ニ従事シ苦心研究仕候ヘ共素ヨリ無識ノ臆測ニシテ到底精良タルヲ得ス故ニ積年ノ丹誠終ニ水泡ニ属スヘキノ歎息罷在候処今般勧業御寮大藤氏当県下ヘ御派出当国産ノ葡萄等御検査有之当年葡萄酒醸造ノ趣ニ付テハ私共多年ノ苦心罷在候事故何卒私方ニ於テ醸造相成改良ノ葡萄酒製造致度右御許可被成下候ハハ醸造着手見込ノ件々左ノ箇条書ヲ以テ奉懇願候」

本文について見る限り資金繰りの窮迫について彼らは触れていない。「素ヨリ無識ノ臆測ニシテ到底精良タルヲ得ス」という醸造技術の未熟に対する自覚は、津田の指摘が作用していると思われる。

彼らのいう「左ノ箇条書」とは次の通りである。

第一、醸造に必要な機械で不足のものは、大藤松五郎の方で適宜に調達するよう掛合ってもらいたい。

第二、秋に醸造する数量は一万本分でも二万本分でも経費はそれほど違わない。よって、二万本分醸造して、この中から壜詰貯蔵にまわし、熟成した品質のものを持てるようにしたい。

第三、醸造に適した西洋の葡萄苗を約二万本栽培したいので、取寄せて分与してもらいたい。

第四、醸造に必要な資金は約三七〇〇円と見込まれる。このうち二七〇〇円は「至仁ノ御処分ニテ」当分の間拝借致したい。

詫間にとっては、この最後の箇条が一番重要であったかも知れない。しかし、ここにはワインの国産化にあたって、当然の懸案が提示されているのである。

これを受けた藤村は、県が政府に資金を借用するという形で、詫間らの願書をそのまま内務卿大久保利通に上申している。回答は「葡萄酒醸造成功候様精々勉力可為致」明治九年七月より一年間据置以後三カ年賦にて金一〇〇〇円を無利息で貸し渡す、というものであった。

金額の多寡は別として、勧業授産に対する県令藤村の積極的な行政の一端がうかがわれる。また、それに応える中央政府の反応も、殖産興業に新国家建設をかけて、遮二無二近代化を進める果断と粗雑の入り混じった若い明治が髣髴としている。薩長藩閥政府の専制が確固とするまでの明治は、こういう試行錯誤を無数にくり返し、あえておそれない時代であった。

『山梨県勧業第一回年報』は、詫間らの事業が明治九年「廃休スルノ不幸」に陥入ったと述べている。一方、『大日本洋酒缶詰沿革史』は大藤松五郎の指導によって「純良葡萄酒一万壜を試醸せり」とある。この違いは、記述者の観点の相違が表現を偏らせたと解釈すべきであって、おそらくワイン一万本の仕込をしたことも事実なら、その後に倒産したことも事実なのであろう。

山梨県勧業試験場が開設されたのは、明治九年六月であった。この試験場に葡萄酒醸造所が置かれたのは翌十年であるが、このことと詫間らの倒産とは密接なつながりがあるとみてよい。

この葡萄酒醸造所を維持するため、明治十一年三月十三日付で県令藤村紫朗は内務省へ醸造資金貸付を具申している。これによって醸造所設立前後の事情をうかがうことができる。藤村の述べるところによれば、詫間らの願出に対し勧業寮より一〇〇〇円を貸与して保護育成に努めたが、創業資金がかさみ「負債累積弁償ノ道不相立終ニ盛業ノ運ニ不至シテ身代ヲ破リ該業ヲ癈棄スルノ不幸ニ陥リ」これを再興する有志をつのったが応ずる者がなく、「折角精製ノ端緒ヲ開キタル国産ヲシテ其儘癈滅ニ附スルノ外無之真ニ嘆惜ニ堪ヘサルヲ以テ暫ク之ヲ本県勧業場中ニ移シ一層精良ヲ極ムルノ工夫ヲ凝シ其純益ノ真味ヲ衆知セシムルニ於テハ再ヒ人民ノ業ニ附スルモ筆舌ヲ費サスシテ容易ナルヘキニ付」大藤松五郎を登用してブドウ酒や米製火酒を試醸するに至った。

藤村のこうした開明的施策は高く評価しなければならない。しかし醸造所の運営は遂に軌道に乗ることなく、明治十七年まで負債を重ねつづけて、廃止される。

大藤松五郎の来歴はつまびらかでないが、明治初年渡米、カリフォルニアで果樹栽培とワイン醸造の実地を八年間履習し、明治九年帰国したと伝えられている。内務省より派遣されたと『沿革史』にあるが、明治初期に勧農上の目的をもって、民部省、大蔵省、内務省から海外へ出張、留学を命じられたと記録されている人たちのなかに、彼の名はない。もっとも、記録そのものが完全ではなく、また明治維新前後には自費による多くの出国者があり、そのなかのある者は追認されて留学生となっている。もし大藤の留学が内務省の前身である民部省によって企てられたものであるなら、西洋農法導入の官界における先鞭と目されている岩山壮太郎の留学（明治四年）より早くしかもその履習対象が、当時の農政上の要請が開墾増殖にあったことを考慮しても、果樹・醸造というきわめて特殊な分野であった事実は、特筆すべきこととなる。

大藤は明治九年帰国すると、まず内藤新宿試験場でトマト缶詰の試製に従事している。この年の秋は山田、詫間の醸造指導を行い、翌明治十年、山梨県勧業試験場の内に前述の経緯で醸造所が設けられると招聘され、勧業課出仕、後に御用掛となった。同じ明治十年、内務省は機構を改め勧業寮を廃止して勧業局とし、岩山敬義（壮太郎改め）が局長松方正義に次ぐ地位を占めた。初期の留学生がいかに期待されたか、また、それに応える働きをしたか。岩山と対比して大藤の不遇が解せない。彼自身の力量のしからしむるところか、大久保、松方、岩山といずれも薩摩出身の藩閥体制が、大藤の昇進をさまたげたのか。いずれにせよ、日本のワインの最初の指導者となるべき大藤であったが、その後のワインに彼の遺したものを見出すことはできない。

山田、詫間の先駆的な試みも、同様に国産ワインの系譜として、孤絶した事蹟でしかない。しかし県令藤村紫朗は、彼らの事業を県勧業試験場の葡萄酒醸造所に継承したとしてさらに一万五〇〇〇円の醸造資金を国庫から借入し、明治十六年秋まで、凶作だった十二年を除き、毎年ワインの仕込みを継続した。この民業から官業への移管は、詫間らの倒産による藤村の政治的な配慮と見るべきで、両者の間に事業の本質的なつながりはない。しいて関連をあげれば、大藤松五郎の技術指導が一貫していることである。

葡萄酒醸造所が活動した時期、ワイン醸造伝習のため入所して修業を希望する者が各地から相次ぎ、二府一〇余県に及んだと、醸造所払下げの上申書において藤村は述べている。これが事実であるならば、大藤を起点とする国産ワインの技術伝承の行く方に興味をそそられるが、残念なことに、実習を受けた者の側からの資料がまったく見つかっていない。

『甲府市史』によれば、明治十年創立の大日本山梨葡萄酒会社からフランスへ留学した高野正誠、土屋竜憲両名は醸造所の講習生であったという。高野、土屋がパリ万国博覧会準備のため渡仏する前田正名に伴われて、フランス船タナイス号に乗船したのは明治十年十月十日であった。大藤が山田、詫間の醸造場で実地指導した明治九年は、大日本山梨葡萄酒会社発足前であり、県の醸造所もまだ設置されていない。翌十年は渡航の時期から考えて高野、土屋に大藤の指導を受ける余裕はなかったように思われる。通常、甲州種の収穫は十月に入ってから始まる。明治初期の交通事情、遠国への長い旅立ち、そのための用意に要する日々を数えれば、この年、彼らが出発する前に大藤の講習生であったとする説は、きわめて疑わしい。

山梨県は日本固有のブドウを古くから栽培していた。ワイン生産の始まりにおいて、これは圧倒的に有利な条件といわなければならない。しかし、甲州種に対する評価が定まるのは、ずっと後になってからであり、醸造用品種の選択には他の地方と同じような試行錯誤があった。

山田、詫間が事業としてワイン生産を行なった明治七年、北海道では開拓使が東京青山試験場に仮植した輸入果樹苗木を、陸続と移植しつつあった。これが結実しワイン醸造を開始するのは明治十二年であるが、ワイン原料用として最初から目的を定めたブドウ栽培は、明治五年から始まったこの開拓使の栽植計画が最も早く、かつケタはずれに大規模であった。開拓使が廃止された明治十五年二月までに、北海道へ移植されたブドウ苗木は、実に八七万本に達した。これらは後に青森、秋田、山形のブドウ栽培地と関連しつつ、日本のワインの一つの源流となる。

明治八年、津田仙が山田、詫間の醸造場を訪れた当時、青森県弘前には、二人の外人が滞在していた。彼らは東奥義塾の英語教師マックレーの後任として、別々の紹介ではるばる津軽まできたのであった。一人はアメリカ人ジョン・イング。メソジスト派の宣教師であり、先着の彼が東奥義塾の英語教師として契約し、同時に日本メソジスト弘前教会の宣教師として伝道に活躍した。もう一人はカトリックの司祭アリヴェで、東奥義塾がすでにジョン・イングを招聘した後であったので、市内にフランス語の私塾を開き、カトリック弘前教会の前駆となる布教活動を行った。この二人、ジョン・イングはこの土地にインドリンゴをもたらし、アリヴェはワインの醸造法を伝えた。『大日本洋酒缶詰沿革史』に、「明治八年、青森県弘前市松森町藤田久次郎、同市在住の外人アルヘーを聘して葡萄酒醸造の教を受け、爾来拮据経営する所あり」とあるが、ここに記された外人アルヘーは、アリヴェの聞き誤り伝えられたものであろう。

東北・北海道におけるワイン生産が舶来果樹・外人先導型であり、官営諸施設も西欧技術の直輸入型をとったのは、明治前期における産業近代化の一般的な傾向として当然の手段であった。これに対して、古くからブドウを産出していた山梨県の場合は国産品による輸入防止という明治初期のもう一つの思想がオーバーラップしてくる。

明治十四年の政変を画期とする殖産興業政策の転換によって、農村に基盤をおく加工業に対して国家の関心は急速に衰退していく。この前後における果樹栽培とワイン生産について、官業施策の推移は章を改めて述べることとするが、置き忘れられた国産ワインが山梨県においてからくも命脈を保ち続けられたのは、ここに西欧の模倣とは出発を異にした、特有産物としての認識と使命感が、山田、詫間以降ごく短期間に形成されつつあったからであろう。

『甲斐栞』という明治四十年刊行の小冊子には、東八代郡の産物としてブドウ酒を次のように紹介している。「明治七年より始め祝村に三醸造所あり頗る名声を博しこれ亦国産の一としてよく諸方に輸出す其需要年に増加す」。

甲州ブドウを原料とした土着のワインを、手さぐりでつくりだした時期が、ここにもうかがわれる。『明治七年府県物産表』によれば、この年、山梨県の白ワイン四石八斗（約八六〇リットル）、赤ワイン一〇石（一八〇〇リットル）の生産があった。恐らく、この数量が公式に記録された日本で最初のワインといえるであろう。それが山田、詫間の醸造したものを示しているのか、勝沼周辺の有志者の試醸までを含むかは、知るよしもない。

ともあれ国産ワインの始まりを明治七年頃と想定すれば、山田、詫間のほかにも、すでに全国的な広がりで、幾つかの萌芽があったことを、ひとまずここに記しておく。

（1）藤村紫朗は明治六年一月二十二日山梨県権令（副知事）として着任した。これを『大日本洋酒缶詰沿革史』が明治四年としているのは誤りである。彼が県令（知事）に昇格したのは明治七年十月二日である。

二　果物と日本人

日本人の果物観

新しい産業が興るとき、これを生産面から見れば、そこにいままでなかった技術が作用しているのを知るであろう。これを国産ワインについて考えてみたい。おそらく、ワイン生産のどこに新しい技術があるのか、すぐには見出せないであろう。

原料のブドウは従来から栽培されている。酒造技術としては、より高度な清酒醸造が広く行われている。船来のワインに接する機会があり、この珍奇な酒に対する需要もあった……。こういう条件が揃っているにもかかわらず、国産ワインは明治になるまで出現しないのである。

もともと、人間がつくる酒のなかで、ワインは最もつくりやすい酒といえよう。果物から酒をつくるには、穀類を原料とするときのような糖化という澱粉を分解する工程がいらない。その果物のなかでも、果汁が一番容易に得られるのはブドウである。しかも、糖度が高からず低からず、酵母にとって最適の培地であると同時に、醱酵が終わって酒となったとき、粗放な取扱いを受けても微生物的病変にある程度耐えられるだけのアルコール分が生産されている。昔の人たちにとって、ブドウの酒は、原料が入手しやすく、製造が簡単で、保存しやすく、しかも美味い、というこのうえない特性をそなえていた。ワインが人類の歴史とともにあって、生活に最も密着した飲物となった理由がここにある。

そのような酒が、なぜ日本では土着の産物として発生しなかったのであろうか。先の技術の問題は、畢竟この疑問を解くことに帰着する。つまり、ブドウと人間の関係を、西欧におけるワイン発生の必然性を考えながら、日本という風土・民俗のなかでは、なにが違っていたのか、それを探索することになる。

そこでまず、文明開化以前の日本人の食習慣、とりわけ果物に対する接し方について、西欧人の目から見た印象を、いくつかの記録から拾い出してみよう。

日本のこの地方〔神奈川〕の果樹については、花が一番秀でたものであるようだ。これらの果樹は、確かに殊のほか日本人に賞美されている。江戸の郊外にあるどんな茶圃も、桃の花の美しさと大きさの点では近隣のものにヒケをとらないが、――食べて美味しい桃を手に入れることはきわめて難しい。桃はみんな熟さないうちに摘み取られる習慣になっている。私には日本人は熟した果実が何を意味するのか知らないように思われる。日本人は決して果物を食べようとはしないし、二年間の訓練を経ても、私の雇っている市場通いの苦力は成熟するということが何を意味するかということを、全く理解できなかったのだ。もし熟した桃が買えず、熟した証拠として、桃の色合いや柔かさに気がつかなかったなら、解雇すると脅かしてやると、かれは間にあわせに、ともかく少くとも柔らかいという条件に適った桃をみつけて、「青黒い痣」の桃をつまんでいるのを見た。そして、利口だと賞められるどころか、私がますます不気嫌に陥ったのを感じたとき、心の中で何て道理の判らない人たちを扱わねばならないのだろうと思ったに違いない。

オルコック、山路健訳『大君《タイクーン》の首府』（一八六二年）

デザートには香りのないメロン、弾丸のような杏、石梨、桃がありましたが、これらの果物は食べられるまでに二日もかかります。というのは、日本では木を疲れさせないために果物は熟さぬうちにつみとられるからです。一度、役人の一人が、特別の贈物として、一杯の杏をもってきてくれました。それは彼の庭にできた一番見事なものでした。眼もさめるような緑色をして、見たところは実に美しいのですが、彼はただその美しさしか考えに入れてなかったのです。

ホジソン夫人「長崎からのたより」（一八五九年）岡田章雄編『外国人の見た日本2』より

日本ニ於テ収蔵ノ果実ヲ食用スルハ欧州ノ殊ニ多品ナルカ如クナラス。欧州ニ在テハ、林檎、梅、李等ヲ貯蔵スルニ或ハ之ヲ乾燥シ、或ハ以テ果糕（ジャム、ゼリー）ヲ製シ、醋ニ砂糖ニ酒精ニ漬クル等各種ノ方法ヲ施シ、毎戸之ヲ手製シテ貯収シ或ハ収蔵ヲ業トスル大製造所ニ就キテ購求シ以テ冬時ノ食料ニ供スルモノ実ニ夥シトス。日本ハ従来収蔵ノ法ニ乏シク其果実ノ乾燥セルモノ特ニ柿ノ一種ニ過キス、其他酒糟等ニテ収蔵セル一、二ノ果実ナキニ非レトモ常ニ之ニ慣食スル者ニアラサレハ口ニ上スヲ得スシテ未其真ニ滋養ノ食料タルヲ保セサルナリ。之ヲ要スルニ日本ニ産出スル果実ノ額ハ各国ニ比スレハ甚タ僅少ナル疑ナシ。（中略）、殊ニ怪ムヘキハ日本人ノ梅、桃、桜、李ヲ愛スル独リ其花ヲ愛シテ其果実ヲ顧ミス、然レトモ花実ヲ併有スル亦敢テ難キニ非ス夫ノ日耳曼《ゲルマン》其ノ他ノ各州ニ於テ毎歳陽春ノ時ニ方レハ桜花爛熳トシテ嬌ヲ呈シ艶ヲ競フ、曽テ墨水ノ堤飛鳥ノ邱ニ譲ラス。其樹数ヲ問ヘハ或ハ更ニ一層ノ多キアリ而シテ夏秋ノ交ニ至レハ人人美味ニシテ養分ヲ兼ネタル夥多ノ果実ヲ収ムルノ益アル比々トシテ皆然リ。日本ノ農人ハ何為ソ柿ニ代フルニ林檎、梅、李等ノ果樹ヲ以テシ之ヲ家屋ノ周囲ニ植培セサルヤ。凡ソ此等ノ果実ハ柿ニ比スレハ太タ養分ヲ具ヘ風味亦美ニシテ且ツ之ヲ収蔵スル柿ヨリモ易シ。然ルニ此ヲ是レ顧ミスシテ而シテ独リ彼ニ従フモノハ抑亦何ソヤ。

ワグネル、曲瀬直愛訳『明治十年内国勧業博覧会報告書』（一八七七年）

ワグネルの記述は文明開化以後であるが、明治維新直前に来日し、日本各地を広く歩いた科学者の感想として前二者の体験的印象より客観的普遍的なものといえる。これらに共通しているのは、日本人の食生活に占める果物の比重がきわめて低いこと、完熟した果物を食べる習慣がないこと、果樹の利用が花や実の観賞を第一としていて、果実の加工保存法が発達していないこと、である。

余談になるが、ワグネルはお雇い外国人として化学工業の育成に大きな功績を遺しただけでなく、明治政府が産業振興の気運醸成に国をあげて取り組んだウィーン万国博覧会への参加に、注目すべき活躍をしている。博覧会というものが、近代国家建設に立ちおくれた日本にとって、当時いかに啓蒙的な役割を果したか、また政府が情報収集の手段にこうした機会をいかに利用したか、その効用は今日と比較にならぬほど現実的な意味をもっていた。

こういう外側からの刺激は、ワイン国産化の発端で見る限り、他の工業製品の場合と比べて、少しも劣ってはいない。万国博覧会は明治六年ウィーン、八年メルボルン、九年フィラデルフィア、十一年パリと続いたが、なかでもウィーンは、維新後、政府として最初の参加であり、最大規模の派遣、出品を行った。明治農業界の最も熱烈な欧化主義者であった津田仙は、このウィーン万国博覧会を機会に選抜された技術伝習者の一人として、泰西農学の洗礼を受けたのであった。

また、パリ万国博は前田正名を団長とし、ウィーンに次ぐ規模の参加であったが、このとき、山梨県祝村から二人の青年が随行した。彼らはそのままフランスに滞在して、ブドウ栽培と醸造の技術を習得する。これは明治六年、岩倉具視全権大使一行に加ってフランスに渡った大島高任や、維新前すでにアメリカでブドウ栽培と醸造を実地に学んだ小沢善平とならんで、いち早くワインの製造技術を欧米から直接もたらした、というだけでなく、企業化に結びついた最初の例として特筆すべきことであった。その祝村葡萄酒会社の顛末は後にゆずる。

西欧の風土において、人間とワインはごく自然に出会った、と考えられる。設問のくり返しになるが、日本の風土では穀類からの酒ができて、なぜ果物からの酒が生まれなかったのであろうか。

これを酒造りの手順を借りて表現すれば、西欧の知識が入ってくる前に、日本ではなぜブドウの房を桶に入れて漬してみようと誰一人試みなかったのか、という疑問となる。さらに進めていえば、ブドウの実を絞り、果汁をとるという工夫が、どうして日常の食生活に現れなかったのか、ワイン生産工程における果汁を考えるまえに、飲料としての果汁が存在しなかった理由を、まず考えてみる必要がある。つまり、日本人の果物に対する関心の底にあるものへ、論議はさかのぼるのである。

では、果汁をとるということは、西洋ではどのようにして始まったのであろうか。ワイン発生を解くカギはまさにここにあるといって過言ではない。

酒類の起源は、考古学や文化人類学の領域で実証的な研究が行われているとはいえ、一般的には醸造学や微生物学の知識を援用して、発生段階を醗酵型式の単純か複雑かに対応させようとする傾向がある。この論法に従えば、原初の酒は採集した果実や蜂蜜から自然発生的に出現したという想定となる。猿酒伝説も同類である。

しかし、この考え方の弱点は、人間の手を借りないでも単醗酵型式なら起こり得るという発想そのものにある。ここはどうしても人間の生活の仕方のなかに、酒を出現させる条件を満足させてしまうような行動があって、ワインを発見したという意味は、ワインを産み出すための所作を知った、ということであったと推論したい。

農耕文化以前の人類が、採集した食料を住居の一隅に穴を掘って貯蔵したり、土器に収納したことはよく知られている。それがブドウの果実であった場合、しばらく放置すれば果皮の破れた果実から果汁がしたたり、容器の底にたまり、やがて醗酵が始まる……。いかにもワインの誕生にふさわしい挿話ではある。だが、こんなことでワインが生まれるとしたら、それは僥倖であって、ほとんどの結果は無残な腐敗でしかない。

ブドウの房が土器に詰め込まれた状態を想像してみよう。ブドウは幾分か押しつけられ、その重みで果皮の破れるものがあるかもしれない。しかし、果実と果実の間は果汁で満たされたわけではなく、大部分は空隙である。この過度に酸化的な環境で、野生の酵母が他の微生物との拮抗から、傷み始めている果物の堆積を都合よくアルコール醗酵へ導く可能性は、全くないといってよい。

ブドウを腐敗からまもり、ワインへの変身を遂げさせるためには、なにか人間の手が加えられなければならない。ワインづくりの最も素朴な、しかし絶対に必要な技術がここにある。それは、明らかに意図をもって、積極的にブドウを潰してやることなのである。ワイン成立の決め手であるこの「果実を潰すこと」を、文明開化以前の日本人は知らなかった。あるいは、果物をそのようにして食べる習慣がなかった、といいかえてもよい。

ワインが日本独自の酒として出現しなかった、その理由のきわめて重要な部分がここにある。それは、もはや生産技術の次元ではなく、稲作以前の人間の棲み方にまで遡及して、日本という風土の中に胚胎した食生活文化の特質として捉えるべき問題なのである。

照葉樹林文化とワイン

酒について日本で最も古い記録は、『古事記』、『日本書紀』に書かれた八岐大蛇退治の八塩折酒（八醞酒）である。「ヤシホオリ」のヤは多数の意で、「シホオリ」は「シホル」、すなわち「絞る」と解され、幾度もくり返して絞った酒ということから、反覆重醸したアルコール分の高い濃厚な酒であろうと想像されている。しかし、何を原料としたか、どんな醸造法であったか、わからない。

たまたま、『日本書紀』は本文につづけて、「一書《あるふみ》に曰《い》はく」と書紀成立当時流布されていた同種の口伝を併記してあり、八岐大蛇伝説にはこれが六つ書き添えられている。その二番目の異伝は、正伝に「八醞酒を醸《か》み」とあるところが、「素戔鳴尊《すさのおのみこと》、乃ち教へて曰《い》はく、汝衆菓《いましあまたのこのみ》を以て酒八《や》甕《はち》を醸《か》め、云々」となっている。

日本人は米食民族であり、日本の酒は稲作農耕文化の産物と考える立場からすれば、穀類ではなく「衆菓」、すなわち種々の果物を用いて酒を醸造したということのくだりは、ワイン談義で大いに問題となるところである。

これにもう一つの神話、黄泉の国から逃げ還るイザナギノミコトの話がからまる。『古事記』によれば、追いかけてくるヨモツシコメに投げつけた黒御鬘《くろみかずら》が、たちまち蒲子《えびかずらのみ》になったとある。このエビカズラが葡萄の和名であるところから、衆菓の中にブドウがあっても不思議ではないということになり、ワイン起源説となるのである。しかし、それなら以後の歴史に果実の酒が一度も現れないのはなぜであろう。この謎をとくには、「神話の中の衆菓」について詮議しなければならない。

神話とは、いうまでもなく太古の事実を証言するものではなく、伝えられた事柄は、それを記述した時代の言葉や認識を通してのみ正確な意味を把握できるのである。『古事記』のいうエビカズラは、葡萄の和名としてのエビカズラと同じ植物かどうか。衆菓の「菓」は、われわれが今日の感覚でとらえる果物であるかどうか。それが確認されない限り、神話の世界に起源論的発想を持ち込むのは危険である。

縄文時代の原初農耕研究の権威である佐々木高明は、その著書『稲作以前』において、照葉樹林帯に生息した人間の生活は、「焼畑農業を主軸とする場合でも、必ずこれに野生の植物の採集・利用の技術や狩猟活動が結びついて、一つの生活体系を形成していた」と指摘して、木の実を常食とする照葉樹林文化が西日本一帯に展開していたに違いないという考えを述べている。

ドングリやトチの実を食用としたのは、縄文時代に限られたことではない。救荒食として、それは江戸時代の農書にも見られ、明治以降も、焼畑農業の続いていた山村では、米が配給制になった第二次世界大戦まで、ヒエ、アワ、ソバ、豆類とならんで常食されていたのである。

堅果類のなかには、シイの実のように渋抜きをしなくても食用になるものもあれば、トチのように入念に水晒ししなければ食べられないものもある。水に晒してアクを抜くのは、堅果類だけに要求された加工技術ではなく、むしろ、クズやワラビの根を食用とするために、より広く用いられた技術である。原始人が考え出したこの技術によって、採集した植物の食料化は容易となり、照葉樹林のなかでの人間の生活は安定したものになっていった。

水晒しによって得られるものは、原料の如何を問わず澱粉である。クズやイモ類は石器で砕いて水に晒すだけで良質の澱粉が得られるが、苦味の強いものは水晒しのあと木灰を加えて加熱する複雑な処理が必要である。こうして出来上がった澱粉は、乾かして粉にして貯えたり、蒸して餅のようにして保存した。ここまでくれば、酒が生まれるすじ道はもう定まったといってよい。

西洋では麦芽を使って酒をつくるが、東洋ではカビを使う。酒の特質について洋の東西を比較するとき、これは必ずいわれることである。澱粉を糖化する手段として、発芽する種子の澱粉糖化酵素を利用するか、カビの生産する酵素を利用するか、という技術の違いは、しかし、西洋と東洋という地理的区別に対応するものではない。

カビを利用する酒の生産は、澱粉を餅にして保存する加工技術から導き出されたものに違いない。その意味で、麦を主体とした農耕文化に見られるパンからビールへ展開するヨーロッパ型の酒に対し、東洋の酒は照葉樹林文化の一環として把握すべき性質のものである。

こうしてみると、八岐大蛇伝説の簸《ひ》の川の流域は、まさしく照葉樹林帯に属する生活圏であり、その土地における古代人の意識のなかの「菓」は、ブドウのような水分の多い漿果類ではなく、ドングリのごとき堅果類であったと理解するほうが妥当であろう。「衆菓」とは、さまざまな木の実、という意味であるとき、はじめて限定された地域内で、一時期に、多くの種類の果実を集めることが可能となる。

先にも述べたように、『書紀』には多くの異伝が添えられている。大蛇退治の第三の「一書に曰はく」には、「素戔嗚尊、乃ち計《はから》ひて、毒酒《あしきさけ》を醸《かみ》て飲ましむ」とある。読みすぎかもしれないが、水晒しや加熱処理による毒抜き技術が完成していたことと思いあわせると、すでに体験的な毒酒の認識があったのであろう。

醸造原料としての果実に要求される性質は、まず水分が多いこと。そして糖分が高いことである。これは木の実と正反対である。澱粉利用について高度の加工処理技術を編みだしたわれわれの祖先は、一方において、漿果類の利用が実に下手であった。これは彼らの生活からくることであった。食料確保のための水晒し作業は、大量の流水を必要とする。彼らの居住する近くには必ず豊富な水があった。照葉樹林帯では、果汁を飲料として要求する必要がないばかりでなく、むしろ果実の保存性の悪さが悩みとなったはずである。

採集中心の食生活では、熟期に大量の収穫があっても、それを保存、貯蔵できなければ、無に等しい。われわれの生活で気づくことは、ウメ、カキ、ユズ、いずれも完熟前に収穫している。そうすることによって、完熟した果実以上の利用価値を発見した祖先の知恵がここに受け継がれているのである。こうした未熟のうちに採取する傾向は、果物に限らず、カンピョウ、サンショウ、キュウリ、ナスなどにみられ、日本人の食習慣の特徴となっている。

果実を青いうちに収穫するのは、完熟した果実の利用価値を知らなかったからで、これは澱粉中心の食生活を営んできたことと密接につながっている。幕末・明治の外国人に、こういう光景が異和感を与えたのは、当然のことであった。日本に稲作農耕文化が成立した後は、漿果類に対する食生活上の需要はまったく小さいものになって、以来日本人はワグネルの指摘する通り、果物に冷淡な暮しを続けてきた。独断をあえてすれば、果物の未熟なものを未熟と考えず、その状態もまた一つの食べ頃と考えるところに、ワインは絶対に生まれない。

では、ワインはなぜ西欧の土産となったのであろう。日本とは違う何かを西欧に発見しなければならない。そのヒントは、先に述べた「ブドウを積極的に潰す」動機が、日常のなかに必然性をもって存在しているとつきとめることである。結論を先にいおう。ヨーロッパを中心とする麦作農耕文化には、ワインをもたらす根拠はない。ワインは、沙漠の文化の産物なのである。

ワインを生む暮らし

ブドウの原産地は、黒海とカスピ海にはさまれたカフカス地方（コーカサス地方）といわれている。ここは、グルジヤ、アルメニヤ、アゼルバイジャンといったソビエト連邦の主要な民族共和国があって、トルコの東部、イランの西北部とつながっている。いわば、ヨーロッパとアジアの接点というべき地方である。カフカス山脈の南面から黒海の南岸を西へのびる細長い樹林地帯の南は、サバンナとステップの入り混じる荒涼とした世界が広がっている。この荒野こそ、古代ヘブライ民族が遊牧生活を営み、その苛烈な自然環境によって、四大河文明地域の農耕民族に共通する多神教とはまったく異質な、唯一神信仰を形成した風土であった。

彼らの教典である『旧約聖書』には、古代ヘブライ民族が遊牧生活から、しだいにオアシスを中心に半農半牧の部族共同体をつくり、やがて「乳と蜜の流れる地」カナンで農耕民族化して一つの国家をつくるまでの、さまざまな段階の生活が描かれている。見方をかえれば、聖書は、それが記述された時代、あるいはそれ以前の、古いヘブライ社会の民俗学的資料として読むことができる。

いまからおよそ一万年前、氷河時代が第四の間氷期に入った頃、陸地をおおった氷が溶けだし、地球上の至るところで洪水が起こった。その事実は、地質学や考古学が実証している。ノアの方舟説話は、この大洪水に遭遇した部族の口碑によって成立したと考えられている。

創世記によれば、ノアは四〇日続いた豪雨のあとの大氾濫を方舟に避けて、一年と一〇日目にようやく水のひいた大地に降りたった。そこはトルコとグルジヤの接するアララト山で、奇しくもブドウの原産地とみなされた地方なのである。ノアと三人の息子たちは、まず祭壇を築き、燔祭を神に捧げる。燔祭とは古代ユダヤ教の儀式で、祭壇に供えられた動物を焼いて神に捧げることをいう。牧畜民族だからこそ、このような祭儀が生まれたのである。「さてノアは農夫として始めて葡萄を植えた。彼は葡萄酒を飲んで酔っぱらい、天幕の中で裸を出していた」（創世記九―二〇、二一）。ギルガメシュ叙事詩（紀元前二八〇〇年）を祖型とするこの洪水伝説は、ブドウ栽培とワイン飲酒の最古の文献といわれている。

ブドウ栽培の情景は、予言者イザヤの「葡萄畑の歌」において、さらにあざやかに描き出されている。

わたしはわが愛する者の為に歌い
愛する者の葡萄園について歌おう。
わが愛する者は日当りの良い山の上に
ひとつの葡萄園を手に入れた。
彼は園の土を掘り返し、石を除き、
良い葡萄を植え、
その中に見張りの櫓を建て、
酒搾《さかぶね》を掘って、良い葡萄のできるのを待った。

（イザヤ書、五、一～二）

ブドウ畑に盗人を見張る櫓をおくのは、今日でもアフガニスタンなどで富裕階級の所有するブドウ園が、厳重な塀をめぐらし、物見をたてるのと変わらない。

酒搾を掘るというのは、ブドウを潰し、果皮を圧搾する槽を大地の石に掘る（彫る）ことを意味している。エルサレム南西のアイン・カリムで発掘された酒ぶねは、石灰岩床を切り抜いて大小四個の角型の槽が階段状に配置され、それらは樋によって連結された構造であった。

ブドウは、かごに入れてここに運ばれ、一番上の二メートル四方の槽へ投げこまれる。これを素足で踏み潰すと、果汁は次の圧搾槽を通り抜けて、果汁を受ける深さ約二メートル広さ約一・五平方メートルの受液槽へ流下する。次に、踏み潰した果皮を一段下の三×二・五メートルの圧搾槽へ移し、テコを利用して果汁を余さず搾りあげる。これは別の小さな槽へ導かれる。

ブドウの果皮を破ったとき、自然に流下する果汁をフリーランという。残った果皮にはまだかなりの果汁が含まれている。これを圧搾して取り出したのが、プレスジュースである。良いワインはフリーランを用いなければつくれない。古代の人たちが、すでにそのことを知っていて、そのための工夫が酒ぶねの構造に示されているのは、驚異というほかはない。

旧約の世界は、古代ヘブライ人が遊牧生活から農耕生活へ移行した以後の時点で構成されたものであることを、ここでもう一度注意しておきたい。そのとき、ブドウはすでに栽培植物であり、それは醸造を目的としたものであった。彼らは、ワインをつくるために、もはやブドウを潰すことを知っているのである。

そこで、ワインの起源を探るためには、遊牧時代の古代ヘブライ人の生活とつながるものから発想し直すことになる。都合のよいことに、この探索の有力な手がかりが、聖書のなかに少なくとも二つある。その一つは旧約に「酒」を表現する言葉が幾種類も使われていること。もう一つは、酒の容器として皮袋が使用されていること。この二つについて、ワインとの結びつきを見ていこう。

皮袋は液体の容器として、今日でもパレスチナやエジプトなどで用いられている。これは、屠殺した山羊、羊、犢などから皮を剝ぎとってつくる。まず頭と四肢の下部を切り落し、前足の部分から、素手で皮をチューブ状に肉から剝いでいく。前足の皮を剝ぎ終わると、それを吹き込み口にして胴体へ力いっぱい息を送る。こうして肉を皮から離れやすくしながら、原形のまま丸剝ぎにしていくのである。皮袋に水や油やワインを入れて運搬容器とするときは、四肢と尾を堅くしばり、首のところを口にして液体を入れ、そこもくくって、狩人が獲物を肩にかけるように、かついで運ぶ。

ベドウィン人は、皮袋の毛のある面を内側にして、牛や山羊の乳を入れ、袋を左右にもむように振盪し、今日もなお太古と変わらぬ手法で凝乳をつくっている。これは、乳を運ぶのに皮袋を用いていて、人間の肩や獣の背である時間ゆすられていれば凝乳ができることと、その利用価値とを発見した、遊牧生活そのものからの産物である。毛の面を内側とする知恵も見事に合理的である。遊牧民がオアシスからオアシスへ、沙漠の中のわずかな草を羊に食べさせながら移動していくとき、彼らがつねに携えるのは、渇きをいやす液体を満たした皮袋である。

「アブラハムは翌朝早く起きてパンと水の皮袋をとってハガルに与えた。またその肩にその子を負わせて彼女を送り出した。ハガルは去り行き、ベエルシエバの荒野にさまよった。やがて皮袋の水がつきたので、その子を一本の灌木の下に投げ出し、「子供の死ぬのを見るに忍びない」と云って、矢のとどく位の距離に離れ子供に向いあって坐った。その時子供は声をあげて泣いた。（中略）神はハガルの眼を開かれたので、彼女は水の井戸を見出し、行って皮袋に水を満たし、その子に飲ませた」　（創世記、二一―一四、一五、一九）

水がなくなり、激しい渇きのなかで、ようやく見つけたのが野生のブドウの群生であったら、そのときわれわれはどう行動するであろう。幾房かを遮二無二頬ばるかもしれない。しかし、ブドウは腹にたまりやすく、渇きは決して一度におさまるものではない。川や泉が多く、きれいな飲み水が豊富な土地では、肉体を維持するために水分の補給に、水以外の何物も求める必要はない。しかし、沙漠の生活では、水に代わるものはすべて利用される。聖書にも、ブドウの実をしぼって、その果汁を杯に受ける記述があるのは、そのことを物語っている。ようやく見つけたブドウの繁みから、再び荒野へ羊の群を追うとき、おそらく彼らは空の皮袋へブドウの果汁を満たしたことであろう。「新しき酒は新しき皮袋へ」の比喩は、ここでは現実的な戒めとなる。

『新約聖書』では、キリスト教の新鮮な教えを「新しい酒」にたとえ、ユダヤ教の固定した型にはめることはできないことを「古い皮袋」になぞらえ、新しい教えは新しい精神的態度で受容しなければならないと説いている。この「新しい酒」を当今の意味にとって、新酒、すでに主醱酵を終わって酒となった状態のもの、と解釈してはならない。それでは、マタイ伝においてなぜイエスが、新しいブドウ酒を古い皮袋に入れてはならない、もしそうすれば皮袋は張り裂け、酒はほとばしり出て、どちらもダメになってしまう（マタイ伝、九―一七）といったのか、理解できない。

見よ、わたしの心は口を開かないぶどう酒のように
新しいぶどう酒の皮袋のように
今にも張りさけようとしている

（ヨブ記、三二―一九）

これは皮袋の口を固くしめているために、中に入れた果汁が醱酵して、皮袋が張り裂けるほど膨張した状態を、心情の形容として用いた例である。果汁を入れた袋は、往々にして醱酵を起こす。そのために、弾力に富んだ新しい皮袋を用い、膨張に耐えられるようにしなければならないのである。

『旧約聖書』日本語訳は、「新しい酒」という言葉のほかにも、「濃い酒」、「泡だつ酒」、「酸っぱい酒」、「ぶどう

の酒」など、酒について実に多くの表現が用いられている。しかし、これを原典と対比してみて驚くべきことは、日本語では同じ訳語であっても、原語はさらに幾つもの言葉が使い分けられ、一層こまかな意味が伝達されていると感じられることなのである。もし、それらの言葉が、清酒、焼酎、ビール、ウイスキー、ブランデー、ジン……というように、酒の種類を示すものでないとしたら、どうしてそれほど多くの表現がでてくるのか、言葉の成立した動機を考えなくてはらならない。事実、『旧約』の時代の酒は、「濃い酒」（シェカール）と名づけられたものを除いて、今日でいえばすべてグレープワインの範疇に入るものばかりである。

原料がブドウに限定され、しかもパレスチナを中心とした沙漠地帯の遊牧民がつくるもの、という前提で考えた場合、本質において、それほど多様な酒が産みだされるはずはない。にもかかわらず、酒を意味する多様な言葉が生まれたのは、おそらく、ブドウを潰し、果汁を容器に受け、醗酵させ、上澄みをとり、時によって香草などを加え、なかにはオリーブ油を浮かして長期保存し、またあるものは酸敗して酢となる……といったワイン生成の各段階が、彼らにとってすべて飲用の対象となっていたからこそ、それらを示す言葉が必要となったのであろう。

『旧約』に最も多く使われている言葉は「ヤイン」で、その頻度からみて、これがブドウの酒の中で一番ありふれた性状のものであり、最も一般的に飲まれていたものであろう。おそらく、『旧約』にでてくる酒のなかでは今日のワインに一番似ていると考えられる。同じと断定しないでおくのは、製法にあるのではなく、ブドウの品種からくる酒質の違いが、太古と現在の栽培種との間に、当然あり得るはずだからである。

次に多いのが「ティーローシュ」で、これが「新しいぶどう酒」を意味する。この言葉の用例で特徴的なのは、穀物と対にしたり、穀物や油と並記する場合が多いことである。「ティーローシュ」が穀物と同じくらい重要な地位を占める部面が、古代へブライの社会に存在したのであろう。また、この言葉の代わりに、なぜ「ヤイン」を用いなかったのか、明らかに限定的な用語法は、何か理由があるに違いない。
英語に「マスト」(must)という言葉がある。これが日本人の感覚ではどうにもとらえ難い意味であって、ジュースでもなくワインでもない、ジュースからワインへ変わろうとしているもの、しかし醗酵中のもろみのごとく旺盛に変化しつつあるのではなく、ある期間、一つの性状を保持していて、個有の物品と名づけられる状態をさす。関税定率法上の品目としていえば、醗酵によってわずかにアルコール分を含有した果汁、ということになる。これでは言葉のもつニュアンスはまったく失われてしまう。
話の順序が逆になったが、「ティーローシュ」の英訳が、実はこの「マスト」なのである。強いて日本語に移し換えれば、「やがて主醗酵が始まるであろうことが予測された状態の果汁」ということになるであろうか。こういう認識は、日本人のこれまでの生活からは生まれない。思うにワインの原型はこの「ティーローシュ」にあり、「ティーローシュ」の原義は、おそらく『旧約聖書』のなかでは次に章節における用法であろう。

主はこういわれる。
「人がぶどうのふさの中に
ティーローシュのあるのを見るならば
『それを破るな。その中に祝福があるから』という。
そのようにわたしは、わがしもべらのために行って、
ことごとくは滅ぼさない」
（イザヤ書、六五―八）

ここには日本という風土に住みついた人間と、沙漠に遊牧する人間の、果物を見る目の違いがある。日本人にと

ってブドウの一房は食べるものとして映り、沙漠の人たちは、その中にある飲料を見通しているのである。日本語訳聖書も、ここは当然のことながら、「新しい酒」ではなく「ぶどうのしる」と訳している。

原理的に最も単純で、原始的な手段でも容易につくりだせるワインが、より複雑な酒造りを営んできた日本でなぜ生まれなかったのかという疑問は、われわれの醸造学の知識から発しているのであって、ブドウを飲み物とみるか、食べ物とみるか、民族の生活文化の違いとして受けとめれば、こうした技術上の転倒は、少しも不思議なことではない。

果物を水菓子と呼ぶならわしは、今日では年配の人に限られてしまったが、もともと菓子の起源は果物であり、和菓子が一般化する前には、果物が菓子を意味していた。明治初期の書物に、果樹、果実を、菓樹、菓実とあるのは、その名残である。

ブドウに限らず、他の果実についても、文明開化以前の日本では、加工利用の例がほとんど見当らない。わずかに梅干と干柿があるくらいなもので、これらとてジャム、ワイン、ビネガーなどをつくるのと違って、原型をなるべく保とうとしている。つまり、これらの実体は加工利用ではなく、生の状態を腐敗させず、いかに保存するか、そこから導き出された貯蔵技術だといえよう。

熟したモモやウメやブドウは痛みやすい。熟期のきた大量の果実を収穫・保存するのは、堅果や穀類と違って、われわれの祖先にとっては手におえない代物であった。それらが食べ物である限り、消費より腐敗のほうが早くきた。だが、果物が菓子である間は、無残に潰してしまうわけにいかない。果汁の価値を知らない以上、潰すことは捨て去ることと等しい。そして、未熟なうちに利用する工夫が生まれた……。これらのことは、日本という自然環境に棲みついたことを抜きにしては語れない。

かくして、照葉樹林文化を背景とした生活習慣が、日本におけるワインの誕生を、遂に文明開化まで待たねばならなくしたのであった。

三　ブドウ伝来

新たな作物としてのブドウ

日本のブドウは在来種といわれる比較的古い時代に帰化した品種と、明治以降輸入された欧米品種、さらに、これらを交配して作出した日本生まれの品種に分けられる。もちろんこれは分類学上の区別とは無関係であり、わが国のブドウ栽培の展開を通観するときの便宜的な区切りにすぎない。しかし、ブドウ栽培をワイン原料の生産としてとらえるなら、この便宜的な区切りは、日本におけるワインの発達に、画期としての意味をもってくる。

在来種が中国大陸から日本へどのような経路によって、いつ頃渡来したかは定かではない。諸説は追って述べるが、これら先着のブドウは限られた地域に特産品として命脈を保った。封建制度とそれを支える米麦中心の農業では、それ以上にブドウ栽培が発展する可能性は、付随する加工業が生まれない限りあり得なかった。

これに対して、明治維新を契機とした西洋穀菜果樹の種苗輸入は、西洋農具の使用と相まって、日本古来の農法に対する外からの変革であり、ブドウもまた、ここでは新たな作物としての使命を負っていた。それはブドウを加工利用することであり、生食用から醸造用へ栽培目的の転換であった。そのために欧米の品種が陸続と導入された。なかにはデラウェアのように、今日の代表的生食用品種として定着したものもあるが、明治初期の網羅的ともいえるブドウ苗木の輸入は、その目的においてきわめて明確であった。

当時のブドウ栽培は、今日では想像できないほどの国家的事業であった。その二大中心であった開拓使官園と播州葡萄園が、いずれも醸造場を併設し、栽培と醸造を一貫した仕事としていた事実が、それを証明している。

在来種の渡来を第一のブドウ伝来とすれば、加工原料としてのブドウ栽培を企てた明治初期の欧米種移植は、第二のブドウ伝来といってよいであろう。

この時期における西洋作物の輸入試栽は、ブドウだけに限られたのではない。政府が力を入れた作物として、綿、ビート、茶、ブドウとならべてみると、それらが農産加工工業を成立させる基礎産物であり、さらにその延長線上に輸入防止ないしは輸出振興を志向する産業政策を読みとることができる。実際には、西洋農法の強引な導入や、西洋作物の栽培が富国強兵という国家的要請から離れて花卉に及ぶなど、試行錯誤があった。しかし、明治維新という巨大な変革は、そうした細部のこだわりをすべて包み込んで、とにもかくにも、日清戦争までの三十年に満たない時間に、西欧の数百年を凝縮して、資本主義社会への転化をやってのけるのである。

幕府が倒れたとき、その後にくる新国家の経営について、確固とした構想をもっている者はいなかった。勤皇佐幕の争いのどちらの側にも、西欧列強の軍事的脅威は等しく迫っていた。大政奉還によって誕生した財政的基礎のまったくない新政権が、「欧米に失うものをアジアに奪う」大日本帝国への道を、軍需工業をテコとした産業資本の形成によって確かに歩み始めるまでの間は、「御一新」と「文明開化」の世相にいろどられ、その実、綱渡り的国家操縦の時代を駆け抜けていたのであった。重商主義政策や、勧農を中心とした産業政策が、日本における資本主義化の方途を必死に模索していたこの時期を背景にして、第二のブドウ伝来は全国津々浦々に及んだのである。換言すれば、輸出の拡大と農業生産の増大という国家要請にこたえる作物としてブドウが選ばれ、しかもそれは、欧米における果樹農業の導入という形態をとるゆえに、日本古来のブドウは無視されていた。

明治二年は夏に雨が続き全国的な大凶作となった。大冷害に見舞われた東北地方の飢饉を救うため政府は大量の外米を緊急輸入しなければならなかった。地租改正が達成される以前の明治政府は、財政的基礎が米におかれ、政府自体の直接の収入は旧天領からの「貢米」であった。「本年諸国凶歉ヲ以テ醸造酒免許額ノ三分ノ一ヲ醸造セシム」と記録されている。これは明治元年に続いて、二年連続の酒造制限であった。

果樹農業のなかで特にブドウが着目されたのは、ワインの生産によって酒造用の米を節減し、貿易収支に寄与させる点で、他のいかなる果実よりも経済的な効果が大きいと見込まれたからであった。この思想は後年、勝沼を中心とした土着ワインのナショナリズムに受け継がれる。

明治初期のブドウ栽培には、さらにもう一つのねらいがある。維新後の産業諸政策は、大久保利通という強烈な個性から放射されていた。その彼が暗殺される明治十一年まで、あるいは大久保の殖産興業政策を推進した内務省が農商務省へ改組され、官営工場払下げの方針が定まる明治十三年頃までを、それ以後の明治と比較すれば、大久保に象徴される新国家建設の時代が画然としていることがわかるであろう。その時期における政府は、農業生産増大の担い手である帰農士族の開墾を、社会政策的な授産事業として進めながら、一方において封建農政から脱却する手段としての西洋農法を、牧畜と果樹という新生面において適用しようとしていた。痩せた土地に強いブドウは、こういう目的でも他の果樹にまさっていたのである。

ブドウをめぐるこのような構想は、いつどのようにして生まれたのであろうか。維新前後にアメリカやヨーロッパで大規模なブドウ栽培とワイン醸造を見聞した日本人は少なくない。しかし、それを日本の産業政策に取り込むことのできた人物は二人しかいない。

その一人は、明治三年渡米し、翌年現職の農務長官ホーレス・ケプロンを最高顧問として伴い帰朝した開拓使次官黒田清隆。もう一人は、明治四年から六年まで岩倉特命全権大使一行の副使として米欧を歴訪し、条約改正の予備交渉とともに、先進諸国の文物を自分の眼でみとどけ、新国家建設の道を胸中深く思いめぐらした大久保利通その人自身。西洋の農業に理解をもったこの二人のもとで、醸造を目的としたブドウ栽培は産業育成の厚い保護を受け、その遠大な計画の第一歩を踏み出したのであった。

西洋種ブドウ苗木の輸入と育種が、開拓使官園と内藤新宿試験場（後に三田育種場）と、二つの拠点によって並行したのは右の事情から理解できるであろう。

これらの施設が開設された明治四年から六年には、日本在来のブドウをワイン原料に利用しようという着想は、どこからも具体化しなかった。『特命全権大使米欧回覧実記』には、「葡萄ノ重ナル利益モ酒造ニアリ、酒造ノ葡萄ト、乾葡萄ヲ製スルト、生果トハ種ヲ異ニス」とある。つまり、ワインをつくったことのない日本では、それにふさわしい品種の栽培から着手するのが当然のこととされたのであった。

本草書に見るブドウ

日本人は果物を加工する生活文化をもたなかった。このことは前章ですでに述べた。しかし、ブドウによって酒

がつくれることを、まったく知らなかったとはいえない。漢籍の素養ある者なら、

葡萄美酒夜光杯
欲飲琵琶馬上催
酔臥沙場君莫笑
古来征戦幾人回

とうたう王翰の「涼州詞」をはじめ、李白や白楽天の詩によって「ぶどうの酒」にふれることはできた。

安土桃山以後、南蛮渡来のチンタが献上品や宣教師の必需品として入ってくる。この異国の酒は、大名や特権的な開港場の役人ばかりでなく、堺や長崎の富裕な商人の間でも飲まれた。そういう体験と中国から得た知識とが織りなされて、日本人のブドウ酒に対する認識が形成されていった状態を、『大和本草』、『磐水夜話』、『本朝食鑑』などによって知ることができる。それらの記述は、必ずしも正確とはいえないが、ブドウを原料とした酒の存在はこういう書物を介して、一八世紀、江戸時代の知識人には一応は伝わっていた。

たとえば『大和本草』（一七〇九年）は次のようにいう。

外国より来る酒々は、ぶどう酒、ちんた、はあさ、につは、阿刺吉《あらき》、まさき、など云。本邦に古よりいまだあらざる珍酒也。ちんたは、ぶどうにて作る。葡萄酒と一類也。はあさも、ぶどうと、せうちうにて作ると云。につはと云は、焼かへしのせうちうのよし。阿刺吉、まさきは、焼酎に鶏砂糖など入て料理して用ゆと云。但貴人は外国の珍酒を愛し好み玉ふ事宜しからず。つつしみあるべし。其故は異国の酒は辛熱香烈ならしめんとて、毒薬を加ること、本艸にのせたれば、異国より来れる酒は禁じてのむべからず。況葡萄酒等の製法は本艸

　に多くのせたれば、ただ此地にて作りて用ゆべし。

これを書いたのは『養生訓』で名高い貝原益軒である。江戸時代の本草学が、『本草和名』、『本草綱目多識篇』の流れをくむ薬種の学問から、博物学へ内容を変えていく発端となったと評されるこの書物には、また「ぶどう」についての記述もあって、「ちんたは、ぶどうにて作る、葡萄酒と一類也」と照応している。

葡萄　和名ゑびと云。其実佳果なり。能く収むれば春にいたりて不レ敗、又酒にかもす。
蘡薁　京にていぬゑびと云。西土にてがらみと云。葡萄の和名をゑびと云。此草、蔓も葉もよく葡萄に似たる故いぬゑびと云。野葡萄なり。其実如大豆之大、熟すれば色黒し。小児食ふ、酒につくる、性よし。

ブドウ酒について関心を払う立場からすれば、「製法は本艸に多くのせたれば」舶来のワインを飲用せず、日本でつくって用いよ、と説く益軒が、なぜ自身の本草書でブドウ酒醸造法についてまったくふれなかったのか、疑問と不満が残る文章である。

ブドウとブドウ酒に関して益軒にどれほど具体的な知識があったかを推量するには、その頃のブドウ栽培が、地域と生産量においてどのくらいの規模であったかを手がかりにするとよい。また、彼がブドウ酒の製法として他の本草書にあるとしたのは、なにを指しているのか。それも参照しておきたい。常識的に判断すれば、本草書の集大成である李時珍の『本草綱目』（一五九〇年）ということになろう。これによれば、「葡萄酒有三様」として、通常のワイン、ブドウ果実に麹を加え醗酵蒸留したスピリッツ、果汁に麴と糯米を加え醸造した酒、の三種類を挙げている。しかし、製法というべきほどの記述はない。

この中国の書物からうかがい知る酒造法で感心するのは、果汁を原料とした西洋の製法に穀類を併用したり、干葡萄を生果に代えて用いたり、実に弾力的にその風土における工夫を試みていることである。けれども、そのことと本源的なワインとを混同してはならない。純正なワインについて、明代のこの本草書もまた、「葡萄久貯、亦自成酒、芳甘酷烈、此真葡萄酒也」と述べているのである。

『本草綱目』を起点とした日本の本草書が、ブドウ酒の原料として穀類を併用することや、焼酎に果実を浸漬する方法を述べているのは、それらが実際に庶民の生活の中に存在していたというのではなく、『本草綱目』以来の知識の反覆と誤伝にすぎないことを指摘しておかねばならない。本草書に限らず、ブドウ酒について言及した江戸時代の書物は、類似した表現が多い。それらの語句の多くは『本草綱目』のなかに見出すことができる。貝原益軒が『大和本草』でそれをあえてしなかったのは、彼にそうした愚を避けようとする気持があったのであろうか。おそらく、そうした事情に加えて、ワインについても、ブドウについても、彼自身の経験的な知識のとぼしさが筆をひかえさせたに違いない。

それは、同じ頃世に出た、『農業全書』（一六九七年）のブドウの項と比較すれば一目瞭然である。そこには益軒の及ばない物に即した知識のみずみずしさがあふれている。

『農業全書』十巻は、宮崎安貞が中国の農書『農政全書』を参考としながらも、自分の経験と各地を訪れて見聞した事実によって執筆したものである。この点が群書を寄せつけない強味となっている。安貞はこれを印行するにあたって、貝原益軒の兄楽軒の添作と删補を受け、益軒にも序文を依頼している。当然、益軒は『大和本草』を書く前に『農業全書』に目を通していた。そう思って益軒のブドウに関するそっけない記述を読むと、その裏に、宮崎安貞から得た知識を表へ出すまいとする益軒の意地のようなものが感じられる。それほど安貞の叙述は生き生きとしているのである。

この本が注目されるのは、明治以前に書かれた農学書として最高の内容をもつということのほかに、これが勧農を目的として農民のために書かれた最初の農書であるということにある。農業作物について書かれたそれまでの書物といえば、幾種類かの本草書があるが、それらはすでに述べたように、本来医薬食品を主眼として、薬学や博物学の立場から書かれたもので、農業を説いたものではない。

『農業全書』第八巻は菓木之類となっている。ここに明治以前の日本にあった果樹、後に西洋果樹と対比して和種あるいは在来種と呼ばれることになる一群の存在を通観することができる。それらの項目を列記すれば、

李（スモモ）、梅、杏（アンズ）、梨、栗、榛（ハシバミ）、柿、柘榴（ザクロ）、梅桃（ユスラ）、楊梅（ヤマモモ）、桃、枇杷（ビワ）、葡萄、銀杏（ギンナン）、榧（カヤ）、柑類、山椒（サンショウ）　以上一七種

柑類についてはさらに細分して、

蜜柑、柑、柚、包橘、枸櫞、金橘、夏蜜柑、じゃがたら、じゃんぼ、すい柑子　以上一〇種

これらの名前を見れば、その時代つまり江戸前期の、「果物」という言葉が意味する具体的な内容の範囲を知ることができる。もちろん、ここに示された果物は今日の改良された品種とは違い、たとえば桃は決して水蜜ではなく、梨は長十郎でも二十世紀でもなく、いずれも山野に自生するものとさほど違わないと想像しなければならない。『農業全書』はこれらの個々について、栽培、増殖、利用等の方法を述べている。

葡萄の項には、

「ぶだう、是も色々あり。水晶葡萄とて白くすきわたりてきれいなるあり。是殊に味もよし。又紫、白、黒の三色、大小、甘き酸きあり。ゑらびてうゆべし。さし木、取木共によし。さし木するには、正二月枝を切て、

いかにも肥たる熟地に管にて穴をつき四五寸も深くさし、乾たる時は泔水をそそぎ、少々草ありとも其ままおき、秋に成て草かじめし、糞土を以て埋み、石をおもしにおき、是も秋に成て根を生じ切はなしても痛むまじきをみて、一度にはきらずして日よはくなるにしたがひて少づつ切めを付て、其後冬にいたり切はなし取るべし。又正月末わかき枝の四五尺なるを切取、巻て輪となし、先肥地を掘くぼめ、わげたる所を下にして、一方末の方を二節土の上に出し肥土を入置ば、春芽立出る時は根をも生ずる物なり。上に出たる二ふしより蔓ながくさかゑたらば、柵をかきてははす（這わす）べし。やがて実る物なり。なり付たるを見て、しげき葉をばつみ去べし。実もふとく多くなる物なり」

このあとさらに続けて、収穫、保存、加工について述べている。いまは見かけることのできないヨーロッパ風の垣根づくりが、当時どこかの土地で行われていたのであろうか。そして、日本の高温多湿な夏に対して最も好ましい栽培法といわれている棚づくりについては、まったく記述がない。このことは注目しておく必要がある。

通説に従えば、棚架け法によるブドウ栽培を甲州にもたらしたのは、『農業全書』が世に出るおよそ一〇〇年前、「甲斐の徳本」という伝説的老医によるとされている。畿内から西国にかけての実地見聞を基礎に執筆した宮崎安貞が、後に日本の風土に最も適したブドウ樹の仕立法となる棚架けを知らなかったのは、甲州における新しい栽培法が一〇〇年を経た後も、まだ関西へ伝わらなかったことなのか、それとも徳本伝説そのものが、それほど古いものでないことを暗示しているのであろうか。棚架けに関する確実な資料の初出は、天和元年（一六八一）まで下り、安貞の執筆時期とほぼ同じになる。封建社会の閉鎖性、ブドウ栽培の地域的限定などを考慮すれば、棚架けの技術伝播が『農業全書』の出版に間にあわなかったとしても納得できる。しかも、永田徳本の上岩崎村寄寓を、福羽逸人の説に従って元和年間（一六一五～二三）とすると、棚架け法によるブドウ生産の技術革新が、作付面積を増大させていく過程が無理なく説明できるように思われる。

甲州ブドウの周辺

甲州ブドウの起源は、約一三〇〇年前、奈良時代の僧行基（六六八〜七四九）が中国から得たブドウの種子を各地に播種し、それが甲州に定着した、という説が最も古い。それにはブドウの房を持つ薬師如来像の話がからんでいる。その像に擬せられている勝沼町大善寺の薬師如来像は、しかし、行基の時代より新しい平安初期の作であり、ブドウは持っていない。けれども、この説にはブドウが仏教伝来とともに中国大陸から渡来したものであることが示唆されている。

これよりもさらに広く知られているのが、雨宮勘解由の伝説[1]である。甲州ブドウの由来をここで細かく述べるつもりはないが、棚架け法と増殖について述べる順序として紹介しておく。

文治二年（一一八六）三月、雨宮勘解由が村内の城の平と称する山中に安置された石尊宮に詣でる途次、山ブドウとは異なった蔓生の植物が路傍に自生しているのを見かけ、これを家園に移植した。四年後の建久元年（一一九〇）、ようやく三〇房が結実、その美事な品質に力を得て、勘解由は増殖の方法に工夫を重ね、今日の甲州ブドウの基礎を築いたという。

慶長六年（一六〇一）、これは永田徳本が棚架け法を指導するより一五年ほど前であるが、徳川家康が命じた甲州田圃の検地帳簿によれば、当時ブドウは一六四本とするされている。つまり勘解由以来、約四〇〇年余で一六〇本ほどしかふえていないのである。

ところが、正徳検地（一七一六）によれば、上、下岩崎、勝沼、菱山四カ村合計のブドウ畑は、一四町七反三畝八歩と記録されている。この頃の反当栽培本数は、佐藤信淵の『草木六部耕種法』を参考とすれば、一畝二本を標準としてよいであろう。したがって約三〇〇〇本となる。このことは栽培法に棚架けが導入されて、ちょうど一〇〇年間の増加を意味している。その前の四〇〇年の増加がわずか一六〇本であることと比べ、栽培技術の進歩が、この地方において農家経済に占めるブドウの地位を急速に高めたことがうかがえる。

『本朝食鑑』（一六九五）、『倭漢三才図会』（一七一五）が、ブドウの産地として甲州、駿州、京師および洛外、武州八王子、河州富田林などをあげ、なかでも甲州を第一等としたのは、このような生産規模を背景としていた。もっとも、これらの書物における評価は、経済的な意味はきわめて薄く、菓子としての見栄えと味覚上の品質とによっていることも留意しておかなければならない。

宮崎安貞が『農業全書』を書いたのは、ほぼこの時期にあたっている。「水晶葡萄とて白くすきわたりてきれいなるあり、是殊に味もよし」という彼の文章は、一見甲州ブドウを思わせる。大麦に水晶関取という品種があって、山梨県がその主産地であったように、水晶は甲州を連想させる。しかし、「白くすきわたる」は主観的で甲州ブドウの完熟すると淡紫紅色に白い果粉を粧うのとは一致しない。しいていえば、秋晴れのブドウ棚の下で、さし込む陽光をすかして、たわわな房を眺めわたす感じであろうか。これは素人の印象を伝え聞いたまま記述した場合にあり得ることである。もし甲州ブドウを実際に手に取って食べたものなら、安貞ほどの人物が、こうは書かなかったはずである。

ここにもう一つの異説がある。

本邦在来ノ葡萄樹ニハ種類甚ダ多カラズ或人ノ説ニハ甲州葡萄ニ三種アリ其一ハ尋常紫色葡萄其二ハ水晶葡萄其三ハ「エビ」葡萄是レナリト然レドモ此水晶葡萄ト名ヅクル青白色不透明ノ葡萄ハ鬱閉シタル場所ニ成育シテ光熱ヲ受クルコト十分ナラザルガ故ニ其固有ノ紫色ヲ呈セザルモノナリ決シテ西洋ニテ水晶葡萄ト称スルモノノ類ニ非ザルナリ。

又「エビ」葡萄一名「オシヨウロ」葡萄ト称スルモノモ是亦一分種トシテ見ルベキモノニ非ザルナリ蓋シ此葡萄ノ生ズル所以ハ開花ノ候花弁十分ニ錠開セザルモノ果ヲ結ブニ由ル乃チ其果粒ハ極メテ細少恰モ豌豆粒大ニシテ無核ナリ。（中略）

従来京都ニ聚楽葡萄ト称スルモノアリ其性質ハ甲州葡萄ト仝一ニシテ敢テ異ル所ナシ唯其果皮黒色ヲ呈シ白粉ヲ被ルノ差アリ故ニ此種ハ甲州葡萄ノ一分種トシテ可ナリサレバ本邦ニハ以上二種ノ園生アルノミ予ハ此他ニ未ダ異種ヲ見聞シタルコトアラズ。

（福羽逸人『果樹栽培全書』第四、明治二十九年）

福羽によれば水晶ブドウは未熟果ということになる。果皮が不透明であるという福羽の記述は未熟の証拠とみてよいが、『農業全書』では「すきとほる」と表現している。これは完熟していることを示している。この相違は見逃せない。

ちなみに、日本の園芸学は明治初期の西洋種苗輸入と西洋農法の導入によって本草学の一分野から脱皮するのであるが、その転換期に古い時代をしめくくるのが、田中ビワやチューリップ、ヒヤシンスなどで知られる田中芳男であり、新しい時代の旗手が福羽逸人であった。彼が明治十二年から十八年まで播州葡萄園に拠って殖産興業政策の一大プロジェクトであった仏国式葡萄経営を担当したことは前にも書いた。

福羽が和葡萄の種類を観察した一八八〇年以降の時点で、在来種は甲州とその分種である聚楽以外にないといいきっていることと、それより約一八〇年前、宮崎安貞がブドウには「紫、白、黒の三色、大小、甘き酸き」いろいろあり、と書いたこととの間には、土着のブドウの衰退があったのではないだろうか。

京都の聚楽葡萄も、福羽の記録から一〇〇年たった今日では絶滅した。このブドウは明治以前に繁殖していた品種としては甲州と比肩するもので、甲州よりも広く分布していた。長野市内に現存する善光寺ブドウの古木は、聚楽と同一系統のものである。聚楽や善光寺がいつ頃日本へ定着したのかはわからない。おそらく随唐の時代、すでにシルクロードを越えて中国に到達していたヨーロッパ系のブドウが、彼地との通交によって日本へもたらされ、それらの実生が野生化したり栽培されたりしながら代を重ねたのであろう。甲州はその過程で発生した変種で、聚楽は中国の竜眼と同一品種というのが定説である。こういう考え方に立てば、中国の文化を摂取していた時代、竜眼のほかにもさまざまな品種が輸入されたとみる方が自然である。あとは日本の風土と、そこに住む人々の暮しが、それらを淘汰していく。

あるいはその例証になるかもしれない品種として、甲州三尺というブドウがある。このブドウは、来歴にいろいろの説があって、果して竜眼ほど古くからあったかどうかは不明である。一般に知られているのは、長年日本に在住したあるヨーロッパ人が、その帰国にあたって、彼に仕えていた甲州出身の下僕に記念として与えたという説である。これはさらに後の話があって、明治初年、西山梨郡里垣村誓願寺前の越水弥兵衛が、友人からもらった苗木によって「三尺ブドウ」を創成したということとつながる。福羽はこれによって比較的新しい時代の導入品種と見た。しかし、「三尺」というその名が示すように、長大な房をもち、一見してそれとわかるので、古い記録の中から探索するのは容易である。江戸時代の随筆集『燕石十種』（一八六三）に、「葡萄は日本の内にては甲州より上こすなし、長さ三尺五六寸程のふさあり、云々」とあるのは、まさしく「甲州三尺」にほかならない。これによって明治以降定着説は否定できるであろう。この「甲州三尺」も今日ではほとんど見ることができなくなった。

第二のブドウ伝来

シルクロードを通り、中国を経由して、かなり古い時代に日本へ入ってきたいわゆる第一のブドウ伝来は、ついにワインと関わりあうことがなかった。『農業全書』葡萄の項は、最後にこう書きとめている。「葡萄酒を造る事は、尋常葡萄にてはならぬ物なりとしるせり」

第二のブドウ伝来は、宮崎安貞のこの文章を起点としているといってよい。さきにあげた『特命全権大使米欧回覧実記』は、殖産興業の立場から、この思想を受け継ぐものであった。

ただし、この回覧実記より前に、政府の具体的な行動は進んでいた。これはいわば、すでに走り出した新政府の諸施策を、先進諸国の実態にてらして、正当づける意味あいも含んでいたと思われる。開拓使、民部省（後に大蔵省）による勧農は、岩倉具視一行が外遊中、すでに着々進行していた。その基本方針が、帰農士族による開墾と西洋農法の導入を連結して、封建農政の一掃と殖産興業を達成しようとするものであったことは、すでに述べた。

西洋の穀菜果樹を移植栽培の目的で輸入し始めたのは、民部省が明治三年、開拓使が明治四年からであった。最初は取り寄せるのに容易な蔬菜、棉、牧草、穀類などの種子からで、苗木を運ばなければならないブドウは、一歩遅れた。

しかし、第二のブドウ伝来は、これより早くいくつかの記録を残している。そのことに一応触れておく。明治四年の出来事として、『大日本農史』に次の記述がある。

「十一月、米国人デュスノ請求ニヨリ種苗ノ代金二千五十三弗五十仙を同国公使ニ交付ス（大蔵省廻議）初メ慶応三年幕府吏員小野友五郎等公事ヲ以テ米国ニ到リ、帰途桑港ニ於テ米国人デュスト植物種苗ノ交換ヲ約ス、既ニシテ幕府政権ヲ奉還スルニ際シ、国家多事、友五郎等帰後遂ニ其ノ約ヲ果サズ、デュス之ヲ知ラズ乃チ翌年ニ至リ葡萄苗等一十余苞ヲ我国ニ送リ以テ前約ヲ履行ス、近頃デュス米国公使ニ就テ其ノ代金ヲ我ニ求ム、是ニ至テ之ヲ交付スルナリ」

小野友五郎等公事ヲ以テ米国ニ到リ、とは徳川幕府がアメリカ政府に依頼して、すでに代金支払済みとなっていた軍艦・武器購入の約束不履行について始末をつけるための派遣をさす。

小野友五郎は長崎海軍伝習所一期生、築地海軍操練所教授、幕末に洋式微積分学をマスターし天文航法の力量は抜群の技術士官で、徳川幕府が欧米に派遣した第一回の外交使節団、すなわち日米修好通商条約の批准に訪米した新見豊前守正興の一行に随行した咸臨丸の太平洋横断には、測量方として乗り込んでいた。

この万延元年（一八六〇）の壮挙から七年たった慶応三年、小野は御勘定吟味役という財務担当の役職にあった。一行の中には、福沢諭吉、津田仙が加わっていた。福沢は咸臨丸による渡米にも従者として同乗していたから、小野とは旧知である。福沢はこれより先、文久二年（一八六二）竹内下野守一行遣欧使節団の通訳方としてヨーロッパ各国を見聞し、文明開化思想の源流となる『西洋事情』を著わしていた。彼にとってこの三度目の外遊は、先進諸国の文明に対する知識や理解をさらに確かなものとした。一方、津田仙にとって、この最初の異邦体験は、農業とそれに従事する人たちについてアメリカと日本の、あまりにも大きな違いの発見と、彼自身の農業への志向を決定づけた。

こうした開明的な随員を擁していながらも、小野とデュスの関係は、日本の側から持ち出されたものとは考え難い。小野がいかにアメリカの農業事情に驚きの目を見張ったとしても、幕臣である彼が農事に直接関係するはずはなく、彼の経歴からしても種苗交換を提案するような素地はない。

福沢は米国版書籍の購入に熱中し、彼の言葉でいえば「あらんかぎりの原書」を買い集め、それは後に慶応義塾の生徒に教科書として持たせる役に立ったが、小野には不興を買い、帰国後謹慎を命じられたほどであったから、福沢の発案ということはない。

ひるがえって、明治初期に来日した外国人の中には、日本の植物・動物に深い関心を寄せ、学問的にもすぐれた業績をあげた人が少なくない。そればかりか、当時は博物標本を海外へ持ち出して利益をあげることもできた。貝殻蒐集家には垂涎の的であるオキナエビスの別名が長者貝といわれるのは、その標本一個で思いがけない大金が得られたからであったが、そういう特別な例を持ち出すまでもなく、長い間「閉ざされた国」であった日本は、未知なもの、珍奇なものを求める人たちにとって恰好な採取地と見られた。そしてまた、この新しい国は、冒険心に富んだ西欧の男たちが、事業家としての野心を問う天地でもあった。

そのような人物の一人に、津軽海峡に動物相の境界線を見出したブレーキストンがいる。彼は函館を本拠とする貿易商であった。函館が開港場となったのは安政二年、その四年後（一八五九）に、米、英、仏、露、蘭五カ国と仮条約が締結されて貿易港となった。以後、函館港には各国の船舶が碇泊し、領事館が置かれ、ここを拠点とする外人の北辺貿易や、道内事業投資が活発に行われるようになった。幕府も蝦夷地開発のため鉱物資源調査のアメリカ人技師を送り込んでいる。その辺境性の故に、開かれた処女地北海道は、居留地によって内外を隔離した本土の開港場より、西欧的なものの受容と浸透は、はるかにすみやかであった。

ブレーキストンの来日より一年おくれて、文久三年、函館に来住したプロシヤ人、R・ゲルトナーも、当時の機運に乗じて一旗上げようとした商人であるが、七重村開墾事業をめぐる土地租借問題が外交事件とならなければ、歴史に彼の名が残ることはなかったであろう。彼は、函館駐在プロシヤ国副領事に任命された弟のC・ゲルトナーと謀り、慶応三年（一八六七）亀田村民有地五反歩を借りて麦の播種に着手した。このとき、彼らはすでに北海道で大農園を経営すべく、将来使用する農機具・種実・果樹の手配をすませている。翌明治元年、ゲルトナーは新政府にヨーロッパ農業による北海道開拓を建策して、七重村開墾事業担任として年俸四〇〇〇ドルで雇傭された。

このとき、榎本武揚の率いる旧幕府海軍が江戸を脱して五稜郭へ入城し、函館駐在各国領事に新政府樹立の承認を求めた。これに対し、アメリカ、フランス、プロシヤ等が正当な政府として承認を与えた。これが北海道共和国で、榎本は総裁に就任し、函館奉行に永井玄蕃頭尚志が推挙された。

ゲルトナー兄弟は永井と交渉し、明治二年二月十九日、七重村（現七飯町）三〇〇万坪を向う九九カ年租借する条約を締結した。それからわずか三カ月後、官軍は五稜郭を攻め、榎本武揚等は降伏した。明治政府はこの租借条約締結に驚き、外務省に回収談判を命じ、明治三年十二月十日、償金六万二五〇〇ドルで円満に解決した。

この間、入植してから三年の短い期間であったが、ゲルトナーは着々開墾を進め、ドイツから呼び寄せた四人の農夫・大工と現地で傭った人夫たちによって、馬に曳かせるプラウ、ハローなどを駆使した大農式農場を実現していたのである。開拓使は、ゲルトナーの租借権返還が大詰めにきた明治三年十一月、彼の所有する牧場、家畜、果樹園、圃場、農機具、その他一切を引き継いで、七重勧業試験場と名づけ、開墾、種芸、牧畜の事業を継承した。輸入種苗の到着に備えて東京・青山に設けた官園の発足より一〇カ月早い。

官記によれば、ゲルトナーが栽植した果樹は、リンゴ、洋梨、グースベリー、桜桃、ブドウ等二二種あったという。これらは、農具、穀菜種実とともに、ベルリンおよびサンフランシスコから購入したと、ゲルトナーの手記にある。その発注は、デュスと小野友五郎が種苗交換を約束したのと、ほぼ時を同じくしている。余談になるが、アメリカからの種実渡来は、ブリストルの著名な種苗商ランドレッスが一八五三年、初めて日本へ来航したペリーに託して、蔬菜種子を幕府へ献上したのに始まる。幕末、すでにカンランが栽培されていたのは、居留地の外人がたずさえてきた種子がひろまったものであろう。

果樹の輸入は、苗木の輸送、移植の時期、栽培方法、風土への適応など、多くの困難を克服しなければならない。ゲルトナーの遺したブドウは、よく風雪に耐えて、昭和十年代まで数株が生き残り、七飯一帯は、かつて彼の名にちなむガルトネルブドウの産地として知られた。この、おそらくドイツから送られてきたであろうブドウの品種は、遂に明らかにされぬまま、いまはない。

第二のブドウ伝来は、このようなプロローグをおいて、開拓使と内務省と、二つの流れをもつ巨大な勧農政策の中で、明らかにワイン醸造を志向しつつ、展開していく。

（1）　福羽逸人著『甲州葡萄栽培法』（明治十四年）の第一章「甲州地方葡萄樹繁殖来歴」が後に雨宮勘解由伝説と称される。十二年、甲州を調査した福羽は「里長村老ニ親炙シ審ニ其開園ノ来歴及ヒ手護ノ得失等都テ栽培ニ関渉スル所ノ事業ヲ質シ」前記の著作にまとめた。従来、これに類する資料、現地の流説等はないとされてきたが、『勧業雑誌第八号』（明治十六年）に福羽と全く同文の記事があり、末尾に「右ハ衣笠豪谷氏ノ編纂農事有功伝料抜萃」とある。『伝料』は「未夕世ニ公ニセスト雖衣笠豪谷氏ノ他年刻苦シテ編輯セシモノ」とあり、福羽の記述とどちらが早いかは定めようがない。

四　ワイン揺籃

近代科学技術の脅威

幕末期、西欧文明との触れあいが避けがたいものとして、鮮鋭に意識され始めるのは、西洋というものが、宣教師によるキリスト教の布教や、蘭学における科学思想の導入という、こちら側に選択の余地の残された関係から一転して、強烈な破壊力をもつ大砲や、それを搭載し蒸気で快走する鋼鉄の船、という威嚇的な姿をとって、身近に迫ってきたときからであった。

藩という意識に立つ者も、幕府という体制のなかにある者も、それらを越えて日本という国家を構想しつつあった者も、等しく企てたのは、西洋諸国の軍事力に対抗し得る近代戦力を、列強相互の牽制のなかでいち早く獲得することであった。幕府派遣の留学生や、密出国した薩摩・長州・肥前の藩士たちは、それぞれの属するところの意図を体して、西欧文明の摂取に悲愴ともいうべき使命感でぶつかっていったのである。

彼らの履習する学問が、航海術、採鉱、冶金、造兵、造船など、軍事に関連する技術にかたよったのは、むしろ当然のことであった。そして、彼らのなかの少数が、その西欧体験を通して彼我の社会の根源にある思想の違いに気づきつつ、「技術の学」から「経国の学」へ関心を移していく。しかし、こうしたより広い西欧への接近が意識されたとはいえ、農事について学ぼうと志す者は現れなかった。このことは、留学生の出身階層が武士に限られていたことを抜きにしては説明できない。彼らが自身の藩を、そして日本を、世界的視野のなかでとらえたとき、その昂揚感と危機意識は、彼らが藩のレベルで幕藩体制の行く方に思いをこらしていたときより、さらに高い視点へ登りつめていく作用をしたであろう。

こうして彼らの内に熟していった俯瞰的な救国済民の思想は、武士という自覚のなかに抜きさし難く内在する階級意識と、その本質において変わるものではなかった。福沢諭吉、五代才助のごとき、すでに時代の移り変わりの何歩か先を歩み始めている者はいた。しかし、この時期、ブドウ栽培やワイン醸造を、軍事の学とおきかえるほどに、自身の視点を低く、地を這うように低く、構えた者はいなかった。維新後、この幕末海外留学武士団のなかから、農商務大書記官前田正名、(1) カリフォルニア日系移民の「葡萄王」といわれた長沢鼎、学農社の津田仙など、ブドウやワインにゆかりの人たちが出てくるが、彼らは初志においてその道を選んだのではない。

ワイン揺籃期の外伝となるが、まずこれら三人のワインとの出会いについて触れておこう。

元治元年（一八六四）、薩摩藩は洋学教育の藩校ともいうべき「開成所」を設置した。この名前は、おそらく幕府の蕃書調所がその前年「開成所」と改称したのにあやかったのであろう。しかし、この二つの開成所は時代の転換期が求めたものであったとはいえ、その内容はかなり異質であった。

江戸の開成所は、安政二年（一八五五）海防局の下部機構として発足した「洋学所」に始まる。当初は老中阿部正弘のブレーン・トラストとしての役割を担わされたが、幕閣の異動にともなって、組織としての性格は二転三転し、文久三年（一八六三）開成所と改名したときには、西洋学術を基礎とした殖産興業（もちろんこれには冶金や火薬など軍事につながるものが含まれていた）の技術的な推進を任務とする調査・試験研究機関であった。

この年、一八六三年六月二十七日（旧暦）イギリス東洋艦隊は七隻の軍艦をつらねて鹿児島湾へ侵入した。薩摩藩ではすでに各砲台をかため、迎え撃つ準備はととのっていた。生麦事件が起きてから九カ月余、鹿児島では藩をあげてこの日に備え、攘夷の意気は燃え盛っていたのである。

英国は艦隊による威嚇で前年の英人殺傷に対する償金支払いを迫った。この威嚇は薩摩隼人の内部にたぎっていた攘夷熱を、必死の状況で爆発させることにしかならなかった。だが、旧式の一八ポンド青銅砲と最新鋭のアームストロング一一〇ポンド旋廻砲の差は歴然としていた。先代島津斉彬が薩摩重工業の拠点としてつくり上げた「集成館」は、反射炉と熔鉱炉を残して潰滅し、各砲台も撃破された。

しかし、たった一つの僥倖がこの薩英戦争を勝利のない結末にした。熔岩台地に構築した桜島砲台に気づかず、イギリス艦隊はその眼下に錨をおろしたのである。一時代前の青銅砲もこの場面では威力を発揮した。旗艦ユーリヤラスの艦橋に砲弾が炸裂し、艦長、副長ともに戦死という英国側にとってはまったく予期しない事態が起こった。三日後、イギリス艦隊は鹿児島攻略を断念し、痛手を負ったまま横浜へ引き上げた。

この戦争を境に、流れは大きく変わった。いかに急進的な攘夷論者といえども、骨の髄まで味わった近代火器の恐怖によって、西洋との戦争はもはや勝目がないことを知った。薩摩藩「開成所」は、その深刻な反省から生まれたといえる。

もともとこの藩は幕末きっての開明的進歩主義者島津斉彬をいただき、欧米の産業や科学技術を自藩の経営に採用することに努め、当時としては最も積極的な工業化政策を進めた歴史がある。斉彬の急死で保守的な島津久光が藩主島津茂久の後見（久光は茂久の厳父）となってから、藩論は公武合体・尊皇攘夷を鮮明にしつつあったとはいえ、西洋先進諸国に学ぶことの必要性は、藩当局も見失ってはいなかった。こうして雄藩薩摩の英国への急速な接近が始まる。

薩摩開成所は、江戸のそれよりははるかに軍備に重点をおいた藩士の教育機関であった。富国強兵は幕末明治を一貫する政治課題であるが、二つの開成所を比較すると、江戸は富国に、鹿児島は強兵に力点をおいた運営であったように見える。

薩摩開成所は修学年限三カ年。その第一年は蘭語または英語の文典修得にあてられた。その頃、鹿児島ではまだ蘭学が優勢で、英学専修学生は創立当初の生徒約六〇～七〇名のうち、わずかに八、九人にすぎなかったという。江戸にあって福沢諭吉が世界の大勢を観望し、蘭学から英学へ転進していたのは、すでに六年も前の一八五八年頃のことであり、蕃書取調方津田仙も、同じ道を歩んでいた(2)。

第二年は物理、数学、地理などの基礎学科、第三年は専門科目として砲術、操練、兵法、造船、医学などの諸学を専攻することになっていた。そして、ここに集まった生徒は主に藩校「造士館」、八木称平の蘭学私塾などから選抜された子弟たちで、奨学費として扶持米を支給された。まさに藩が将来を嘱望し期待をかけたエリート集団であった。

江戸と鹿児島と、遠く離れてほぼ時を同じく設けられた二つの開成所に、奇しくも津田、長沢、前田の若い日の姿を見ることができる。長沢と前田は薩摩の学生、津田はすでに外国奉行支配通弁御用となり五人扶持であった。長沢と前田にとって開成所は洋行への第一歩ではあったが、後年ワイン事業にたずさわることになろうとは、夢にも思わなかったに違いない。これにひきかえ津田の場合、開成所物産局の伊藤圭介、田中芳男といった明治初頭の博物学を準備した人たちが身近だったことは、最初の洋行（一八六七年）で彼地の農業に少なからず関心を寄せる素地となっているであろう。

薩摩藩は開成校の発足（一八六四）と並行して、五代才助（友厚）の建言をいれ密かに留学生を英仏へ派遣する計画を進めていた。当時幕府は海外渡航を国禁としていたから、これは密出国であり、あくまでも隠密のうちに事を運ばねばならなかった。

元治二年（一八六五）一月、一七名の留学生は表向き「甑島、大嶋諸所へ御用の儀有之、渡海被仰付」羽島浦からグラヴァー商会差し回しの汽帆船に便乗すべく、鹿児島をあとにした。一行のうち一一名は開成所生徒、助手から選抜された若者たちであった。彼らの最年少は磯永彦輔。開成所第三等諸生（一年生）。英学専修。嘉永五年生。若冠一三歳であった。留学生は出発にあたり、密出国の罪科が藩に及ぶのを避けるため、それぞれ変名を用いた。磯永は終生外地に留ることとなったが、このとき以来主君から賜った「長沢鼎」を生涯の名前とした。

開成所から選ばれた留学生は、目的地が英国であったことを考慮した結果と思われるが、英学専修生から五名、蘭学専修生から七名、それぞれの生徒数からみれば、蘭学専修生の方がはるかに厳しい選抜となった。八木称平の蘭学塾から開成所の生徒となった前田正名は、留学を熱烈に希望し、しかも選にもれた一人であった。彼は壮途につく一三歳の長沢をどんなに羨ましい思いで見送ったことか。このとき、前田は一五歳であった。

長沢はロンドンで他の留学生と別れ、単身スコットランドのアバディーンへ向かった。そこはトーマス・グラヴァーの故郷であり、年少の彼はその町のグラマースクールに入るためであった。長沢はここでただ一人、二年間を過すことになる。

ついでながら、この時代のスコッチウイスキーに触れておく。

スコッチが家内工業的な辺地の地酒から、今日の世界的商品に発展した過程において、非常に重要でありながら、あまり強調されない一側面がある。それは、販売規模の拡大がどこかの時点で大量生産システムへの移行を必至とし、現実には、その本質的変革を無事に完了し得たからこそ、今日のスコッチがあるということである。

実際は大量生産システムの発明が先行し、販売規模の拡大と並行して本質的変革を達成するのであるが、その過渡期は一八三二年頃から一九〇〇年頃まで続いた。つまり長沢はウイスキーの変わりつつあった時代の現場に居あわせたのである。この過渡期を経て、スコッチはシングルモルトからブレンデッドウイスキーへ変容する。

「モルトウイスキーにグレーンウイスキーをブレンドする発見が、モルトのきつい風味をやわらげ、洗練された品質をつくり上げた」という説明の実体は、グレーンウイスキーがその商品価値を高めるためにモルトを必要とし、その成功によってウイスキーの資本制生産を確立したことを意味している。ウイスキーの歴史における、これはほとんど唯一の技術革新であったといってよい。その引き金となったのが連続式蒸留機であり、ブレンダーという新たな存在が業界の一角を占めるようになると、アバディーンの町はリースやグラスゴーとならんで、取引きの中心地となった。

＊

次代の薩摩を担うべき長沢は、もちろんそのような地場産業の動向とは無縁である。しかし、スコットランド人特有のホスピタリティーはこの遠来の少年に、ホームメイドのクッキーに添えて彼らの愛好するトディ（ウイスキーに湯と砂糖とレモンを加えたもの）を供したであろうか。

欧米に見たもの

慶応三年（一八六七）徳川慶喜は大政を奉還し、明治維新はもう目の前に近づいていた。この年、津田仙は小野友五郎一行の通詞として、初めてアメリカへ渡る機会をつかんだ。幕府の軍艦注文にからむ約束不履行の交渉であったことはすでに述べた。彼らは横浜からアメリカの汽船に便乗してサンフランシスコへ渡り、さらに南下してパナマ地峡に至り、ここを汽車で横断し、別の船で北上してニューヨークに着き、ここからワシントンへ入った。

一八六二年以降、開成所物産局は、殖産興業の基礎研究として動植物の分類、調査、利用について取り組んでいた。おそらくその影響もあったであろう。津田は通常の武士とは違った観察眼をもっていた。同行した福沢諭吉はアメリカの社会を見、アメリカ人の思想に触れて、西洋文明への理解を深めたが、津田はアメリカの自然を見、アメリカ人の農業に接して、泰西農法の学理性に感化を受けた。

この旅行で、一行はブドウ苗木と交換に日本の種苗を送る約束をした。しかし、ブドウ栽培とワイン醸造の実地は、彼らのアメリカ滞在が二月から七月という期間であったため、見学できなかった。

カリフォルニアにおけるワイン醸造は、ゴールドラッシュ（一八四八年）のすぐあとから始まった。一八六一年には一四〇〇種一〇万本の穂木が、新たにヨーロッパ各地から取り寄せられ、サンフランシスコ周辺のソノマ、ナパ、サンタクララなど今日の主産地に植えられた。こうした事情から見ても、津田が立ち寄ったサンフランシスコではすでにブドウ苗木の取引きが珍しいことではなく、種苗商が成りたつ環境ができ上がっていたと考えられる。津田は庭木の生産地として名高い安行の植木畑を知っていたかもしれないが、それにしても、野菜や果樹の種苗頒布を商売とする人物との出会いは、彼にとって大きな発見であったはずである。おそらく、学農社の種苗販売はこのときに芽生えたものであろう。

津田が無事帰国した頃、長沢鼎はアバディーンでの二年間の修業を終えてロンドンへ戻った。彼はそこで留学生仲間の森金之丞（有礼）、鮫島誠蔵（尚信）らから、トーマス・レイク・ハリスの宗教的生活共同体「新生社」へ入る決意を打ちあけられた。

「新生社」はハリスが合衆国ニューヨーク州アメニアに、共同体による理想社会を築こうとして組織したコロニーである。ここでは、神と人との完全調和をめざして、激しい肉体労働によるブドウ栽培や、その他の農耕を、神への使役として営んでいた。六人の留学生が、より西欧的な体験、換言すればキリスト教的精神との触れあいを求めて、米国への渡航を敢行したのは、単にハリスの教義への純粋な共感からだけのものではなかった。王政復古、挙兵倒幕へ急傾斜していく維新直前の風雲は、ロンドンにあって学費も底をつき始めたこれらの留学生たちに、自分たちの存在が国事の彼方へ忘れ去られてしまったかのような思いを抱かせたのであった。

彼らがこうした不安と焦燥にあるとき、前田正名は長崎において、ひたすら渡航費捻出のため「英和辞書」の編纂にはげんでいた。西洋へ行きたい。英国留学の選にもれた前田の執念はすさまじいばかりであった。そういう彼を見込んで、長沢らの旅立ちと前後して、藩は前田を長崎留学へ送り出した。長崎へ着くと、彼は何礼之《がれいし》の「語学塾」へ入塾した。ここは全国から集まる俊才に英語を教授する私塾であった。前田が机を並べた塾生には、陸奥宗光、高峰譲吉らがいた。何礼之の門下からは維新後、政界、官界、学界に多くの人材が輩出している。

翌慶応二年（一八六六）幕府は海外渡航を解禁した。前田にとって、「金だにあらばその目的を達し得べき見込み十分にあり、又手段も乏しからざりき」という状況となって、「靴磨きして渡航する決心なりき」（自叙伝）と、洋行への意欲はますます高まるばかりであった。

こういう思いは外国語を学ぶ青年たち誰しもが抱いていた。同じ「語学塾」に学ぶ正名の兄献吉も、献吉の友人高橋新吉も、なんとか渡航費を工面して、西洋文明に直接ふれたいと考えていた。たまたま助言する人があって、当時高値を呼んでいた『英和対訳袖珍辞書』いわゆる開成所辞書の改編に、三人はとりかかった。その売上げによって、洋行の費用を調達しようというのであった。それからの彼らには、薩長の倒幕運動も、坂本竜馬の横死も、徳川の落日も、すべて眼中になかった。夜を日についで刻苦勉励し、英語を学び始めてからわずか一年の学生が、宣教師フルベッキらの援助を受けたとはいえ、一年半ほどの間に、通称「薩摩辞書」といわれる明治前半の代表的英和辞書を編纂し遂げたのである。『薩摩辞書』とは、その初版の序文に日本薩摩学生と署名し、あえて編纂者の名を伏せたことに由来する。

それにしても、このデーモニッシュな情熱は、いったいどこから生まれてくるのであろうか。幕末から明治へ、時代の大きな転換が、その場に遭遇した青年たちに、彼らの内にひそむあらんかぎりの能力を噴出させ、壮烈なまでに自己を燃やし尽させた、これもまたそれらの光景の一つであったのだろうか。だが、ここに感じる執拗さと不退転の行動力は、後年の前田を理解するうえで、重要なカギとなろう。

前田が念願のヨーロッパへ鹿島立ちするのは、明治二年（一九六九）、渡航前後の記録から六月頃と推定されるが、確かな日時は明らかでない。横浜を解纜する蒸気船の甲板に、彼は駐フランス代理公使コント・モンブランと並んで、遠ざかる故国に別れを告げた。埠頭に集まった友人のなかには、後の名提督東郷平八郎の姿も見えた。

四年前、開成所の仲間たちを無念の思いで見送ったことが、船上の前田には昨日のことのように、なつかしくさえあったであろう。だが、藩命を奉じてひそかに羽島浦から船出した青少年武士団の、西夷の地へおもむく悲愴な心情と、このとき前田をとらえていた限りなく広がる未来への押えようもない興奮や、いま実現しつつある宿志への新たな決意と自信は、わずかな時の経過にしては、あまりに大きなへだたりであった。彼は自分の行手に開かれた西欧への道に、かつて洋式軍制を整備するため性急に歩まねばならなかった人たちの眼には入らなかったもっと多くの景観を期待せずにはいられなかった。

当時の東京は徳川譜代の大名、旗本など、新政府には仕えたくないと権現様以来の忠義を通す侍たちが、徳川慶喜隠棲とともに江戸を退去したあと、遷都によってさえなお覆いようのないさびれかたであった。市中には上地した大名の藩邸跡地三〇〇万坪が荒廃したまま放置され、信者檀家を失った寺院は、廃仏棄釈の嵐より先に没落した。

前田が旅立つのと前後して、政府はこの空地の開墾によって殖産をはかろうと、茶園や桑園を開く者に土地を与える布告をした。希望者に対して身許調べは一応したが、身分によって差別はしなかったという。数年後、開拓使や勧農局が市中に広大な試験農場を所有したのも、こういう時勢を背景としていた。明治十年代にはいっても、名残の畑が市中にはまだいくらもあって、それらの土地にブドウを栽培しワインを生産しようとする企ては、あながち現実ばなれしたものとはいえなかった。後で述べる小沢善平の撰種園は上野寛永寺下にあって、アメリカ系ブドウが日本に定着する拠点となった。この農園の跡はもはや探しあてるすべもないが、谷中清水町にあったというそのあたりは、古い地図に松平伊豆守邸としるされている。

パリの前田は、日本代理公使を委嘱されたモンブランの下で、書記の役目をつとめながら語学修得に励んだ。モンブランは維新前から五代才助ら薩摩藩士と親交があり、慶応三年（一八六七）に開かれたパリ万国博覧会では、薩摩藩を独立国としてヨーロッパに紹介した人物である。

明治三年七月、普仏戦争が勃発した。この戦争は、幕末から明治初期にかけて、日本の開化政策のよりどころともなっていた先進国フランスが、わが国における諸制度の模範となるべき立場を、イギリス、ドイツに譲るきっかけとなった。

その頃、それは前田がパリへきてちょうど一年を過ぎた頃であったが、例の薩摩藩英国留学生の一人、鮫島尚信が公使館に赴任してきて、モンブランは代理公使を解任され、前田も公使館の仕事から離れることになった。この時期、彼はノイローゼにかかっていたらしい。彼の『自叙伝』によれば、東洋の後進国から単身パリへきて文明の渦にまきこまれ「……何を見るも悉く及び難きの歎あるのみ。畢竟こは人種の致す所、亜細亜人たる吾人日本人の為し難き所なりとまで考えぬ。斯る見解は余のみならず余の友人等も斯く考へしと見え、終には精神病に罹り、又は割腹せしものまで出づるに至れり」という状態にあった。

そこへ普仏戦争が起こり、あれほど及び難く確固として屹立したフランス帝国が、二カ月もたたぬうちに瓦解し共和制がしかれ、パリ籠城が始まったのである。このとき、二〇歳から六〇歳までの者で市民兵が組織され、前田正名もこれに参加した。彼は最も勇敢な市民兵であった。その行為のなかで、フランス人とフランス文明に対する彼のコンプレックスは克服されていった。さらに、パリ陥落のあと蜂起した共産党のパリ・コンミューン、戦後のインフレなど、絶対視していた西欧文明の優位性にさまざまな側面があることを、前田は事実によって悟った。

明治前期に西欧に学んだ人々のなかで、前田にナショナリズムの色彩が最も強いのは、こうした体験を通して形成されたとみてよい。その思想は、やがて三田育種場の構想に始まり、「直接貿易意見一斑」、「興業意見」、地方産業振興運動へと結実していく。しかし、前田の一生がこうした産業育成、特に彼のいう「固有工業」あるいは「在来工業」の振興に献身的な努力を注ぐことになるのは、ただ単に彼のフランス滞在で会得した西欧文明批判からのみで生まれるものではない。そこにもう一つ、大久保利通の強烈な感化があった。

明治八年（一八七五）、前田はフランス公使館二等書記生に任じられ、同時に勧業寮御用掛を兼ね、殖産興業の調査に当たることとなった。このとき彼を指導したのが農商務省次官ユーゼン・チッスランであった。農業経済問題の権威であるチッスランに師事したことによって、前田には農業を基盤とした加工工業や貿易を、機械制移植大工業の育成より優先させる思想が強く現われた。彼が帰国の際、自発的に収集した種苗を持ち帰るのも、産業に対する関心の持ち方を示すものといえよう。この種苗収集で知り合った苗木仕立の専門家バルテーを通して、前田はブドウ栽培と醸造の知識を得たと推測される。三年後、前田はこのバルテーのもとへ山梨県祝村の青年をブドウ栽培修得のため連れて行くことになる。

ところで、同じ一八七五年、アメリカにいる長沢鼎は、師のトーマス・レイク・ハリスに従って、彼の終生の土地となるカリフォルニア州フォンテングローブへ移住し、農園の建設に着手する。ここでワインが醸造されるのは一八八二年（明治十五）からであるが、長沢はアメニアのコロニーですでにワインづくりを経験している。彼はハリスの死後、その全財産を継承し、事業をさらに発展させた。その経営する土地は日本ではなかったが、長沢はワインを事業として最初に成功させた日本人であった。

このカリフォルニアに長沢より早く、もう一人の日本人がワインづくりを学んでいた。後に上野寛永寺下谷中清水町に「撰種園」を開く小沢善平である。(3)

小沢善平の場合

彼は甲州に生まれ、維新前、横浜へ出て生糸商に傭われていたという。明治十四年第二回内国勧業博覧会において、「夙ニ外国葡萄ノ良種ヲ移植シ接挿及屈条切枝等善ク法ニ適ヒ以テ栽培家ニ裨益ヲ与フ」ことをもって、彼は有功賞を授けられた。その記念に刊行された『撰種園開園ノ雑説』という小冊子によれば、小沢がカリフォルニア州ナパ郡の農場へ渡ったのは、明治元年であった。(4)

この時期、どういう事情から渡米したのかわからないが、彼がアメリカに滞在した六年間、つねに農園や山林の労務者として働いていた事実から、幕末明治初期の留学生とは全く異なる渡航者であったことは間違いない。小沢がブドウ栽培と醸造を学ぶまでには曲折があって、彼が最初からそれを目的に渡米したか疑わしい。しかし、次に示すように、渡航する前すでに甲州でワインの試醸をしたという履歴からすれば、実地勉学がおのずからワインへ至るのは、自然の成り行きといえよう。それとともに、小沢のこの証言は、たとえ失敗の記録であったにせよ、ワイン醸造へ向かって日本人が行動を起こした最初の記録として、見落すことのできない史料である。

余ヤ元来微力ニシテ学資ニ供ス可キノ資金ナキヲ由テ晝ハ終日樵夫ヲ業トシ営々憩ハス夜ニ入リ始メテ休憩スルヲ得ルノ時間ヲ以テ同村（金山州ナッパ郡カリストカ村）、植物学士レレ氏ノ門ヲ叩キ就学セシニ同氏モ余カ志ヲ嘉ミシ丁寧懇切ニ教諭ヲ垂レラレシヲ以テ余カ望モ達スルノ緒ニ就キ殆ント五ケ月ニシテ尋常一般ノ通語ヲ習得シタリ此時ニ方リ（ママ）同氏ノ言ニ学術ノ結果ヲ見ルハ数年ニシテ実ニ難キモノナレハ寧ロ実地ノ結果ヲ得ルノ速カナルニ及カス（中略）実地ノ方其功ヲ納ムル速カナリ（中略）ト懇々説明セラレタリ是ニ於テ余モ大ニ暁ル所アリ曾テ横浜ニ在テ米人ヨリ葡萄酒ヲ送ラレシ時ヨリ我国ニテモ葡萄酒ヲ醸造セハ必ス一大産物トナラント思考シ余カ郷里甲斐ノ地ニ帰リ屢々醸造ヲ試ミシモ功ヲ奏ササリシコトノ念頭ニ浮ヒシカハ同氏ニ其術ヲ尋ネシニ同氏ノ答ニ其術タル敢テ難キニアラス今ヨリ実地ノ業ニ就カント決心セシナレハ余カ朋友ニ仏人ニシテスラムト云フ者アリ頗ル葡萄酒ノ醸造法ニ長スレハ之レニ就テ其奥ヲ極ムヘシトテ直ニ紹介状ヲ寄セラレタレハ之レヨリスラム氏ニ就キ葡萄ノ品質ヨリ栽培醸酒ノ法ニ至ル迄盡ク実地ニ研究シタルコト二星霜其後聊カ試醸ヲ為スモ毎ニ美酒ヲ醸シ得タリ之レ実ニ同氏カ薫陶其ノ宜キヲ得タルノ恩沢ト云フヘシ然シテ己ニ退場ノ期ニモ達シタルカ今暫時滞留シテ事業ノ助ヲ為スヘシト同氏ノ厚意ヲ得タレハ又此ニ滞留シ尚ホ業ヲ脩ムルニ決シ爾後他ニ余カ希望スル事業等ノ視察旁各村ヲ経歴セシトキノ如キモ厚ク同氏ノ周旋ニ預リ費用等一切同氏ノ恵与スル所トナリ実ニ非常ノ恩恵ヲ蒙リタリ（後略）

小沢は明治七年（一八七四）の初めに帰国して、高輪と谷中清水町の二個所に農園を開いた。その面積は両方を合わせて二万坪であったという。彼の帰朝のときから逆算して、カリフォルニアにおける前記の醸造実習は明治四年以降、おそらく五、六両年のことであったと思われる。

小沢はアメリカで学んだ農園経営を試みて失敗したあと、苗木販売に方向を転じ、高輪を手放し谷中の農園を苗圃として「撰種園」と称した。取扱った種類は舶来果樹全般のほか、アカシヤ、イブキ、ヒバなどの植木にも及んだ。しかし、彼はワイン醸造を断念したわけではない。「撰種園」が最も力を入れたのは、ブドウ苗木の頒布であり、小沢はそれによって「葡萄酒ノ盛大ヲ漸次我日本全土ニ移サンコトヲ望ム」という気持であった。ブドウ栽培は醸造を達成して初めて米穀の代用を果たし、国益の一助となるという信念を彼はもっていた。しかし、小沢善平の名は、皮肉なことに、生食用ブドウの代表的品種デラウェアの導入者として後世に残った。

小沢には『葡萄培養法摘要』（明治十年）、『葡萄培養法』上下（明治十二年）、『葡萄培養法続篇』上下（明治十三年）の著作がある。これらに述べるところはアンドリュウ・フラー（Andrew S.Fuller）の著作 *Grape Culturist*

に拠りながら、栽培家小沢の体験に裏打ちされていることにおいて、この前後に出版されたブドウ栽培技術の翻訳書のなかで出色のものといわねばならない。

彼が帰国した明治七年は、大政官政府に対する反革命的状況が生まれつつあった。前年、征韓論が破れ西郷が下野したことによって、この危機的様相は破局に向かって、もはや止めようもない大きな力で動き始めていた。内務省設置と大久保利通の内務卿就任は、この難局を彼が一身に負うための権力集中であった。

ワイン史の起点　明治七年

内務省の職制は、「全国人民ノ安寧ヲ計リ戸籍人口ノ調査、人民産業ノ勧奨、地方ノ警備、其ノ他土木、地理、駅逓、測量」とあり、六寮一司二課が置かれた。なかでも勧業、警保二寮は一等寮として格づけされ、大久保の意図するところを明らかに示していた。

大久保の偉大なところは、これ以後、佐賀の乱、台湾出兵、神風連の変、萩の乱、西南戦争と武力による内憂外患の続くなかで、内藤新宿試験場の拡大、農事修学場の設置、下総牧羊場開設、米国フィラデルフィア万国博覧会参加、札幌農学校開校、茶葉調査・紅茶試製、千住羅紗製織所建設、製糸試験所設立、第一回内国勧業博覧会開催、三田育種場開場、等々明治前期殖産興業政策の具体的着手を少しも休めなかったことである。

山梨県令藤村紫朗から上申された諮問、山田連名の醸造資金貸付願いに対し、「葡萄酒醸造成功候様精々勉力可為致」と大久保が答えたとき、彼は同時に神風連、秋月党、前原一誠党と連鎖的に蹶起した叛徒の鎮圧と、鹿児島私学校生徒への警戒を冷徹果断に進めていた。

大久保の殖産興業に対する考え方は、彼が内務卿としてその行政統轄の任について間もない明治七年五、六月頃起草された「殖産興業に関する建白書」に明らかである。これによれば「大凡国ノ強弱ハ人民ノ貧富ニ由リ、人民ノ貧富ハ物産ノ多寡ニ依ル、而シテ物産ノ多寡ハ工業ヲ勉励スルト否サルトニ胚胎スト雖モ、其源頭ヲ尋ルニ未嘗テ政府ノ誘導奨励ノ力ニ依ラサルナシ」と主張し、工業ノ保護奨励によって国家を富強ならしめようとしていたことがわかる。

しかし、ここでいう工業とは農産物加工業以外のなにものでもなく、いわゆる製造工業はまだ移植発展を遂げる前の段階にあった。このことは勧業寮事務分掌規定に示された「製造」の実体が、蚕糸、製茶、紡績であったことを見ればただちに理解されるであろう。直属の製造所、試験所、育種場、種畜場などの機関も、養蚕、農業、牧畜の規模的発展を意図したものにとどまっていた。大久保が着手した殖産興業施策は、そのねらいにおいて幾つかの側面があった。特に重要輸出品の生産増大と輸入品の防止、士族授産を主目的とした開墾、この二つに重点がおかれた。西欧農業技術の導入は、この二つのどちらへもテコとして作用させるためのものであった。

この時流に応えるかのように津田仙は『農業三事』を著わし、泰西農法のプロフィールを実利性と結びつけて紹介した。西欧科学技術の導入にあたって、自然条件と在来技術が最も強靭に立ちはだかっている農業分野に、これは衝撃的啓蒙書として受け入れられた。『農業三事』（明治七年）は津田の外遊土産というべき著作である。彼がこの本を書く前年、ウィーン万国博覧会参加を機会に政府が派遣した技術伝習生に選ばれて渡欧したことは、すでに述べた。ここでいう技術伝習は、当初から科目の選択に苦心したらしく、工業技術というよりは技能的な陶器着色絵、轆轤鉋、石膏模型とならべれば、おおよそ傾向がわかるであろう分野のものであった。津田は樹芸伝習生として、オーストリアの農学者ダニエル・ホーイブレンクに師事した。

幕府の通訳であった津田が栽培、育種の留学生に選ばれた事情を理解するには、維新後の彼の転身をみなければならない。幕府が倒れたとき、津田はその年開港した新潟の奉行所にあって英学教授方兼通弁であった。維新政府に仕官できなかった彼は、翌明治二年、鉄砲洲居留地の外国人を顧客に開業した日本最初の築地ホテルに勤めた。

明治期の農業界に最も強い影響を残した人物として、前田正名と津田仙を挙げることは、ほぼ異論のないところであろう。津田は西欧農業事情の紹介者として、泰西農法の指導者として、種苗輸入者として、さらに農業教育の先達者として、きわだった存在であった。それにもかかわらず、彼の行実には開拓者としてむしろ当然のある種の狂気と重ね合せに、大向うをうならせる態のはったりがつきまとっているのを看過するわけにはいかない。直観的な印象で語ることをあえてすれば、門閥を超えて栄達する唯一の道であった洋学者として、ようやく認められかけた時期に幕府は倒れ、以後傍流を歩き続けた鬱屈が、津田自身をいつも駆り立てていたのではあるまいか。かつて机を並べた先輩、同僚の福沢諭吉、西周、津田真道らの活躍が気にならなかったはずはない。

津田仙は明治四年一月まで築地ホテルに勤め、北海道開拓使の嘱託にかわった。その間に、彼は麻布本村町に土地を買い、ホテルで使う西洋野菜の栽培に成功した。当時の本村町一帯は山林で人家もまばらであったが、津田は数年のうちにここに広大な農園をもつに至った。イチゴ、アスパラガス、グースベリーなど、まだ日本人は食べようとしない作物が栽培された。

開拓使はこの年以降明治九年まで東京農業試験場を青山から麻布に及ぶ約二〇万坪に展開させる。現今の青山学院大学から日赤本院へかけての一帯である。その意図するところは次のように誌されている。

「動植物良種ヲ外国ニ購シ北海道ニ移スモ風土ノ適否知ル可ラス。故ニ先ツ之ヲ東京ニ試ミ其風土ニ適スルヲ察シ然ル後七重試験場ニ移シ漸次全道ニ及サントス。又現術生徒ヲ置キ西洋農具使用ヨリ牧畜樹芸ヲ伝習シ

津田仙

卒業後七重試験場ニ遣リ以テ全道農業ノ模範タラシム、是当場ノ設アル所以ナリ」

津田と開拓使の関係は、農業問題についてどの程度まで彼の力が及んだか、明らかでない。しかし、開拓使が派遣した女子留学生に津田梅子が参加したことや、後年『農業雑誌』とともに『開拓雑誌』を発刊したことばかりでなく、ウィーン万国博覧会に樹芸伝習生として留学する機会を得たのも、やはりここに端を発している。

ちなみに、開拓使のこの農園が最も力を入れたのは果樹栽培であり、それは教師ケプロンの「火山ノ麓ハ各種ノ酒ヲ製造スル葡萄樹ヲ植ルニ宜シ、他邦ノ果樹ヲ移スモノ其初メ或ハ栽培ヲ誤ルコト有リト雖モ、効ヲ奏スルモ亦必ス多シ」という建言に呼応するものであった。

津田もまたこの頃すでにアメリカ公使館から入手したリンゴ苗木を、本村町の自園に移植している。つまり彼は、農業の将来について国家の関心が果樹園芸に注がれたこの時期に、何歩か先を歩む実践者だったのである。

吉川利一『津田梅子伝』の年譜によれば、仙のオーストリア渡航は明治六年一月三十一日出発、八月帰朝とあり、航海の日数を差し引けば、農業を実習するにはあまりにも短い期間であった。

『農業三事』とは津田の表現を借りれば、「気筒法」、「偃曲法」、「媒助法」という三種の新しい栽培技術を指す。その意味する事柄を現代の用語に翻訳すれば、必ずしも適確とはいえないが、「暗渠通気」、「下方誘引整枝及び麦類踏圧」、「人工交配」となろう。彼はこれらの技術を学ぶのに、おそらく師のホーイブレンクから洗脳的教育を受けたであろう。その学理を実地観察や実技修習を通して客観的に考察する余裕はなかったはずである。それゆえ、後になって指摘される『農業三事』の非科学的部分についてのみいえば、津田を責めるべきではない。しかし、風媒花である稲麦の増収に人工交配のための「津田縄」という珍具を発売流行させたことから、勧業寮は彼の持ち込んだ学説について数年間にわたり追試にふりまわされた。津田はまさしく啓蒙家であったが、科学者ではなかったことを示すエピソードである。

内務省に勧業寮が設置され、小沢善平が「撰種園」を開き、津田仙が『農業三事』を刊行した明治七年、西欧農業の移植によって国を豊かにしようと構想する人たちにとって、ワインが重要産物としてやがて各地で生産されるであろうことは、既定の事実となりつつあった。

この年、勧業寮は内藤新宿試験場から輸入ブドウ苗木を、岩手、宮城、山形、福島、新潟、埼玉、千葉、神奈川、福井、長野、三重、滋賀、大阪、兵庫、奈良、鳥取、広島、徳島、福岡、大分、宮崎、鹿児島、以上二二府県へ配布した。このとき、苹果、桜桃、梨、杏などもあわせて送られた。これらの苗木は万国博覧会を機会にオーストリアからもたらされたものであった。

この果樹配布にもれた山梨県では、しかし、冒頭で述べたように、土着の山ブドウや甲州ブドウで、生糸取引を通して伝え聞いた紅毛人の酒を思い描きながら、すでに幼稚な試みが随所で始まっていたのである。それがどれほどの出来栄えか評価することもできず、小沢善平にみられるような失敗の自覚は、まだ希薄であった。

（1）　前田の場合、厳密にいえば留学実現は維新後であるが、留学生のカテゴリーからすれば幕末期に属する。
（2）　安政六年（一八五九）津田は蕃書調所教授方松木弘庵らと横浜へ出て英人医師について英語を学んだ。
（3）　同じ頃、大藤松五郎もいたはずであるが、事蹟が明らかでない。

（4）『撰種園開園ノ雑説』に滞米六年、明治七年帰国とある。これから推定して渡米の時期を明治元年としたが、その後、小沢善平自身の手記が発見され、慶応三年十二月二十一日、密出国したことが明らかとなった。

五　殖産興業の旗のもとに

「樹芸」着手

明治初期の世相を端的に表現するのに、「文明開化」という言葉ほどふさわしいものはない。それは遠ざかっていく古き良き明治の面影そのもののようにさえ感じられる。しかし、当時にあってこの言葉のもつ意味は、西洋文明摂取による生活革命のスローガンであった。

このように、ある言葉がある状況を象徴的に表わすと同時に、その言葉がその状況を現出していくエネルギーとして作用する例は多い。いまはほとんど用いられなくなった「樹芸」という言葉にも、かつてそういう輝かしい時期があったように思われる。「樹芸」とはいったい何か。試みに『広辞苑』によってその語意を調べてみると、「森林を形成しない個々の樹木を育てる技術。またそれに関する学問。その対象は工芸の原料となる樹種。ミツマタ、クルミなど」とある。

しかし、明治七、八年の時点で「樹芸」は、おそらく「牧畜」とともに泰西農業導入を象徴する用語であり、殖産興業を推進していくキーワードであった。そして、ここにおける「樹芸」とは「果樹栽培」を意味していた。明治八年五月、内務卿大久保利通が提出した「本省事業ノ目的ヲ定ムルノ議」に「着手ノ先務緊要トスル処」として、次の四項目をあげている。

一、樹芸、牧畜、農工商の奨励。

二、山林保存、樹木栽培。

三、地方取締の整備。

四、海運の道を開くこと。

これを起草するときの大久保の脳裡に、果たして「樹芸」がまっ先にあったのであろうか。「内治ヲ整ヘ力ヲ根基ニ尽シテ体裁ノ虚文ヲ講ゼズ、奇功ヲ外事ニ求メズ、民産ヲ厚殖シ民業ヲ振励スルコト」を内務省の目的として揚げた大久保が、緊急に着手すべき事項の第一に果樹栽培を想定していたとは、容易には理解しえない。なお、官記に「樹芸」という言葉が用いられるのは、明治七年からで(1)、それ以前は「種芸」といった。輸入穀菜と果樹を一括取扱った時代から、ここで果樹に重点が移ったことを示している。

話は少しとぶが、明治十二年、内藤新宿試験場が内務省から宮内省へ移管されたときの引継書に、「第三号果樹園に植付けてある果樹、ならびに試験園附属地の葡萄等は、故内務卿大久保公が試験のため米国から取寄せられ、私邸において試植されていたもので、公が亡くなられた後、その趣旨を貫徹させるため当試験場へ御差出しになったものであるので、その趣旨が相立つよう御取計い願いたい」、という一条がある。

大久保は明治十一年「内治を整え民産を殖する」第一歩で、暗殺者の手に斃れた。そのときまでに、「海運の道」

は三菱育成によって、「地方取締の整備」は西南戦争の終結によって、彼の意図は達せられていた。

明治前期、政府が推進した殖産興業施策のうち、後の評価において最も主要とされるのは、在来綿業および糖業の改良育成による輸入防遏と、蚕糸および製茶の改良振興による輸出増進である。第二に挙げるべきは、軍事工業としての毛織工業を、軍用服地輸入防止の観点に立って、牧羊から紡織にいたる諸施設を移植したことであろうか。

これらの事業を現実に進めつつあるとき、大久保は「樹芸」を着手先務緊要と書きしるしたのであった。それは、彼の施策にさらに追加すべき事項としてであったろうか。とすれば、このときすでに三菱の保護育成が始まってい た海運について書きしるす必要はない。その反面、綿業のうちまだ着手していなかった紡糸対策に触れていないのはなぜであろうか。こうみてくると、大久保の内部で「樹芸」という新しい産業が、国家の事業としてかなり大きなテーマに熱しつつあったことだけは、疑う余地がない。

まさにこの時期、大久保はパリにいる同郷の青年前田正名を外務省二等書記生として登用した。当時の内務卿は他省大臣の上に位し、事実上の首相であった。その下につく外務卿寺島宗則は、かつて長沢鼎らを引率して英国へ渡った松木弘安その人であり、さらにさかのぼれば蕃書調所教授方であり、横浜へ出て外人に英語を学んだ思い出を津田仙とわけあっている。国家の規模がそれだけ小さかったとはいえ、少数の人の網の目のような連繫の中で維新は動いていった感が深い。

前田は大久保の意図に沿って、フランスにおける殖産興業の調査にあたった。その彼を指導したのが、農業経済の権威ユーゼン・チッスランであった。そして、たまたまパリ万国博覧会開催の計画を知った前田は、チッスランの斡旋で準備事務所に雇ってもらい、博覧会開催の実務を学んだ。前田がこのように熱心だったのは、博覧会を通して西欧社会に日本の物産を紹介し、貿易を拡大することを意図したからであった。不平等条約から脱するためには、こうして直接貿易の道をひらき、農商工の発展に結びつけるよりほかはないと前田は考えていた。

明治九年（一八七六）、彼のこの主張はいれられ、勧業寮御用掛に任ぜられ、パリ万国博覧会参加準備のため、帰国の命令を受けた。その時、前田はかねてヴィルモランおよびバルテーの協力で収集していた果樹穀菜のおびただしい種苗をたずさえて、七年ぶりの帰途についた。船が香港に寄港したとき、前田は西郷隆盛が謀叛を起こしたと聞いた。「非常の驚愕に打たれ、残念、遺憾、実に言語の盡すべきものなき悲痛に襲われ、此処より横浜に着する一週間と言うものは、鬱々として何等の楽しみもなく、苦痛、煩悶の間に過しぬ」という状態で、なつかしかるべき混乱の故国へ、出迎える人もなく上陸したのであった。

反徒鎮圧のため京都に進めた大本営に大久保はあった。彼は直ちに前田を呼び寄せ、パリ万国博参加の事務を一任するとともに、おそらく前田の献策をいれたのであろう、フランスから持ち帰った種苗によって内藤新宿試験場附属試験地を見本農園とするよう指示した。

大久保にとって西南戦争は、維新を成就させた盟友との戦いであり、同時に反大政官勢力との最後の対決であった。前田にとっても、それは同郷人との戦争であり、いたたまれぬ思いであったに違いない。だが大久保は、前田に国家の将来は殖産興業にあることを説き、ひたすらその目的に向って尽すべきことを命じたのであった。

内藤新宿試験場附属試験地は三田四国町にあった。島津邸の跡地である。明治七年、内務省は内藤新宿試験場の土壌が麦、綿、藍などの試作に不適当であるとの理由で、すでに福島某ほか数名の所有となっていたこの土地約四万五〇〇〇坪を買収した。以後、前田がフランスから持ち帰った種苗を定植するまで、どのような仕事がこの試験地で行われたか明らかでない。

明治十年は前田にとって人生の最も高揚した時期といえるであろう。三月に帰国した彼は十月再び渡仏するまで七カ月間に、西洋果樹穀菜の育成範示と頒布交換を目的とした三田育種場をつくり上げ、同時にパリ万国博日本館開設の準備一切をほとんど独力でなし遂げたのであった。彼の内部には、西欧列強に伍していく国家を背負っての戦いが意識されていたはずである。それは大久保の後に続く前田自身の内なる西南戦争であったかもしれない。

三田育種場が内務卿大久保利通を迎えて開場式を挙げたのは九月三十日、そのわずか六日前に西郷隆盛は城山で自刃した。そして一〇日後、前田はフランス船タナイス号に乗り、マルセイユへ向っていた。従う者六名の中に、ワイン醸造法習得のため留学する高野正誠、土屋竜憲がいた。

余業のすすめ

この二人の青年に話を移す前に、前田の「樹芸」に対する考え方と、それが三田育種場でどのように表現されたかを見ておきたい。

『勧農局第三回年報』に「明治十年度三田育種場景況」という報告がある。それによれば、「穀菜果樹及ヒ有用木材ノ良種ヲ内外ヲ問ハス広ク之ヲ撰ミ之ヲ場圃ニ樹殖シ人民ノ要求ニ応シテ之ヲ売与シ又全国ノ農家ヲ勧奨シ動植ノ良否ヲ較ヘ彼此ノ優劣ヲ知ラシメ農産物ノ製造ヲ益々精良ニセンカ為メ農産会市ヲ開キ市場ヲ設ケ」各府県に三田育種場着手方法、農産会市順序、市場規則および絵図を配布したとある。育種場開設の意図が単なる内外農作物の展示農園でなく、泰西農業導入によって農業の多様化と安定化をはかり生産を拡大しようとしていた政府がその勧農政策を浸透させ、農業に志ある者を誘導する機関であったことが知られる。

このことは前田も「三田育種場着手方法」に明記している。彼の述べるところを要約すれば「余業のすすめ」で

第1表　三田育種場各区栽植種類

第一大區　三・〇六・〇〇 町畝	內外穀菜果樹用材及各用植物	內地穀菽	九種	一六種類
		內地果樹	二	三二本
		內地綿	一	三種類
		黃櫨		九〇本
		楮		三〇〇本
		雁皮		一四五本
		用材	二	三三六本
		外國穀菽	二	六種類
		外國綿	一	三種類
第二大區　二・二九・一五 町畝	內外果樹用材及各用植物	內地葡萄		三六本
		內地果樹	四種	九五五本
		內地柑類	七	一、一八三本
		內地用材	八	三、一一〇本
		卷丹	一	三、三〇〇本
		麻	二	二種類
		外國葡萄		四九、一三〇
		同果樹		一八、四五八
第三大區　二・八四・一五 町畝	內外果樹及用材	內地穀果	二種	一八種類
		內地葡萄		一三三本
		內地果樹		三六本
		內地用材		三四本
		外國穀菜	一五種	四一種類
		同葡萄		九、六〇五本
		同果樹		二、九二〇
第四大區　市場總坪	植付用材	內地用材	三種	二〇〇種類

あり、育種場はそのためのあらゆる便宜を提供するセンターを志向していた。

「余業」とは、五穀蔬菜の栽培を「本業」とし、これ以外に農家の収益となり得る有用果樹、木材、農産製造品原料作物、および牧畜の類を指す。育種場発足当初、つまり前田自身が、それらのなかで何に力点をおいていたかを知る資料として、「明治十年度三田育種場景況」は、栽植した作物の種類と本数を伝えている（第1表）。

この表に示された第一から第四までの大区は、場内中央で十字に交差した幅四間の馬車道によって四分割された各区劃の呼称である。馬車道の両側はインド産の茶樹を植えて畑と道を分けたという。各大区にはそれぞれ目的が定められていた。それは表からも判断できるが、「三田育種場着手方法」に前田が詳細に述べているので要約しておく。

第一大区は、国内各地から穀類の優良な在来種を集め、育成試験をして栽培条件の及ぼす影響と種子の優劣とを実地に示すところで、こうして選択された優良種子を普及させるねらいがあった。三田育種場の業績として、後年、小麦、タマネギ、ジャガイモの改良普及が評価されるのは、この部門の功績である。

第二大区は、内外各種の良質な果樹を集め、栽培展示と同時に、接木、挿木によって増殖を行い、頒布用苗木を生産することを目的としていた。それらのうち、ビワ、ミカン、カキなどは輸出し、ブドウ、リンゴ、ナシなど輸入した優良品種は国内に配布し、劣性在来種を淘汰しようとするものであった。特にブドウは一〇〇種に近い品種を揃えていた。このなかから、気候風土への適性をみて良いものを選び移植する。また、来場した農民に栽培法をくわしく観覧させ、研究工夫をうながす目的もあった。

第三大区は、主としてブドウを加工原料用に栽培するところであった。ここにおいて前田はブドウに対する関心が酒造にあることを明白に語っている。

「第三大区ハ惣テ葡萄ヲ栽培繁殖セシムルニ用ユル処ニシテ西洋各種（百種ニ近シ）ノ葡萄ヲ植エ附ケ幹枝ヲ地ニ曲ケテ之ヲ挿ミ其速ニ生実セン事ヲ促ス而シテ種類ノ良否ヲ分チ内国酒造ヲ盛ニ営業スル各地方ニ移植ス可シ又第三区内ニ於テ結実シタル葡萄ヲ以テ酒ヲ醸シ少々下等ノ実ハ醋ヲ造リ之ヲ衆人ニ示シテ是丈ケ宜シキモノト云フ事ヲ知ラシムヘシ欧羅巴ヨリ造リ出ス種々ノ「りきゅーる」「こんにゃく」「しゃんぱん」「ぶらんぢー」「ぼーるどわいん」其他各用飲料ノ酒ハ悉皆葡萄ヨリ醸シ成サザルハ無シ其功能実ニ枚挙スルニ遑アラス然シテ斯ク此区内ニテ栽培製造スルノ模様ハ農民会市ニ出ルトキニ当リテ之ヲ実見セシメ其概要ヲ識ラシム可シ（後略）」

前田は自分が収集したブドウ苗の中から醸造用好適品種を定植第一年目で見つけようとしている。この苗は彼が帰国した三月に内藤新宿試験場へ仮植し、七月育種場へ移植したものである。栽培の常識からいって、これは無謀というほかはない。前田は強引に結実させようとして津田仙が主張する『農業三事』の偃曲法を、ここで積極的に採用した。「幹枝ヲ地ニ曲ケテ」とはそれを指す。この成否について、後の記録はない。

第四大区は、育種場の種苗を頒布したり、各地の農産物を交互売買するために開催する市の会場にあてられた。この定期市は、種苗はもちろん、牛馬羊豚、農具馬具、農産加工品にいたるまで、品質改良と流通促進をはかるのが、ねらいであった。

余談になるが、育種場開場式の当日、この第四大区で競馬が行われた。内務卿大久保利通から陸軍卿山県有朋へ騎手と馬の手配を頼んでいる。宮内省へも参加を求めた。これは日本における最初の競馬であった。明治十二年頃の一着の賞金は「共進会ノ例ニヨリ五円ヨリ不多」とあるが、十三年には育種場内に興農競馬会社が設立され、「勝利ノ者ニ与フル賞品ハ其価位凡ソ弐百円より多カラス弐拾円ヨリ少カラサル物品」と定められた。競馬会社規則は馬券についてなにも触れていない。

前田は米麦中心の在来農業に対し、「余業」が農家経済に利益をもたらす事実を示して、農業の構造を農民の自覚によって変えていこうとした。彼は紀州・雲州のミカンを例に引いて傾斜地の利用を説いているが、全国的な規模で「余業」を導入していくには、生産物の用途においてブドウが最もすぐれていることを、すでに断定していた。第二、第三大区の植栽は、それにこたえる態勢であった。

前田はブドウの効用についてワインヴィネガーに言及し、次のように述べている。

「葡萄ノ功用ハ人皆之ヲ知ルト雖モ未タ醋ニ造ル事ニ付テノ大功アルヲ知ラサル者多シ是レ飲食ニ缺ク可カラサルモノニシテ就中菓菜ノ漬物等ニ適用ナル事米酒ヨリ絞リタル醋トハ大ニ異レリ且又米ハ五穀ノ部内ニ於テ我邦人ハ一時モ缺ク事態ハサル故ニ成丈之ヲ費サヌ様ニシ葡萄ヲ以テ之ニ代レハ内国一ケ年間酒ト醋トニ費

ス所ヲ計算シテ其増益更ニ幾許ナルヲ知ラス」

この時代は国家の貿易収支に還元して価値を問う発想が随所に見られるが、ブドウもまたここでは、米を輸入するか輸出するかを左右する重要産物として論じられている。それは明治四、五年以降、泰西農業導入を勧農政策の柱として驀進してきた網羅的欧化主義の思想に一つの収束点を与えるものであり、かつそれゆえにブドウ効用説はいちだんと増幅されたのであった。

醸造を前提とするブドウ栽培を推進しようとしていた前田が、民間で呼応する者に援助の手をさしのべるのは当然であった。しかし、まだ鉄道も通わない甲州の祝村にあって、ブドウ酒醸造を志した村人有志の途方もない計画を、前田が知るよしもない。

二青年の渡仏

土屋竜憲、高野正誠両名がパリ万国博に先発する前田に伴われて渡仏するまでの経緯は明らかでない。とはいえ、すでに内務省から大藤松五郎を招聘し、殖産興業の一環としてワイン醸造を積極的に推進しつつあった県令藤村紫朗が介在したであろうことは、想像に難くない。

前田の側にも、甲州に土着のワインが萌芽しつつあるのを知る機会がなかったとはいえない。その一つは、パリ万国博出品物を調達するため、全国の物産を調査・選択し、各地に足を運んで実地に見聞していること。その二つは、西南戦争の最中であった明治十年八月二十一日から第一回内国勧業博覧会が開催されたことである。

博覧会を挙行する目論みは、ウィーン万国博参加の目的にもうかがわれ、勧業政策推進のため、かねてからの懸案であった。政府の総力を結集したこの第一回は、大久保利通における殖産興業の一大デモンストレーションとなった。開場式は、天皇、皇后、臨幸のもとに行われ皇族、大臣、参議、諸外国公使らが陪席した。十一月三十日の閉場式もまた、天皇、皇后親臨のもとに行われ、こうした盛大な演出と、出品物に対する審査・褒賞とによって、国民の産業に対する意識はとみに高揚したのである。

当然、前田正名はこの博覧会展示品に強い関心を注いだであろう。この時、山梨県から出品された本稿に関係のある物品は次の通りであった。

葡萄		山梨郡勝沼村	樋口寛迪
葡萄		八代郡祝村	他四名
洋種葡萄	二種	甲府	勧業試験場
ブランデー	五瓶	〃	〃 〃
葡萄酒	二瓶	甲府八日町	詫間憲久
ヘートルス	〃	〃 〃	他二名
ブランデー	〃	〃 〃	〃
スウイトワイン	〃	〃 〃	〃
麦酒	六瓶	甲府柳町	野口正章

勧業試験場出品の洋種葡萄二種は、甲府城内試験地に栽培された米国種ブドウと思われる。しかしこの試験地が創設されたのは明治九年であり、果実をつけることは不可能である。果してどんなブドウを出品したのであろう。輸入ブドウ苗が山梨県へ持ち込まれた最も早い記録が、明治九年、内藤新宿試験場からの米国種ブドウであるので、

翌年の勧業博覧会には果実でなく、ブドウの幼樹そのものを展示したのかもしれない。同様の疑問はブランデーの場合にも出てくる。明治十年発足の勧業場附属醸造所が、仕込みシーズン前にブランデーをつくったとすれば、真正なブランデーかどうか疑わしい。

詫間憲久のワインは、おそらく大藤松五郎の指導によって試醸した一万本の中からの出品に違いない。勧業博覧会当時、彼の事業はすでに倒産していた。ここに並べられた四種類の洋酒は、挫折した先駆者の遺志を継ぐ者へ呼びかけているかのように見える。

おそらく、こうした国産の珍奇な品物が前田の目に止まらなかったはずはない。そして、祝村を中心とするブドウ産地が、「地味適スルヲ以テ品質頗ル上等ニシテ産額亦夥多ナリ、他邦へ輸送スル凡ソ五百駄、醸造料ニ供スル三百駄、其他管内ニテ消費スル数百駄ニ及ベリト、猶漸次葡萄酒ヲ製出セバ輸入品ヲ圧倒スルニ至ルベシ」と博覧会報告書にあるような状況を、把握したであろう。

ちなみに、ブドウ一駄は三二貫、三〇〇駄は九六〇〇貫、換算三六トンに相当する。これから得られるワインは、およそ、二万七〇〇〇リットル、三万七〇〇〇余瓶と見込まれる。山梨県のブドウ生産は、明治七年の『府県物産表』によれば二万七二〇〇貫、明治十四年は三万六五〇〇貫。この数値を信頼すれば、明治十年頃祝村を中心とした峡東ブドウ地帯で、生産量のほぼ三分の一が醸造に用いられたことになる。

県令藤村の援助を受けて、詫間憲久が明治九年に醸造したワインは一万本であった。これを、考察のもう一つの視点とすれば、三〇〇駄のブドウをワインとしたことは、いかにも多いと感じる反面、大藤松五郎を迎えて藤村が推し進めたワイン振興策が、あるいはこれほど急速に地方農村へ浸透したのか、とも思わせる。もしそうであるならば、それは非常に危険な事態であった。藤村県政は後にその開明性を高く評価されているが、ことワインに関する限り、ブドウを潰すところまでが先行し、換金の見通しはほとんど立っていなかった。明治十年の時点で、彼はまだその深刻さに気づいていなかったかも知れない。とはいえ、品質改良がワイン興業の必須要件であることだけは、明白であった。

祝村から二人の青年を前田に託すについては、大日本山梨葡萄酒会社の創立が発端となっている。この会社は、県勧業課のブドウ酒醸造振興が具体化した最初の事例であった。明治十年八月、祝村を中心とする旧名主戸長、区長などの豪農や自作の実力者たちが発起人となった。彼らは自らもブドウ生産者であり、会社の成功は農家経営の向上に直接つながっていた。彼らはまた醸造が失敗するかもしれないことを、かなり強く警戒していたと想像される。なぜならば、明治七年頃からこの地域に始まっていた先駆的なワイン試醸は、少なくとも三年の経験を重ねて、文明開化に便乗する期待が品質に対する一抹の不安に変わり始める頃であった。自分たちがつくろうとしているブドウ酒とは、いったいどのようなものであればよいのか。本当のところは誰も知らなかったのである。

ここで不可解なのは、農村地主層の小さな結社が、なぜ県が招聘した洋行帰りの技師大藤松五郎に頼らず、直接海外へ実習生を出すことになったのか。会社運営に技術者養成を第一の着手としただけでも、抜群の新しさであるのに、そのうえ海外へ子弟を送るという、なぜそれほどまでに思いきった決心をしたのであろう。

たとえば、このパリ万国博を機会に、京都府からも農事修業生二名を渡仏させた形跡があって、知事植村正直から大久保利通へ、万国博へ出席する松方正義勧農局長の渡航に同道して「彼国実地ノ耕耨ヲ留学為致度」という上申書が残っている。候補者は二名、期間は三年間、費用は「管下山城八郡之郡費ヲ以支給」、滞仏中の監督は先発の前田正名に依頼するとある。

祝村の二名について、山梨県がこのような上申や、前田への仲介をした記録は、発見されていない。しかし、国産ワインを盛んにする遠大な構想を抱いていた前田にしてみれば、どのような筋から依頼されたにせよ、留学の世話は進んで引き受けたであろう。ともあれ、大日本山梨葡萄酒会社は、有志の子弟から、土屋竜憲、高野正誠を選び、前田に託したのであった。

横浜出航を六日後にひかえた秋の一日、竹棚のブドウは、白い粉の下の透きとおるような紫紅色が、日ごとに色づきをましていた。来年、あるいは再来年こそは……。いまさらのごとく美しいものを見る思いの中で、彼らは自分たちの使命の重さと遠い旅路の不安に耐えた。この日、二人は渡航の決意を誓約として会社へ差し出した。

盟約書之事

今般有志ノ輩葡萄酒醸造会社設立相成候ニ付フランス国葡萄栽培法並ニ葡萄酒醸造修行トシテ私供両人選挙洋行ニ付定約書左ノ如シ

右者両人フランス国旅行ニ付而者《ツイテハ》彼ノ国葡萄栽培方者無論葡萄酒醸造方法満壱ケ年ヲ以テ修行帰国致シ右栽培方葡萄酒醸造吃度成功可致候万一右期限ニ而修行不行届候ハ自費ヲ以テ尚修行帰国致シ葡萄酒成功此会社盛大ニシ我皇国ノ御報恩ヲ可盡事

山梨県第廿四区
祝村渡行人
土屋助次朗㊞
高野　正誠㊞

明治十年十月四日

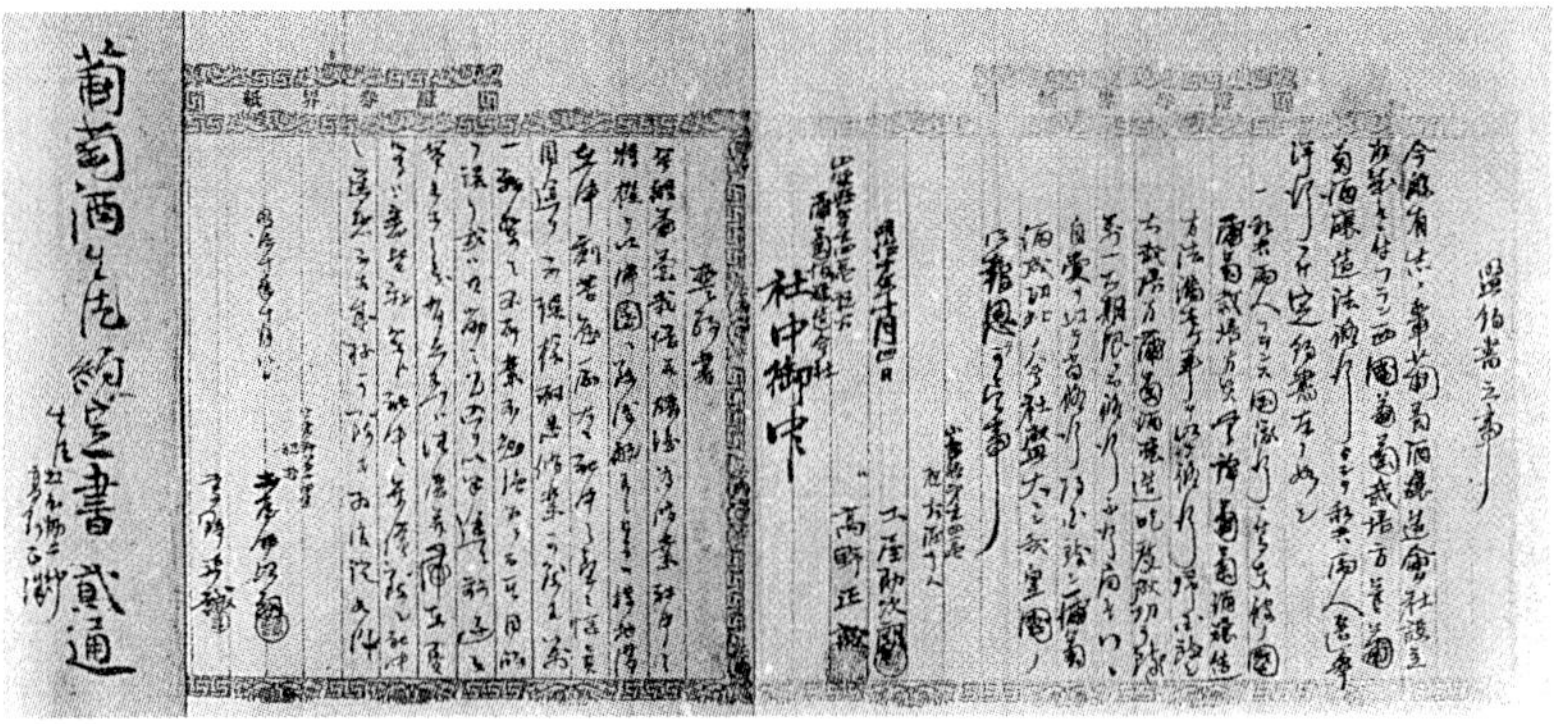

祝村葡萄酒会社へあてた土屋竜憲(助次朗)，高野正誠の留学盟約書

山梨県第廿四区
祝村葡萄酒醸造会社
社中　御中

祝村葡萄酒醸造会社とは、大日本山梨葡萄酒会社の通称である。このとき土屋助次朗（竜憲）一九歳、高野正誠二五歳であった。土屋竜憲は会社設立発起人の一人土屋勝右衛門の長男、高野正誠は祝村上岩崎氷川神社の神官で、県会議員であった。

この人選と、後年の「大黒葡萄酒」の成立とは運命的なつながりがあるように感じられる。当時、この留学を最も強く希望したのは、それも発起人の一人宮崎市左衛門の嗣子光太郎であった。口伝によれば、市左衛門は渡海の危険と異邦の地での女色をおそれ、一人息子をはなすにしのびず、留学を許さなかったという。

醸造会社における竜憲・製造、光太郎・販売、という関係は、ここに発端があった。両者が分裂したとき、成功をおさめたのは、早くから東京へ出て販路開拓に努力していた宮崎の方であった。日本の洋酒が、つくることより売ることから発展した例証が、ここにも見られる。

土屋と高野は、十月十日、前田に従って横浜を出港するフランス船に便乗した。甲州ブドウについて経験はあるものの、性質の違う外国ブドウの栽培法を一年で修得するという計画は、四季の移り変わりに従う農事を、一度の機会で見きわめることであり、言葉の不自由さ、生活習慣の違いなどを考えると、大変な重荷であった。まして醸造は、原理の把握がさらにむずかしく、限られた期間に仕込みから貯蔵管理まで作業要領を調査してくるだけでも、予備知識のない彼らには苛酷な契約であった。

フランスに着いた二人は前田の斡旋で、トロワ市の苗木商シャーレー・バルテーのもとへ赴いた。バルテーは、前田がパリの公使館在職中、苗木収集に力を借りた知己である。三田育種場の原種苗圃といってよい。

前田は、もう一人の協力者であった種苗商ヴィルモランの許へも、留学生を配した。その人物、内山平八は帰朝後、三田育種場に勤務し、下目黒の用地で仏国撰種法と称する品種改良を担当した。

トロワ市はパリ東南東一五〇キロメートル、白ワインの銘醸地シャブリの北七〇キロメートル、シャンパンの中心地エペルネの南一一〇キロメートル、いわゆるシャンパーニュ地方の最南部に位置する。

三田育種場の明治十三年報告書には、ブドウの栽培方法について「仏国著名の葡萄栽培地方ぼるどう、とろわ辺の作方」を試験したとあるが、それは前田・バルテーの線で、その地方の苗木、栽培方法が他より濃厚に日本へ入ってきたための情報の片寄りであろう。

祝村の二青年は、この町で栽培と醸造の実地をデュポンについて学んだ。彼はブドウ園を経営し、また蔵元でもあった。彼らはフランス滞在中、ついにボルドーを見ず、マルセーユへの往還にコート・ドールを通過したものの、見聞したのはブルゴーニュの銘醸ではなく、ビールとシャンパンの製造方法であった。彼らの調査・研修は、前田正名宛に提出された「葡萄栽培現業領知概略」およびその続篇というべき醸造法の手記となり、さらに高野正誠の『葡萄三説』（明治二十三年）に結実する。これらを一読して、学校教育が制度化する以前の農村青年が、いきなり西洋へ渡って獲得した知識であることを思えば、驚嘆のほかはない。これらについて、技術史的評価は後章にゆずる。

二人は明治十二年五月八日、横浜へ帰着した。盟約書に定めた満一カ年の期限を超えていたために、高野家ではかなりの借財を負ったという。

パリ万国博の期間中、日本では一つの大きな不幸が起きていた。明治十一年五月十四日、大久保利通は征韓派士族に襲われて斃れた。維新後の内乱を平定し、ようやく殖産興業の緒についたばかりであった。以後、大久保のプログラムは、維新史の論客服部之総の言葉を借りていえば、「大久保に比し精励と手腕と意力において劣るともまさらざる後継者たち」にゆだねられることとなった。

内務省を軸とする殖産興業政策は、しかし、なお大久保の惰性を保って、「樹芸」をブドウとワインによって展開する方針は変わらなかった。明治十二年に用地選定を開始した「仏国法葡萄栽培試験場」は、翌年「播州葡萄園」となって実現する。政府によるこの一大プロジェクトの顚末は次章に述べる。

各地にワイン醸造始まる

祝村葡萄酒会社は、その社員をフランスへ派遣したことによって、ひときわ高く宣伝されたが、この当時、ワイン生産を企てる動きは民間にかなり強く胚胎していて三田育種場を基盤とした勧奨が効果を現わしつつあったことを物語っている。それらは、士族によるものと、豪農によるものとに大別される。

さらに、ワインを志向する意識についていえば、前者には「開化型」、後者には「報国型」の傾向が濃い。指導者にもこの二つのタイプをあてはめることができる。津田仙と前田正名を並べれば、おのずから明らかであろう。もっとも中央集権体制が確立した明治十年以降は、国家意識を強調する言葉の慣用化が始まるので、開化型の文章にもお国のためといった表現は少なくない。

明治十一年、群馬県山田郡休伯村に開設された「共農舎」農場は、土地の豪農武藤幸逸が大農経営の理想を実現しようとしたものであったが、穀菜、養畜、養鶏、などのほかブドウ栽培とワイン醸造を行っている。その苗木は津田の学農社、小沢の撰種園、群馬県勧業課から求めたものであった。ワイン醸造は開園後すぐに着手したが失敗を重ね、軌道にのったのは明治三十年代になってからであった。

明治十二年、麻布広尾町一万六〇〇坪、同霞町五〇〇〇坪にブドウ園を開き、「葡萄酒会社」が設立された。授権資本は二万円であった。株主募集のため印刷した結社綱目と会社規則の末尾に跋文がつけてある。当時の雰囲気をよく伝えているので、次に示しておく。

葡萄園開設醸造結社之跋

葡萄酒ナルモノハ各国孰レノ国カ盛業ナラサルナシ就中佛国ノ如キ今日ノ富ヲ為ス原因之ナリト聞ク然レトモ未タ本邦ニ於テ此業ニ着手セシムヲ見ス適マ官ニ於ル開拓使ト山梨県庁ノ着手アルノミ其他人民ニシテ此業ヲ興起スルモノ本社ヲ初メトス故ニ其園ヲ開キ之ヲ醸造シテ其利潤ヲ算スル如キハ昭々乎トシテ火ヲ見ル如シト雖モ猶之ヲ我本邦ニ実試セサレハ其利益ヲ確算スルアタハス今ヤ幸ニ米国ニ留学セシ北沢友輔ナルモノアリ予輩昨年ヨリ此人ニ図リ官許ヲ経サシメ本邦葡実ヲ試験ス其製スル所彼ニ譲ラサルコト明ナリ然ルニ彼国ニ猶留学スル井筒友次郎ヨリ送ル所ノ彼ノ邦各種ノ苗四万五千余本年三月ト四月ニ於テ彼国ヨリ来船セリ之ヲ以テ

園ヲ開キ彌々此事業ヲ拡張セントス然レトモ之ヲ諸有志者ニ勧メ結社協合ノ力ニ非スンハ此功モ亦不多ルヘシ依テ爰ニ結社規則ヲ案シ有志者ヲ募集ス請フ報国愛民ノ衷情アル諸君協力ヲ以テ此業ヲ大成セラレンコトヲ謹ンテ誌ス

明治十二年十二月十五日　　　　　　　　　　荻原　友賢

この会社が果してワインを醸造したか、その後の消息は杳《よう》として知れない。しかし、こうしたワインのためのブドウづくりは、決してめずらしい企てとはいえなくなっていた。

明治十一年、岡山県では大森熊太郎、山内善男の二人が士族授産のための払下げ官林二町歩を開墾して、これへ洋種ブドウ苗五〇〇本を植えた。これがキャンベル・アーリーを主体とした露地品種や、温室ブドウにみる盛大な発展の端緒であった。しかしここでも最初はワインのための栽培で、生食を目的とはしていなかった。その苗木は、北海道開拓使官園から取り寄せた。後、これに播州葡萄園のヨーロッパ系品種の穂木を接いだ。開拓使から分与を受けた米国種では良いワインができないと彼らに教えたのは、播州葡萄園の福羽逸人と片寄俊であった。この二人から醸造法の指導を受けて、大森らがワインの生産までたどりついたのは、明治十八年であった。

ここで開拓使の状況にふれておく。

北海道は幕府が維新政府へ遺した最大の含み資産であった。幕府体制が培養した秩序は、この未開の原野には存在しない。それゆえに、ここでは新しい産業の自由な実験が可能であった。実際、この広大な土地の生産手段化は、維新早々の政府がかかえていた民治上、財政上の多くの問題に対し、一つの総合的解決策と見えたのであった。

開拓使の北海道経営は、屯田兵制度、士族移住、官営農牧場、官営工場、西洋農法導入等々に具体化された。これら個々の施策を要約すれば、北からの侵略に対する防備を兼ねて開拓の拠点に帰農士族団を投入し開墾から着手して農業とそれにつながる加工業まで一連の生産体制を確立することをめざした、渾然一体の富国強兵政策であった。そして、その実現のための主軸は「勧農」であり、手段として「西洋農法」、重点目標として「樹芸・牧畜・養蚕」が意図されていた。

労働密度の薄い大地は、生産物に価値が濃縮されていくような農業形態をとらざるをえない。たとえば、牧畜は牧草が食肉に濃縮されることであり、放牧と牧草栽培による飼育とを比較すれば、大地の広さと労働密度が生産物といかに係りあっているか、理解できるであろう。初期の北海道開拓が、労働集約的な在来農法を採用する代わりに、広い土地と少ない人力に適合する農業として、西洋農具を使用した畜力による大農法や、果樹、牧畜を推進したのは、もっともなことであった。しかも、ここで得られる一次産物を原料として、さらに二次産物へ価値を付加・濃縮することによる辺地産業の立地的不利克服の努力もなされていた。ビートの栽培と砂糖の製造はその好例である。また結果的には販路が開けなかったが、牛乳からチーズ、豚肉からハム、などの試作も行われていた。

果樹の場合は、その傾向が一層鮮明であった。なぜなら、果実を生食とする用途は、当時の北海道の人口や、そこに住む人たちの食生活から考えて皆無といってよい。熟した果実を遠くへ運ぶことは、交通が発達していないために不可能であった。しがたって、加工業が随伴しなければ果樹栽培は成立する余地がなかった。

そのような状況のもとで、開拓使が明治六年から二十年（開拓使は明治十五年廃止、以後、北海道庁）までに配布した果樹は、リンゴ、ナシ、スモモ、ウメ、桜桃、ブドウなど合計六七万二六〇〇余株にのぼった。もっとも、このうち約半数は成木となる前に失われ、明治二十二年の調査では三一万五九〇〇本となっている。このうち、九割近い二六万七六〇〇本がブドウであった。北海道開拓において、ブドウにいかに大きな期待がかけられていたかを物語る数字である。かつて、札幌から小樽へ向かう列車が苗穂駅を過ぎる頃、車窓の両側は一面のブドウ畑であったという。おそらく開拓使札幌官園第四号葡萄園の名残であろう。

開拓使が外国から輸入した種苗を東京青山の試験場に試栽し、風土に適するものを順次七重と札幌へ移植したことは、すでに述べた。この経過をブドウについて整理しておく。

明治

三年　ゲルトナーの農場を引継ぎ七重開墾場と称す。すでにブドウその他洋種果樹が栽植されていた。これらの繁殖をはかる。

四年　札幌本庁に穀菜果樹移植試験所を開く、黒田次官米国より種苗を携て帰国。

五年　米国および清国から購入した苗木を東京試験場に栽植。

六年　東京より札幌へ若干株を移植。

七年　東京より七重へ米国種ブドウを移植、以後七重より毎年札幌、根室各官園へ苗木配布。

八年　札幌本庁内四六〇〇坪をブドウ園として開墾後に第二号葡萄園となる。

九年　東京試験場で初めてブドウ結実。札幌官園内に葡萄酒製造場落成。九月、野生ブドウを原料として二石（三六〇リットル）試醸。この醸造を担当したのは、同じ時に初めてビール二〇〇石を仕込んだ中川清兵衛といわれている。

十年　札幌に第一号葡萄園一万四一九〇坪開設。さきに移植した米国種ブドウ結実。葡萄酒製造所を新設（前年落成した製造場はビール醸造所の一部となる）、ワイン三五石（六三〇〇リットル）醸造。

十一年　札幌市内に第三号葡萄園二万六一六〇坪余、苗穂村に第四号葡萄園一〇万六六五〇坪開設。この年ワイン生産なし。ブランデーを試作。

十二年　作業条例により葡萄酒醸造所発足。この年の醸造高六石（一〇八〇リットル）。

この時までに札幌官園に定植したブドウは四万株をこえた。青山と七重から移栽した米国種である。十三年には更に三万余株、十四年にも二万三〇〇〇株を移植している。この株数と栽培面積から見て、数年後には一〇〇〇トンの収穫が予想される規模に達していた。このほか、入植者の開墾したブドウ畑を加算すると、北海道のブドウ栽培は、この時点で、山梨における甲州種のおよそ一〇倍の潜在生産力をすでに獲得していたのである。それらは、早晩、いっせいに結実してくるはずであった。そして、そのすべてはワイン原料として消化されなければならなかった。

明治十二年、土屋竜憲が村人有志の期待を担って最初の仕込みを行ったこの年、人々の目にワインの未来は、まだ、殖産興業の旗のうち振られるバラ色の彼方としか映らなかった。三田育種場のブドウ部門は、フランスに範をとった醸造専用ブドウ園の準備を進めていた。開拓使は新設の醸造場で、すでに米国種によるワイン生産を始めていた。しかし、これらは、果して大久保利通の構想した「樹芸」の実現といえたであろうか。「民産ヲ厚殖シ民業ヲ振励スル」ことからは、まだ遠かった。

祝村葡萄酒会社は、その第一事業年度に一五〇石(2)（二七キロリットル）のワインを生産した。原料として使用した九〇〇〇貫を超える甲州ブドウは、おそらく会社株主のあらかたのブドウを投入したものであろう。こうして出来上がった彼ら自身のワインが、どれほど重いものであるか、商品としてのワインを抱えたとき、彼らは初めてそこに問題を見出したのであった。

それは、官業による殖産興業プランでは、看過されていた販路の開拓であった。

（1）『大蔵省沿革史』によれば、明治四年十一月二十七日付「事務章程」の下款第九に、「草木ノ樹芸若クハ物品ノ製造ニ関スル申請ノ准許」とあり、「樹芸」という言葉が官記に用いられるのは明治七年以降と述べた本文は訂正しなければならない。ただし、大蔵省に勧農寮が置かれていた当時と、内務省がこれを主管してからとでは、「樹芸」の意味は格段に鮮明となった。

（2）祝村葡萄酒会社のワイン醸造は明治十二年から始まったが、その生産量について、正確な数量は特定できない。後に、この会社の事業を継承したとされる土屋竜憲、宮崎光太郎は、それぞれ自社の沿革を述べた小冊子に次のように記している。

「家兄及高野氏は、醸造主任技師となり、本県特産の葡萄を用いて、創めて三十余石を醸造せり、之れ日本に於ける葡萄酒醸造の權輿にして云々」（『土屋合名会社葡萄酒の沿革』）

「明治十二年二名の伝習生は仏国より帰朝す、依て同年始めて日本種葡萄果実を以て、葡萄酒百五十石を醸造す、是れ我国に於て純粋葡萄酒醸造の濫觴なり」（『大黒天印甲斐産葡萄酒沿革』）

土屋資料による祝村葡萄酒会社の解散に至るまでのワイン造石数は、合計三三七・四石。一方、宮崎資料によれば、二六〇石である。また『大日本洋酒缶詰沿革史』には、明治十二年より十五年まで和種葡萄を用いて五百二十石九斗、明明治十五年、十六両年に洋種葡萄を用いて二十八石四斗を醸造したとある。それぞれの真疑は確めようがない。

なお、高野家資料「醸造営繕費支払帳」には、明治十二年十二月までの醸造費百二拾八円五拾四銭が一括記載され、続いて、十四年五月四日「密柑酒手入焼酎代料」として拾銭、十五年十月二十一日「川崎吟平桶引焼酎代」として七円拾七銭、しめて百三拾五円八拾一銭が、明治十二年醸造開始時より十七年八月までの醸造費となっている。高野家資料の大福帳には原料葡萄買入に係る帳面が欠けている。従って、この醸造費にブドウ代金が含まれているか否か、説が分れている。醸造は十三年以降も行われているにもかかわらず、おそらく殺菌消毒用に購入したと思われる焼酎代しか記載がないところを見れば、明治十二年に計上された醸造費は原料代とは別の製造諸掛費用とみるべきであろう。その金額から初年度の醸造規模を推定することはできない。

六　フィロキセラ襲来

耐え抜いた歴史

「その時、なぜかこの畑だけが、やられずに残ったのです」

低い石垣が道と畑を分けていた。白い平らな石を煉瓦積につらねた土留の境界である。そして、その畑の正面とおぼしき位置に、白い石柱に支えられた十字架が、背後の黄ばみはじめたブドウ畑を護るように立っていた。

足の少し悪い酒庫長は、降り立った車のかたわらで、その十字架をちらと仰いだ。石垣は楽にのぼれる高さである。黒紫色の小さな房のブドウは、地につきそうな葉のかげに熟れていた。小指の先ほどの、柔かなその一粒を味わってみると、思ったほど甘くなかった。

整然と列をなして植えこまれた丈の低いブドウは、彼方の丘へごくなだらかにせり上がりながら、コート・ドールの地名さながらに、黄金色の縞模様となって広がっていた。一望のその縦の縞目を細い畔が横切って幾枚かに区切っている。そのどこまでがロマネ・コンティを名乗る区画かは、見きわめようがなかった。

ブルゴーニュ最高の赤ワインを生みだす畑は、ロマネ・コンティとシャンベルタンである。その名声がひときわ伝説的にいろどられるのは、シャンベルタン以外飲まなかったというナポレオンの逸話や、フィロキセラによって潰滅したコート・ドールで、奇しくも生きのびたロマネ・コンティにまつわる神の恩寵譚によっている。銘酒には、本来の酒質のほかに、このような商品のイメージを豊かにするなにかが、おのずから具わってくるものなのであろうか。

フィロキセラとは、ブドウ樹に寄生する蚜虫科の昆虫である。その生態ははなはだ複雑で、葉に寄生する葉癭型、その一部が根におりて寄生する根瘤型、根瘤虫より生じる有翅型、その有翅虫が産卵して生まれる有性型、に区別される。有性虫が産む越冬卵は、翌春、葉癭型の成虫となる。こうした四つの異型を経過しながら、ブドウの根部、葉部から栄養を奪取して樹勢を衰弱させ、遂に枯死させてしまう。フィロキセラ自体は非常に小さな虫であるが、これが寄生すると、根や葉に口吻の刺激で俗に「タマ」といわれる虫癭ができるので、虫体より先にこのコブを発見することになる。

この害虫は北アメリカの野生ブドウに原生していたもので、一八五九年頃、フランスが輸入したアメリカ種ブドウに付着してヨーロッパへ渡った。抵抗力の弱いヨーロッパ系品種に、たちまちこれが蔓延し、各地のブドウ畑は次々に瀕死の状態となっていった。ボルドーを捨てたフランス人は、まだ汚染されていない土地を求めて、スペインへ入植した。これが、今日イベリア半島随一の銘醸地リオハである。

ブルゴーニュへフィロキセラが侵入したのは、一八七四年、ボジョレのモルゴンで発見されたのが最初の記録である。翌年には白ワインの主産地ムルソーにひろまった。そして、一八七八年までにコート・ドール全域が侵略さ

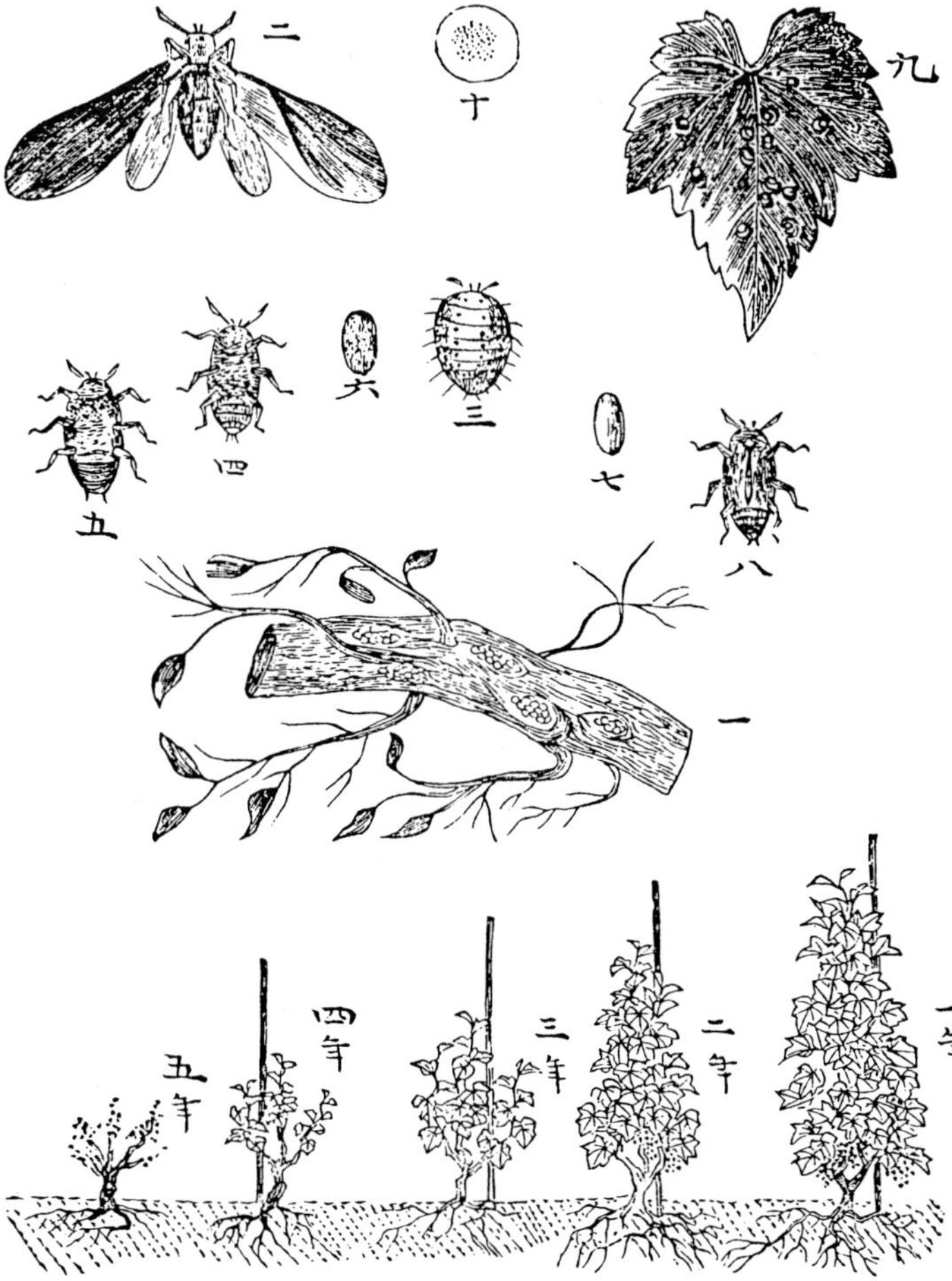

フィロキセラとその被害樹『葡萄栽培新書』より

れたのであった。

フィロキセラとの戦いは、後に免疫性のあるアメリカ系ブドウにヨーロッパ種を接木することで打ち勝つのであるが、ロマネ・コンティは自根のブドウを栽培し続けて、その誇りを保った。しかし、第二次世界大戦中、殺虫消毒に使う二硫化炭素が手に入らなくなり、遂に栄光ある畑を維持できなくなったという。

酒庫長は無愛想で、魁偉と表現するのがふさわしい巨大漢であった。だが、畑から戻ると別棟の仕込蔵まで、昼さがりのひっそりしたヴォーヌ・ロマネの部落を、杖にすがる体をいとわず、私たちの先にたって案内してくれた。

地下倉では、やがて生まれる新酒のために用意した真新しい樽を積み上げているところであった。その奥で、酒倉長は惜しげもなく、ラ・ターシュやロマネ・サンヴィヴァンを抜いてくれた。そして最後に、ちょっと重々しくいった。

「これだけは、しっかり残さずに飲め」

それは一九五三年のロマネ・コンティであった。

私はそれが自根のブドウから砧木のブドウに替る最後のワインだと聞いた。すでに盛りを越えていたが、いまはもう求められぬワインであることに、私は興奮した。しかし、それは聞き違いであったようだ。ロマネ・コンティの畑が新しいブドウに植え替えられ、その最初のワインが出たのは、あとで調べてみると、一九五二年からであった。

ル・シャンベルタンの畑を案内してくれたのは、この特級格付の区域に畑を所有する二〇数名の中の一人カミュ氏であった。父祖代々シャンベルタンの特上ワインだけをつくり続けるカミュ氏の蔵は、英国王室御用達の栄誉を誇るでもなく、いかにも農夫の手づくりといったおもむきであった。秋の、冷えこんできた外気にセーターをぶ厚く重ね着したカミュ氏は、ずんぐりと太いいかにも土になじんだ手で、クロ・ドゥ・ベーズへ続く一面のブドウを指して、つぶやくように言った。

「この畑がフィロキセラで全滅したとき、祖父は悲嘆のあまり、自殺したのです」

それに耐えた歴史が、言葉の外にあふれていた。ずっしりとした時間の重みの中に彼が立っているのを、そのとき私は痛いほどに感じた。

ラブルスカとヴィニフェラ

フィロキセラがブルゴーニュを北上してシャンベルタンに到達したのは、前にも書いたが、一八七八年である。それは祝村の土屋と高野がトロワ市のデュポンのもとに寄寓した一年でもあった。

彼らの実習記録には、フィロキセラに関する記述はない。シャンパーニュにはまだ被害が及んでいなかったのであろうか。しかし、彼らが帰国にあたって、当然持ち帰るべきブドウ苗木を一本もたずさえなかったのは、前田正名の忠告に従ったからであった。彼らはブルゴーニュの中心地ボーヌにもしばらく滞在した。ここで彼らはフィロキセラの猛威を見たはずである。高野正誠は『葡萄三説』にその体験を述べてはいるが、意外なほど認識は甘い。

「葡萄樹の為めに憂ふべきものは虫害なり病害なり禽獣の害なり　何れも欧洲葡萄栽培書の記載する所なるが此等の害は年々定めて之れあるにもあらず各地一様なるにもあらず　余が仏国に滞在せる際『フィロックュセラ』虫害の惨状を目撃したるが如きは蓋し稀有の事なりと聞く　其餘常に多少の害を与ふるもの無きにあらざるも甚しき虫害病害は大抵話頭に留るに過ぎず　況んや我国の如きは葡萄栽培猶微々たるものにして　甲州

葡萄の外其来る日猶浅く諸種の害を蒙ることも稀なれば深く憂慮するに足らざるが如くなれども　時あって其害の生ずるは測からざるものなれば決して放念すべきにあらず　云々」

高野の楽観は、これを書いた明治二十三年、甲府盆地にまだその惨害が発生していなかったせいもあろう。祝村のブドウ農家が猛烈な被害を蒙るのは、この時点からさらに二〇年も先のことになる。だが維新以来、政府が営々として進めてきたブドウ事業は、このときすでに見えない敵に侵蝕されつつあったのである。

フィロキセラについて最初に警告を発したのはウィーン万国博におもむいたワグネルであった。明治八年帰国した彼は、「澳国博覧会報告書」という膨大な復命書を提出する。そこに彼は、「各国ノ中ニ於テ仏国ニテハ特ニ近年葡萄園に小蟲生シテ最大ノ害ヲナセシコトヲ爰ニ記載セザルベカラズ、抑仏国諸地方葡萄園ニ於ルヤ虫害ノタメニ全ク荒廃ヲ致スニ垂ントセリ。因日本ニ新タニ此植物ヲ接納センニハ彼ノ虫害ノ為ニ葡萄園ノ荒廃ヲ来セシ国々ヲ努メテ省ミザルベカラズ」と述べている。

しかし、この報告書はあまりにも大部であり、そこに集積された情報の莫大なゆえに、このわずか数行を、果してどれだけの人が心にとめたであろう。この当時、ブドウはまだ人々の目にさほど重要な産物とはうつらなかった。そして、苗木の輸入はようやくアメリカから始まっていたが、そのアメリカではフィロキセラの脅威が皮肉にも免疫性にかくされていたのである。

三田育種場が、前田正名のフランスで収集した種苗によって発足したことは、すでに触れた。これが健全であったことは疑いもない。一方、開拓使や内務省が輸入した米国種は必ずしもフィロキセラをもっていなかったとは言いきれない。ただ、これらがヨーロッパ系品種と混植されない間は無事であった。たとえば、開拓使札幌官園は明治十三年まで米国種のみを栽培していた。官記によれば第四号園の一部を残し、東京青山官園に始まったブドウの植栽計画は、この年をもってほぼ終了している。

古来ヨーロッパで栽培されているブドウを、分類学上ヴィティス・ヴィニフェラという。「酒に醸すブドウ」の意である。これに対して、維新後アメリカから導入したブドウは、ヴィティス・ラブルスカと称するアメリカ原産のブドウである。植物学的分類に従っていえば、ブドウの種属はこれのみにとどまらない。そのなかで、フィロキセラ抵抗力の強いリパリア種やベルランディエリー種など砧木として用いられるものを別とすれば、人間が栽培するのは、果実を目的とした前記二種類とその交配品種に限られるといえよう。開拓使や、弘前の藤田醸造場などで初期のワイン醸造に用いた野生ブドウは、擬ヴィニフェラ族であるヴィティス・アムレンシスであろう。

殖産興業のモデルとして「ワイン醸造のためのブドウ栽培」が着手されたとき、当事者の関心は、いかなる品種を栽培すべきかではなく、いかなる品種が栽培しうるか、にあった。

ヴィニフェラとラブルスカの相違が、ワイン醸造の根本にふれる問題であることを、誰が最初に指摘したかは明らかではない。播州葡萄園に関係した福羽逸人、片寄俊、桂二郎あたりが比較的早くから、そのことを知っていた。

播州葡萄園が設立前後の文書に「仏国式」とことさらに名乗っているのは、栽培するブドウ品種において、トロア市のシャーレー・バルテーを起点とした前田正名――三田育種場の流れを継承する、ただそれだけの事実を示す軽い意味ではなかったはずである。三田育種場が発足したのは明治十年であるが、これよりも早く、同じ内務省の内藤新宿試験場に根をおろしていた米国種ブドウに対し、異種であることを強調しなければならない理由があったように思われる。

維新前後に舶来したブドウで最初に結実したのは、おそらくゲルトナーの持ち込んだものであろう。しかし、その記録はない。そのあとにくる官営のブドウ栽培は、開拓使と内務省という二つの系統に分かれて進められた。どちらもワインを目的としながら、着手の時点でラブルスカとヴィニフェラの差には、まだ配慮が及ばなかった。

内務省が導入したブドウが最初に成熟したのは、明治八年であった。この年、九月四日付で、「米国種ブドウが初めて結実したが、地質が不適であるか、栽培法が適切でなったためか、出来具合は良くない。そのうえ、蟻がたかって果実を害しているので、まだ十分成熟してないが、これを供覧する」という内容の上申が『農務顛末』に収録されている。

『勧業寮第一回年報』によれば、当時内藤新宿試験場菓木園にあった果樹は三四種類、品種数にして内国種七六、外国種三九八であったという。このうちブドウは最も多く、外国産品種の過半数を占める二〇九種と、在来のおそらく甲州種と思われる一品種であった。収集品種数の二番目に多かったのはリンゴで、内国種三、外国種七四。次いでナシの内国種一〇、外国種四二であった。こういう数字からも、ブドウに対する力の入れようがうかがえるであろう。

開拓使官園のブドウが果実をつけたのは、東京青山農業試験場の明治九年が最初である。翌十年には札幌でも結実して、待望のワインが三五石（六四〇〇リットル）醸造された。これは、舶来品種を原料とした日本最初のワインであった。

同じこの年、甲府で山梨県の勧業事業として甲州種によるワイン醸造が開始された。これは内務省が指向していたワイン国産化に先鞭をつけたものとみられている。しかし、藤村県令には別の切実な動機があったように思われる。それは、大久保利通の許可を得て資金援助をした詫間憲久らの事業が、見るべき成果もないまま倒産したことによっている。「葡萄酒醸造成功候様」という大久保の期待に、藤村は応えなければならなかった。

その結果、彼は小さなコゲつきを、殖産興業という幾まわりも大きな鍋に移しかえてさらに大きなコゲつきをつくることになる。山梨県勧業試験所内に設置した葡萄酒醸造所は、内務省に陳情して獲得した醸造資金一万五〇〇〇円を遂に返済できないまま明治十七年閉鎖となった。しかし、これをすべて藤村一人の責とするのは当を得ない。逆説的にいえば、ブドウに対する国家の関心の深さを、彼は山梨にあって洞察していたのであった。ワイン生産が一つの産業として成立つか否かは、藤村より先に政策決定の過程で判断されていなければならない。

だが事実は、巨大な試行錯誤が判断の前に敢行されていた。おそらく、西洋農法導入が新しい農政の基本となるであろうという予断のもとに着手したのが実情と思われる。めまぐるしく変転する明治初期の行政にあっては、直観的に決定した政策を、あとから理論づける場合がしばしばあったに違いない。新政府はイデオローグを必要としていた。明治十年帰朝した前田正名は、産業政策における数少ないタレントの一人として登場したのであった。

彼の「三田育種場着手方法」はそれまでの勧農政策を継承発展させていく論拠となるものであった。同時にそれは、ブドウ栽培＝ワイン醸造を農村における殖産興業の具体策として提示した点で、特に注目される。もし、わが国にこれまでワイン政策というものがあったとしたら、これが最初であり、最後ではなかっただろうか。

明治十年代、全国的にワイン醸造熱が澎湃とするのは、政府の意図に民間が呼応したからであり、それは三田育種場と、そのブドウ栽培・醸造部門というべき播州葡萄園によって触発されたといって過言ではない。播州葡萄園は、ヨーロッパ系品種の栽培が内藤新宿試験場では失敗し、次の三田育種場でも成功の見込みがたたず、明治十二年、栽培適地を選定して新たに開園する意見が出て、翌十三年、兵庫県加古郡印南新村、現在は稲美町に開園し、三田育種場の附属施設として運営された。面積は三〇町二反八畝一九歩。栽植ブドウは三田育種場から送付したものであった。

この葡萄園が行った事業は次の通りであった。

一　各種ブドウの栽培法に関する試験研究
二　醸造原料用品種の選抜
三　剪定および増殖法の研究
四　苗木の育成、配布
五　ワイン醸造

これらの詳細は、創立から明治十八年にいたる間、福羽逸人が毎年提出したきわめて克明な景況報告によって知ることができる。

もともと三田育種場でヨーロッパ系品種の栽培が困難なことを指摘したのは、福羽であった。彼の論を要約すれば、アメリカのブドウ栽培家チョルトンの説を引用して、欧州原産種がアメリカの気候風土では栽培が困難なこと、内藤新宿試験場では米国種が移植後三年で結実し以後、年々好結果であるのに、同時に植えた欧州種が「注意懇到覆包愛護頗ル精神ヲ盡セシトイエドモ」一房も成熟しないこと、欧州種の繁殖する風土はオリーブの適地とほぼ一致するが東京地方ではオリーブが生育しないこと、フランスでも南部ほど栽培可能な品種が多くブドウ栽培には暖地が好ましいこと、を挙げて次のように結論している。

「タトヘ非常ノ注意ヲ加ヘテ之ヲ培植スルモ完全ノ成果ヲ見ルコトアタワザルヤ必セリ。（中略）是レ寒威ニ圧セラルルノミナラズ、ケダシ大気湿潤ニシテ気候ノ変遷モマタ甚シキト、地味軽鬆ナルトニヨッテ、常ニ黴質病ニ罹リ結果ヲ妨ゲラルルモノトス」

福羽がヨーロッパ系品種の栽培に執着するのは、ワイン原料としてアメリカ種よりすぐれていることを知っていたからであった。それは彼が明治十三年八月に提出した「葡萄園創立復命書」に、「ピノー種ハ醸造酒用種中ノ最良種タレバ、将来本園ニ繁殖スル所ノ種類ハ該種ヲ以テアマネク之ヲ及ボスノ意ナリ」とあることによって明白である。

この復命書には開園第一年目の栽植品種とその株数が記録されている。約四〇種、二万八五〇〇余株の中に、今日われわれが最もよく聞くボルドーの代表品種、カベルネ・ソーヴィニヨン、メルロー、セミヨンの名を見出すことはできない。前田正名の苗木収集がシャンパーニュに苗圃をもつバルテーに頼るところが多かったせいであろう。また、面白いことに甲州種が二四〇〇本ほど含まれていて、西洋式の垣根づくりや株づくりの栽培法を試験し、その良否を明らかにすると同時にワイン原料としての適否を実験しようとしていた。第二年目、すなわち明治十四年の移植は一万九二〇〇余株で、この中には、ボルドー・ノワール、ボルドー・ブランの名が見える。しかし、この漠然とした名称では今日のいかなる品種かわからない。

福羽は「播州葡萄園第二回報告書」の中で、醸造用品種について論じている。論旨不明の箇所がないわけではないが、概していえば、西欧のブドウ栽培について非常に該博な知識が披瀝され、驚かざるをえない。福羽の素養は津田仙の学農社農学校の教育を受けたほかに、とりたてていうべきものはない。彼がフランスへ留学するのは、これより後のことである。

明治十年から十一年にかけて、学農社発行の『農業雑誌』に「葡萄樹作り法」が連載されている。この内容と比較すれば、福羽の力量は師の津田をはるかに凌いでいる。学農社農学校を卒業してからわずか数年の間に、福羽は何によってそれだけの専門知識を得たのであろう。彼の述べるところには、「葡萄栽培博士仏人ブルウル氏」や「有名なる葡萄栽培家米人ウヰリヤム・チョルトン氏」などの説として、風聞では書けない詳細な引用があり、福羽がそれらの人の著書によって学んだことがうかがわれる。

しかし、彼がラブルスカとヴィニフェラを峻別し、ラブルスカは北米の野生ブドウに人工を加えて改良したもので、その香味は欧州原産ヴィティス・ヴィニフェラに遠く及ばないと断乎として主張する確信は、何に基づくものか疑問が残る。播州葡萄園が開設された当時は欧州種の栽培にまだ成功していない。したがって、福羽の主張に彼の体験的判断がどの程度作用しているかを考えると、はなはだ薄弱な感じがする。

播州葡萄園は創業三年目の明治十五年秋、予想より早く各種のブドウが豊熟した。この年の十月、福羽は本省の命を受けて、御用掛桂二郎と協議のうえ、「播州葡萄園事業計画前途見込書」を提出している。それによれば、ブドウ栽培の主眼はワイン醸造にあるが、成育状況はまだ十分でなく、かつ欧州ブドウで日本に移植され、完全な結実期に入ったものは稀なため、醸造よりも栽培繁殖の方法を誤らないよう注意経験することのほうが急務だとしている。そのため醸造は二年後に予定し、事実、明治十七年から開始された。醸造担当は桂二郎が予定されていたが、明治十六年八月から開拓使の葡萄園に赴任し栽培・醸造に従事していたため、直接作業を指揮することはできなかった。代わりにその任についたのは片寄俊であった。

土屋竜憲がマルセーユからの帰路、船中でつけた懐中日記帳の予備欄に、フランスで出会った日本人の名前が書きとめてある。その中の一人に、「桂二郎　山口県士族　農学者」がいた。書付けはただこれだけであり、桂が何を目的として、いつ頃渡仏したのか、どこから派遣されたのか、まったくわからない。土屋の手帳には、撰種法の留学生内山平八や、京都府が派遣した二名の農事修習生など、九名の渡航者の名前があって、桂だけをことさら「農学者」としている。彼が、すでに専門知識を身につけた人物として土屋の眼に映ったことを示しているように思う。この後の桂の行動を見れば、ワイン国産化が殖産興業政策の一つとして全国的規模で着手されつつあるとき、彼がヨーロッパの実情を見聞した唯一のスペシャリストであったことがわかる。

開墾政策との乗合いで、巨大な構想のもとに発展したブドウ栽培も、醸造に関してはきわめて手薄な態勢であった。醸造用原料としてヴィニフェラ種を栽培すべきだという意見は、明らかに後手にまわって、すでにアメリカ系品種が大量に定植されつつあった。その最たるものは、いうまでもなく開拓使であった。しかし、明治十四年に至って、その札幌官園にドイツ種苗木二一〇〇余本が導入された。同じ頃、山梨県でもドイツから、リースリング、トラミネール、オルレアン、トロリンゲール（ブラックハンブルグ）、各種合計約三〇〇〇本を取り寄せるべく勧農局に依頼している。これはフィロキセラ伝染を防ぐため、結局実現しなかった。

このように、欧州種への関心が急に出てきたのは、どこかに理由があるはずである。そして、少なくとも桂二郎が熱心な主張者であったことは、次のような記録から髣髴としてくる。


頃日御添書ヲ似テ御差回相成候貴局葡萄栽培地取調吏員桂二郎本県到着之処管下知多郡盛田久左ヱ門拝借之山林廿余町歩開墾之業畢リ既ニ葡萄苗植付着手セントスル時ニ際シ同氏出張懇々説明有之葡萄酒原種ノ善悪及ビ土質ノ適否等明瞭ニ相分リ物産興起ノ始ニ当リ其要領ヲ得県下有志者ノ幸福ニ有之就テハ発起人盛田久左ヱ門同氏指示ニヨリ大ニ奮励シ外国種葡萄挿技リースリング（独乙種）ピノー（仏種）ガメー（仏種）ノ三種各五千百本ヅツ即壱万五千三百本取寄方及出願候条乍御手数右三種御取寄相成度此段御依頼旁及御回報候也

明治十四年三月三十一日　　　　　　　　愛知権令　国貞　廉平

勧農局　内務少輔　品川弥次郎殿

ブドウ栽培の全国的展開

ここで愛知県のブドウ栽培に触れておきたい。
『日本農業発達史』（中央公論社）第五巻、「蔬菜・果樹園芸の抬頭」から引用する。

果樹については、明治政府がその栽植に最も力を入れたと思われる葡萄をまず見ることにしよう。一八八六年の農商務省報告によると第三二表のごとく全国の葡萄の栽植数は六七万本に達し、栽植数の多い府県は愛知三三万本、兵庫九万本、東京五万本、岡山四万本、広島三万本、青森二万本等となっているが、園芸に関する全国的な統計が整備の緒につく一九〇五年には、樹数の最も多いのが岡山で二二万本、ついで栃木一一万本、兵庫九万本、山梨七万本、茨城六万本、広島六万本となっていて、愛知は論外の栽植本数となっている。このように愛知県が一八八五年において全国の栽植数の半を占めるのは何に原因するか不明であるが、一八七五年県は勧業のため植物園を設置して外国種の穀菜・果樹を試植し、種苗の斡旋をしたこと、一八八二年名古屋葡萄醸造会社が葡萄の栽培を勧誘したことによるものと思われる。兵庫は播州葡萄園のあったためであろう。

明治十八年における愛知のブドウ栽培は、そこにブームがあったと想像させる。別の資料によれば、この栽植数はさらに多く、五〇万本を超える。それは皮肉にもフィロキセラによって潰滅する寸前のピークに達した数字であり、それが今日に伝えられているのは、その被害状況調査報告書によってなのである。

当時、愛知県には二つの有力な栽培母胎があった。その一つは知多郡小鈴谷村の官有林五二〇町歩の使用許可を受けて約五〇町歩のブドウ園を開いた前記の盛田久左衛門（命祺）とその同志である。桂二郎の教導によって欧州種を輸入しようとしたが、山梨県の場合と同じく、ヨーロッパに蔓延中のフィロキセラが苗木とともに侵入するのを警戒し勧農局はその希望をしりぞけ、三田育種場から毎年苗木を補給した。だが、フィロキセラは十七年春に送られてきた苗木にひそんでいた。

同じことは、もう一つの栽培組織「名古屋区葡萄組商会」（葡萄組商会第四分社）でも起こった。この商会は明治十五年に発足し、富国と実利とを強く結びつけてブドウ栽培の社員を募集しつつ、やがて醸造へ進もうとしてい

第32表　外国種葡萄栽植樹数

（1885年＝明治18）

主要栽植府県名	栽植樹数	栽植人員	栽植箇所
愛　　知	337,520本	262人	209
兵　　庫	98,527	75	43
東　　京	52,897	15	16
岡　　山	40,295	60	62
広　　島	34,925	117	69
青　　森	27,858	27	13
札　　幌	16,415	38	25
函　　館	12,668	56	27
山　　口	10,221	17	15
全国合計	676,356	945	702

〔備考〕「農商務省報告」（明治19年４月16日『官報』）
——『大日本農会報』58号27頁より作成。

第33表　年度別外国種葡萄増植数

年　　次	増植数	年　　次	増植数
明治５（1872）	1本	明治13（1880）	14,638本
6	600	14	47,574
7	835	15	50,670
8	912	16	151,275
9	1,401	17	117,902
10	1,654	18	199,354
11	9,560	年度未詳	69,375
12	10,605	合　　計	676,356

〔備考〕「農商務省報告」（明治19年４月16日『官報』）
——『大日本農会報』58号27頁より作成。

出典：『日本農業発達史』第５巻 190頁（第32表），191頁（第33表）。

た。この時代は、佐田介石のごとき熱烈な国産奨励、舶来品排斥の愛国者が、政府の欧化主義に対抗する運動を起こしたりしている。ワイン醸造はこの両者のどちらの主張とも調和する事業であった。

愛知県における栽植従事者が多いのは、この葡萄組に参加した零細な畑の所有者たちであった。兵庫県の栽植数は播州葡萄園によって民間の栽培が盛んになったためであろう。播州葡萄園自体の栽培本数は一〇万本を超えている。青森の栽植は弘前の藤田葡萄園が主力である。すでに述べたが、藤田醸造場は野生ブドウによるワインの試醸で先駆的な業績をあげている。しかし、その後も野生ブドウで醸造を続けたため良酒は得られなかった。この園主藤田半左衛門にブドウ園を開設させたのは桂二郎であった。明治十六年、三町歩の畑に三田育種場から、ブラックハンブルグ、シャスラー・ドゥ・フォンテンブローなどヨーロッパ種が移植された。

同じ頃、札幌では北海道庁に移管されたブドウ園で、桂二郎が米国から欧州種への品種転換を進めていた。反面、山梨県のように米国種の栽培がなお続いている地域もあった。醸酒用として甲州種の評価はまだ定まっていなかったが、これが最も現実的な白ワインの原料であり、赤ワイン原料用として外来種が求められたのであった。勝沼、祝両村に、イサベラ、コンコード、カトーバが入ってきたのは、すでに甲府の勧業試験場にそれらが繁殖していたからであろう。

殖産興業政策の一環として着手されたブドウ栽培は、当然、醸造段階へ進むべき時期にきていた。開拓使と内務省の進捗状況を比較すれば、明治十年に醸造所を新設し製造に着手した開拓使が一歩先んじていた。

開拓使は直営事業をめざし、内務省は民業振起のための指導・助成に重点があったことも、スピードの差となったであろう。未開地における官営の開墾事業と、在来農業の地盤でその営農構造を変えていくのとでは、作付転換による不採算期間を耐えなければならないだけ、後者が困難であった。ブドウ栽培は新植から収穫まで、俗に「五年貧乏」という。わずかな土地を耕す下層農民では、これは耐えられない。結局、ブドウ栽培の新規着手は豪農層か、盛田久左衛門や藤田半左衛門の例に見られるような、資産のある事業家に期待するよりほかはなかった。その中にあって、零細な栽培者を組織化して大量の加工原料を確保しようとした葡萄組商会の着想は、その斬新さを高く評価してよいであろう。

フィロキセラ発見す

内務省によるワイン生産の模範事業が遅々として進まなかった最も大きな理由は、アメリカ種のブドウでいっきに目的を達成した開拓使に対し、こちらは内藤新宿試験場、三田育種場、播州葡萄園、と栽培適地を求めて次々と農園を移し、しかもその間にラブルスカからヴィニフェラへの品種転換を行ったためである。こうして、栽培のよりむずかしい欧州種によるワイン生産に目標をしぼったため、内務省直轄の醸造が開始されるのは、ほぼ同時にスタートした開拓使より七年も遅れた。

播州葡萄園で最初にワインを試醸したのは明治十六年であった。醸造場が建築されるのは翌年で、この年はまだ設備がととのっていなかった。それでもブドウ八〇貫（三〇〇キログラム）ほどを破砕し、約一石（一八〇リットル）のワインと、圧搾粕からブランデーを蒸留した。ワインは色味ともに佳好であったと記録にある。この醸造が終りかけた頃、農商務卿西郷従道が視察にきた。彼は福羽や片寄らに訓示して、「かのブルゴーニュの美酒に劣らぬ良酒を作り出して、将来、世人が播州葡萄園のワインを嗜好することなおブルゴーニュの美酒の如くならしめよ」といった。明治十七年は約一〇〇〇貫（三七五〇キログラム）の収穫があり、そのうち七〇〇貫ほどをワインとしたらしい。明確な記録は見つからない。

こうして、いよいよ本格的なワイン生産が始まろうとする矢先、明治十八年五月、三田育種場でフィロキセラが発見された。『農商務省第五回報告』に、その有様が次のごとく記されている。

「本場栽培ノ葡萄樹春来発芽成長ノ景況甚ダ常ヲ失シ或ハ新葉萎縮シテ殆ンド伸ビザルモノアリ　五月上旬試ニ其根ヲ掘採シテ之ヲ検セシニ　皮面凹凸シテ全部庯瘤ヲ生ジ　處々ニ橙黄色ナル細虫ノ群簇蠢動セルヲ見ル　精細之ヲ調査シ始メテ其ふゐろきせら・ばすたとりつくす害虫ナルコトヲ知ル　是ニ於テ直ニ本局員ヲ派シ虫毒ノ恐ルベシコトヲ教示シ　本会員（註　大日本農会、三田育種場は明治十七年四月より経営を大日本農会に委託した）ニ協議シテ被害樹ハ悉ク之ヲ焼却シ　其地へ石炭酸ノ稀液ヲ灌キ専ラ害虫ノ撲滅ニ従事セシメタリ」

発見は五月十四日であった。関係者の衝撃は大きかった。ブドウ苗木供給の原種圃である三田育種場にそれが発見されたことで、最悪の事態を予想しなければならなかった。すでに日本全国にフィロキセラは潜伏しているかもしれない。ただちに、外国種ブドウ配布先の県庁へ電信が打たれた。追いかけて、御用掛小野孫三郎が調査員に命ぜられ、甲府へ向かった。播州の福羽逸人には、小野と協力して実地取調をするよう指令が出された。

山梨県勧業課は、小野が到着するまで、電信を受けたまま何もしないでいた。フィロキセラに対する恐ろしさが伝わっていなかったのであろうか。抵抗性のない甲州種に万一蔓延したら、山梨のブドウは潰滅する。一刻も早く駆除撲滅しなければならない時に、県では勝沼、祝のブドウ地帯に通報もしないでいた。そのことを小野は復命書の中でぶちまけている。

だが、フィロキセラはいなかった。小野は勧業試験場の大藤松五郎と連れだって、県内をくまなく調査した。彼はかなり執拗に、樹勢の悪いブドウを見ればすべて掘りおこし、その根を検査している。それでも遂に発見することはできなかった。

小野は富士川を下り静岡から愛知へ入った。彼が到着する前に、県勧業課が行った調査ではフィロキセラは見つからなかった。害虫の実体を知らないために見逃したのであった。小野は名古屋で勧業試験場と葡萄組商会の畑を調べた。そして、葡萄組商会第四分社の園地でフィロキセラを発見した。それは明治十七年秋三田育種場から送られてきた苗木であった。葡萄組商会が取扱った苗木数は、このとき、五万六〇〇〇本という大量で、それらは県下の社員だけでなく、西は福岡、北は新潟に及ぶ二府一〇県に頒布されていた。小野はこれらすべてを追跡して根絶する覚悟であった。まず県内各郡の書記を集め、発見の方法と、駆除および予防法を教育し、各村を巡回してブドウ樹一本ごとに調査することを指示した。

これだけの手を打ってから、小野は知多の盛田葡萄園へ飛んだ。明治十四年に植付を開始したこのブドウ園はすでに三〇町歩にひろがり、開墾に協力した同志が盛田から分借した畑が別に二〇町歩、醸造を目的としたブドウ産地では日本一の規模に達し、まさに成園となりつつあった。参考までに当時の甲州ブドウ栽培面積をあげれば、祝村六〇町歩、勝沼村二〇町歩、横根村一八町歩、その他合計一一〇町歩余であった。これは生食用を主体とした栽培面積であり、山梨全県であることを考えれば、知多半島におけるブドウ栽培の構想がいかに大きなものであったかがわかる。

六月七日、小野は本省へ電報を打った。

「チタモリタブドウエンミタイクシユジヨウナエニヒロクセラハツケンススグボクメツニカカル」

発見されたのは明治十七年春に送られてきた苗木であった。だが、ここでは他のブドウの間へ混植したため、すでに伝染が始まっていた。

報告は、まず農商務大書記官前田正名のもとへ、もたらされた。これは前田の職制上の立場からくる偶然のめぐり合せであった。しかし、三田育種場をひらき、ヨーロッパのブドウを日本へ導入したのは、ほかならぬ前田自身であり、フィロキセラの恐怖と事態の深刻さをただちに理解できるのも、高級官僚の中では前田だけであった。

彼はパリ万国博のあとにも、明治十五年一月から十一月まで、欧州各国に滞在して産業事情調査にあたっている。当時、フランスにあっては、免疫性砧木による予防法がすでに発見されていた。しかし、フィロキセラに襲われた畑では、二硫化炭素や石油を用いた殺虫や、砧木を使わない苗のままの改植が、まだ行われていた。わが国の場合、明治二十三年に上梓された高野正誠の『葡萄三説』に、「苗樹を需求する際、最も能くこれを吟味し、拒絶するのほか予防すべき法なし」とあって、砧木の使用法はまだ伝わっていないことが、うかがわれる。

前田は電報を受けた一〇日後、名古屋へ下り、小野から愛知県下の概況報告を聞いている。小野はただちに兵庫県へ向かった。この時期、前田は松方デフレ財政に対して、「興業意見」をまとめ、前者の移植大工業優先を批判し地方産業の保護育成から固有工業を発達させ、その後に機械制移植工業の振興をはかるべきだと主張し、大蔵省対農商務省の激しい政策論争の中心にいた。

この対立抗争の結果として、前田の理想とする地方農工業、特に貿易関連産業の育成は挫折し、政商資本の擡頭が始まると、彼もまた日本資本主義形成期に相容れない人物として、やがて官界の中枢から追われることになる。

フィロキセラ来襲は、ワインにとって、産業政策上の退潮に、致命的な追い討ちをかけるものであった。良いワインをつくるためにヴィニフィラ種を増殖した努力は、フィロキセラの伝播を助長させてしまった。弘前の藤田葡萄園も例外ではなかった。ようやく実り始めたブドウは、ことごとく焼き捨てられた。同業者はみなリンゴへ転換した。この地方がリンゴ栽培の先駆地となるのは、インドリンゴの発見や、藤崎敬業社のような初期の成功が刺激となっていることのほかに、ブドウからの撤退が、リンゴに背水の陣をはる形となったことが、大きく作用しているのではないだろうか。

こうしたなかにあって、「独リ初念ヲ貫徹セント一層不撓不屈ノ精神ヲ発揮セシハ自分ナガラ万里孤客ノ感ナキニアラザリキ」（『藤田葡萄園沿革』）と藤田家だけは、被害樹をことごとく焼き、良い苗木を植え替え、遂にブドウ園を維持し抜いたのであった。

先年、このヨーロッパ風に株仕立にしたブラックハンブルグの畑に立って、風雪に耐えた老木と向いあったとき、私は非常な感銘を覚えた。だが、いまその畑は都市計画事業によって市営アパートが建ちならび、かつて国産ワインの北の拠点となった石造りの地下のセラーも、道路の下に埋立てられて、すでにない。

播州葡萄園では、福羽の指揮によって四六四二本のブドウが掘りかえされ、焼き払われた。すべて明治十七年春三田育種場からの移植苗であった。この騒ぎのあとの収穫はわずか二〇〇貫にすぎなかった。ワインはこの一部を原料として二七〇リットル、農場の規模からすれば惨憺たる成績であった。しかしこの年は、前年の醸造場建築に続いてブランデー蒸留室を、翌十九年三月にはワイン増産に備えて能力三五〇石（約六万三〇〇〇リットル）の新醸造場を完成させた。

これより先、福羽逸人はブドウ栽培および醸造法研究のためフランスへ留学の旅に立った。だが、彼は再び播州へ帰ることはなかった。松方正義と殖産興業政策の方法論で争い敗れ職務を免ぜられた前田正名が、明治十九年四月、このブドウ園と神戸オリーブ園の経営を農商務省から委託されることになったからである。ブドウ園の実務は片寄俊が主管した。その第一年目の醸造高は、四石（七二〇リットル）にすぎなかった。年額四〇〇〇円の補助金がなければ、たちまち瓦解する状態であった。

＊

ある初冬の一日、私は播州葡萄園を尋ね歩いて、いまは「葡萄園池」と呼ばれる灌漑用水池の堰堤の上に立った。そこに到る道は、大小無数と表現したくなるほど沢山の用水池を連ねていた。曲折するごとに、なだらかな坂を上がるごとに、新たな水面が明るい日ざしをきらきらとはじいて現われるのであった。砂礫層におおわれた印南の原野は、かつて不毛の荒地であった。雨は少なく、降っても水分を保てない土壌である。客土なしに作物を栽培することは、いまもできない。刈り取った稲の切株が残る水田のそこここに、新しい黒い土が盛り上げてあった。

「葡萄園池」は窪地に水をためるのではなく、平地に堤防を築いて水を盛る構造であった。収穫の終わったあとの補修工事が遠い対岸で始まっていた。その杭打ちの音は、高く澄んだ空へ吸いこまれるように軽く聞えた。水はほとんど枯れて、赤土色の平らな地面が干潟のようにひろがっていた。

私を案内してくれた近くの家の主人は、水面がうっすらと残るあたりを指しながら、昔もそこにブドウのための水路があったと話してくれた。五〇年も昔の子供の頃、あたりには放棄されたままのブドウの根が、ごろごろしていたという。

明治十三年、福羽はこのあたりに立って、目前にひろがる不毛の原野を、どのような想いで、なぜ、ブドウ栽培の適地として選んだのであろう。

帰り道、私は福羽が幾度となく歩いたであろう明石への道を車で走りながら、ここに夢をかけた人たちの苦闘が、日本のワインにどれだけの意味を残したであろうかと、思わずにはいられなかった。

フィロキセラは、いずれ彼らが遭遇しなければならなかったブドウ栽培・ワイン醸造の行き詰まり、いいかえれば、構造的に無理のあった日本の黎明期ワイン産業に、はやばやと止めを刺すものであった。

七　ワインをわが手で――醸造技術覚書

「技」と「技術」

ワインが生まれ出るためには、新鮮な果汁とこれを醗酵させる微生物との出会いが必要である。それは、人間がブドウを積極的な意図をもって潰すことで達成される。果実から酒へ。この転生の契機となる人間の所作こそ、ワイン醸造の最も根源的な技術といわねばならない。

清酒醸造の杜氏に見られるような醸造作法の伝承は、明治になるまで、日本のブドウ産地のどこにも発見できない。それは、日本人の生活の中に、「果実を潰す」という加工のための素朴な行為が、自発的には遂に発生しなかったことによる。その理由はすでに考察した。

では、明治以降、ワイン醸造技術はどのような経路で日本へ伝わったのであろうか。ブドウ栽培がワイン原料用として国家的規模で着手されたとき、苗木の定植によって醸造開始時期はすでに予告されていた。そのタイムリミットの中で、どれだけの準備が行われたか、またその水準はどの程度であったか、技術史的に通観してみよう。

ブドウの果汁を放置しておくと、やがて湧きたつように炭酸ガスが発生し、アルコール醱酵が始まる。この現象は昔から多くの人たちの目に触れてきたが、科学的に解明されたのはパストゥール以後といってよい。それ以前は、アルコール醱酵を物質変化として捉える研究と、顕微鏡による微生物の探索とが別々に進み、酵母が醱酵を惹き起こすことに考え及ばなかったのである。もちろん少数ではあるが生物醱酵学説を唱える学者たちはいた。しかし、当時はリービッヒやベルツェリウスなど有名な大化学者が、これと対立する学説を主張して主流をなしていた。その「醱酵素」説は、今日の微生物学や醱酵学の原点ともいうべきパストゥールの記念碑的論文『ワインに関する研究』（一八七二年）、『ビールに関する研究』（一八七六年）が公刊された後もなおしばらく勢力を保ち続けた。

明治政府が殖産興業政策の一環としてワイン醸造を企図したのは、まさにこのような時期であった。つまり、学ぼうとする西欧にも、科学的なワイン醸造法は確立していなかったのである。幸か不幸か、ワインづくりは「技」さえあれば、「学」はなくとも成りたつ。経験の積み重ねが成功の確立の高い「技」を完成させ、その伝承によって西洋のワインづくりは支えられてきたのであった。同じことは他の酒類についてもいえる。この「技」はある限定された条件の中でのみ有効で、酒の本質が地域特産品であることからすれば、普遍的な対応を「技」に求める必要はなかった。この時代の技術は概念としてではなく、技能労働の「形」に内在していたのである。日本への醸造技術導入は、こういう状況の中からいかに概念を抽出するかに、最初の困難が横たわっていた。

明治初期に着手されたワイン醸造をみると、そこに作用した技術情報は、三つの経路に分類できる。第一は来日した外国人、第二は留学、第三は印刷物である。このほか、最も早い時期には単なる風聞でワインを試醸した例がないでもない。渡米以前の小沢善平や、甲府の山田宥教などがそれである。小沢は横浜で生糸貿易に従事し、ワインを飲む機会があった。それゆえに彼は自分の試みが失敗であったことを認めているが、山田にはおそらく自己の産物を評価する力はなかったのではあるまいか。後に津田仙が、「此の種の葡萄にては通常の飲料は製することを得ると雖も、以て佳良の葡萄酒を醸造すること能わず」と評しているのは、品質に対する婉曲な否定と解釈してよい。とはいえ、彼らがいち早く「ブドウを潰す」操作を実行したことは、果実の加工が発達しなかったわが国において、やはり画期的な出来事であった。ただし、微生物の働きを知らない彼らに、健全な醱酵を営ませるための注意を望むべくもなかった。ここに、技術ぬきのワインづくりの限界があった。

明治初期の官営諸事業は、西洋先進諸国に学んで重要産業を急速に発達させるための保護育成政策として行われた。これらは、専門技術者を欧米から招聘して、彼らの指導のもとに進められた事例が少なくない。そのなかにあって、ブドウ栽培＝ワイン醸造は、在来農業に泰西農法を導入して構造的変革を企図したものであるにもかかわらず、お雇い外国人を積極的に採用しようとした様子はない。おそらく、「技術」の在存が明確にあった産業革命以後の工業と、それがあいまいであった農業および農産加工業との差が、ここに現われたと見てよいであろう。

もっとも開拓使には、北海道開発総合コンサルタントの機能を果たしたホーレス・ケプロンの率いる技師団がいた。そこに蔬菜・果樹栽培の専門家が加わっているのは当然であった。『開拓使事業報告』に、札幌官園におけるブドウ栽培法が収録されている。その報告者ルイス・ボーマルは開拓使お雇いの草木培養教師であった。彼の名はポーマルともベーメルとも、またボーマーとも記録されている。さらに、青山官園には園芸技師シェルトンを配していた。

彼らの任務は西洋作物の定着にあって、醸造に対しどの程度の力量があったかは、わからない。しかし、ワイン醸造は本来ブドウ栽培者の手にゆだねられていたのであり、破砕・醱酵以後の工程が独立の企業として発達したのは比較的近年のことに属する。科学的醸造技術が確立する以前、つまりワインがまだ家内生産の段階にあった当時、ブドウ栽培の熟練者ボーマルには自家醸造の経験があったとみるのが妥当であろう。

明治九年九月、栽培ブドウの結実に先だって、野生ブドウによる試醸が行われ、開拓使による最初のワインが誕生した。記録はないが、これはボーマルの指導であろう。彼は明治七年に北海道各地の植物を採集し、勇払《ゆうふつ》の原野で大量の山ブドウを観察し、土地の住民が野生の果実に無関心なことを報告している。この時、おそらくボーマルの念頭には、他日醸造を試みるプランが浮んでいたことであろう。

醸造技術の伝播経路として第一に挙げたお雇い外国人、または貿易、布教などの目的で来日した外人からの直接伝授は、意外に記録が少ない。ブドウが外国人の居留する近くに目につくほど栽培されていなかったことも一因かもしれない。一年の中の限定されたわずかな収穫期に、旅行者として都合よく居合わせるのは、なおさら困難なことである。

明治八年、カトリックの司祭アリヴェの指導を受けて山ブドウからワインを試醸した清酒「白藤」蔵元藤田酒造場は、その数少ない事例として特記されねばならない。それは地方都市における文明開化、とりわけ津軽文化の一端として考察されるべきであるが、ここでは省略しておく。

ボーマルやアリヴェにみられるワインづくりは、彼らに専門の技術があったわけではない。彼らにとってワイン醸造は、生活体験としての「技」であり、当時の生産様式が手づくりであったために臆することがなかった。それは、いうなれば、ワインのアマチュア性を示すもので、この当時、ビール醸造がすでにプロフェッショナルな徒弟制度を確立していたのと好対照をなしている。

穀類の酒は、果実の酒に比べ、受け継ぐべき技能の存在がはるかに明らかであった。その技能を、はやばやと習得してきた人物がいた。明治六年三月から八年五月までベルリンに滞在し、ティフォリ麦酒醸造会社の徒弟として修業した中川清兵衛である。彼は帰国するとすぐ開拓使に雇われた。翌九年、麦酒醸造所が設けられ、プロシヤ式製法によるビールが中川の手によって製造開始された。この醸造所の一隅で、ボーマルが山ブドウのワインを試醸したのである。

ブドウは輸送によって痛みやすい。そのため原料として遠くの醸造場へ運ぶより、畑の近くへ醸造場を設けることになる。ビールはこうした制約がなく、技術さえあればどこででもつくることができた。明治初頭、ワインよりも早く、ビールの事業化が活発であった理由の一つは、ブドウ栽培から始まるワインよりも、大麦やホップを輸入によって入手する原料調達の容易さにあった。

ひるがえって、ビールの事業化は技術者の獲得が何よりも重要であった。横浜山の手居留地でビールを醸造した米国人コプランド、ウィーガンドの両名、大阪開商社が雇入れたヒクナツ・フルスト、京都舎密局麦酒醸造所を指導したワグネルなどが、その後に輩出する日本人技術者の源流であり、ワインにおける外国人技術者の不在とは大きなへだたりを見せていた。しかし、これはワインにおける「技術」がビールの場合ほど具体的に把握されていなかった西洋の事情の反映なのである。

では、なぜそうなったか。ビールはワインより腐造の危険がはるかに高かったからである。これを克服する手段として技法の確立が進み、ビール醸造はアマチュアの手からプロの手へ渡った。ワインの醱酵が酵母によるという研究が、まだ反論を受けて定説化する以前、中川清兵衛はすでにドイツから輸入した「イエスト」を用いて冷製麦酒を仕込んでいることを思えば、実用知としての醸造技術が個々の酒類の生産形態によって、いかに跛行的であったかがわかる。

ワインが西欧の風土にあって、その伝統文化に根ざした生産物である限りは、これでよい。しかし、異質な文化の中に生きてきた日本人が、突如としてワインづくりを日本という異質な風土で受け継ごうとする場面では、西欧において誰もがあたりまえのようにブドウを潰し、おのずから醸成するワインをもって事足りていた単純ないとなみさえ、簡単に模倣し得るものではない。

ビール醸造は手順が一定の形式に固定されていたために、初めは単なるものまねからでも、やがてその背後にある技術を探りあてることができた。しかし、ブドウ栽培の一環として収穫の農作業と同時に進行するワインの仕込みには「潰す」という行為のほか、なにも見出せなかったのである。わが国でワイン醸造を始めるために受容すべき技術は、西欧の伝統の中から、普遍的な科学として抜き出されてこなければならない。明治初期のワイン生産には数多くの困難があったが、日本という異質な文化の中へとりこめるかたちの技術が、西欧において用意されていなかったことを、先駆者たちの蹉跌の一因として指摘しておきたい。

ワインづくりの「学」と「技」

ワイン醸造技術伝播の第二に挙げた留学による情報の獲得は、このように、求める技術の実体が掴みにくかった。そういう事情を考慮しながら、国産ワイン草創期の生産を担った洋行帰りの人々のワインづくりをたどってみよう。

明治五年二月、アメリカへ向けて一三人の留学生が出帆した。これを実現させるために大蔵省が正院へ提出した伺書は、当時の産業開発が一国の構想として、どの程度のものであったかを如実に示して興味深い。

「勧業寮事務ノ義ハ牧畜、生産等専務ニ候処、牧畜ハ牛馬羊豚鶏飼立方ヲ始メ牛乳製法、生産ハ麦酒其他諸酒造、ガラス製作、羅紗呉呂服等総テノ織物未タ御国於テ十分不相開、別テ毛織物ガラス等ノ品ハ悉ク舶来品ヲ仰ギ候義ニテ、此儘ニ捨置候テハ日用必需ノ品柄莫大ノ御国損ニモ立至り可申哉、乍去別紙科目ノ通リ何レモ大事業ノ義ニテ、実際ニ就キ研究不致候ハテハ迚モ成葉無覚束存候間、此度人数人撰イタシ其器用材能ニ応ジ夫々事業ヲ分チ、凡ソ弐ケ年ノ期限ヲ以テ米国へ差遣シ、親シク全国人へ随従ノ上実地修業為仕度、追テ帰朝ノ上ハ右ノ者共ヲ師表ト致シ諸人へ伝習為致、右ノ事業闔国一般相開候様仕度、云々。（後略）」

別紙に留学科目とその必要が述べられている。その一項に「諸酒」とあり、次のように書いてある。なお、他の科目と人員は、牧畜二名、農業一名、鉱物職二名、ガラス職一名、塗物職一名、メリヤス職三名、織物職二名、染物職一名、であった。これが文明開化をスローガンに近代国家への脱皮を試みる明治新政府の、いつわらざる姿であった。

「飲料ニ供スル諸酒数品アリ、就中麦酒、葡萄酒、杜松子酒、ポート、苦酒、桜桃酒、林檎酒等、其中麴蘖ヲ用テ造醸スルモノアリ、或ハ葡萄林檎酒ノ如キ葡萄林檎子ヲ採リ麴蘖ヲ借ラズ桶中ニ於テ醱酵造醸スルモノアリ、或ハ醸後蒸留シ火酒トナシ、他ノ香竄苦味ノ薬剤ヲ入レ飲料ニ供スルモノ有リ、大凡酒ハ醸出ス地方ノ名産トナリ世人ニ賞用セラル、諸酒造法ノ如キ其大略ヲ記セシ書冊アレドモ、醸造ノ粗悪諸酒ノ良否ハ書冊上悉スルコト易カラズ」

留学の必要を説く文章としては粗略であり、起草者に現状認識が不足している感じがする。もっとも、ワインをめざすブドウ栽培が国策として大々的に実行されるまでには、まだ至っていなかった。しかし、これでは目的がどこにあるのか判然としない。

この酒造留学生に選ばれたのは、神奈川県の出島松蔵であった。当時二〇歳、横浜の商人というだけで、酒造にゆかりがあったのかどうか不明である。しかも彼は、病気のために渡航を延期し、後に辞退している。代わりに派遣された者の記録は見当らない。あるいは大藤松五郎がここに代理者として起用されたのかもしれないが、想像の域を出ない。大藤については不明な点が多い。明治十六年、高松豊吉は東海、近畿の化学工業を巡視した報告の中で彼に触れて、カリフォルニアで八年間ワイン関係の業務に従事した、と述べている。彼が帰朝した明治九年から逆算すれば、ほぼ小沢善平と同じ頃に渡米したことになる。

当時、ワイン醸造習得の留学生を派遣する計画は、政府にまだ生まれていない。したがって彼の渡航は個人的な動機によるものであった。新しい時代の新しい学術技芸を修めるために海外へ出ていった者が、事実かなりいた。その中には、たとえば、麻布の「葡萄酒会社」に関係のあった北沢友輔、井筒友次郎のように、ブドウ栽培やワイン醸造を志した人たちが、大藤や小沢のほかにも、まだいたのではなかろうか。

高松の報告は当時の山梨県勧業場の景況をよく伝えている。特に、大藤松五郎の技術を推量する唯一の資料として、逸することができない。次に関係部分を抜萃しておく。

山梨県勧業場附属葡萄酒醸造所ハ甲府旧城内ニアリ主任者大藤某ハ嘗テ米国カリフォルニヤ州ニ於テ八年間実地該事業ヲ履修シ、明治九年帰朝ノ後右醸造所ヲ設立シ爾来甲州名産ノ葡萄ヲ以テ白葡萄酒ヲ製造ス、即之ニ要スル葡萄ノ量ハ毎年九千六百貫目ニシテ因リテ得ル所ノ白葡萄酒ノ量ハ約百石ナリ、又醸造中ノ残滓ヲ蒸留シテ火酒ヲ製シ葡萄ノ茎並ニ他ノ残滓ハ焼テ炭トナシ之ヲ東京印刷局ニ送致シテ製肉ノ用ニ供スト云フ

右勧業場製造ノ葡萄酒ハ現今東京ニ於テ販売スル多カラザレドモ今其二瓶（一瓶三合入代価七十二銭）ヲ購求シ、之ヲ分析シタルニ即チ左ノ結果ヲ得タリ

比重	葡萄酒百分ノ内酒精重量	糖分	固形分	酒石酸	醋酸	灰
0.9934	8.13	0.165	1.47	0.446	0.069	0.14

是ニ拠テ之ヲ観レバ右葡萄酒ノ成分ハ洋製葡萄酒ノ成分ニ略ボ相似タレドモ其香味ハ稍々洋品ニ劣レルガ如シ、是レ一ハ醸造法ノ未タ宜シキヲ得サルニ由ルベシト雖モ元来葡萄ノ性質ニ由ルヲ多シトス、凡ソ葡萄ニ数種アリテ或ハ葡萄酒醸造ニ適スルモ食料ニ適セザル者アリ或ハ食シテ好味ナルモ醸シテ否ラザルモノアリ、彼ノ甲州葡萄ノ如キハ往古ヨリ全ク食料ニ供スルモノニシテ自然其性質ヲ異ニシ恐ラクハ醸造用ニ適セザルモノナラン、是ノ故ニ甲府旧城内ニハ既ニ米国葡萄苗ヲ多ク栽植シ現今専ラ培養ニ盡力セリ、然レバ後来此葡萄ヲ以テ醸造用ニ供シ且其製法モ益々熟達進歩スルニ至ラバ必ラズヤ良好ノ葡萄酒ヲ得ベキナリ、聞ク甲府葡萄酒製造所ニ於テハ未ダ葡萄酒保存法ノ設置ナシト、依テ意フニ其ノ夏期ヲ通シテ永貯スルコト或ハ困難ナキニ非ズト信ズレバ、此ニパスチュール氏ノ法ヲ適用シテ年々製造ノ葡萄酒ヲ一旦熱シテ後貯蓄シタランニハ、啻ニ永久保存シ得ルノミナラス却テ其香味ヲ増スノ利益アルベシ、又諸般ノ製造所ニ於テ副生物ヲ採取シ且廃棄物ヲ精製シテ之ヲ有用品トナスコトハ主任者ノ宜ク注意スベキ所ナリ、例ヘバ曹達製造所ノ塩酸ニ於ケル瓦斯製造所ノ石炭ニ於ル皆副生物ニシテ其用頗ル大ナリトス、故ニ今甲府葡萄酒醸造所ノ如キモ啻ニ残滓ヲ醸シテ酒精ヲ得ルノ一事ニ安ンゼズ且其副生物ナル酒石ヲモ採取シ之ヲ精製シタランニハ尚一層利益ヲ得ベシ、畢竟酒石ハ第一ニ酒石酸ヲ得ルノ原品ニシテ其他染物並ニ諸般ノ工業ニ必須ナル物品ナレバ決シテ廃棄スベキニ非ザルナリ

この報告を書いた高松豊吉は、学者として、実業家として、行政官として黎明期の化学工業を築き上げたわが国応用化学の大先覚であった。彼は大学南校に入り、それが開成学校、東京大学と名を変えるなかで学び、ロバート・W・アトキンソンの教導を受けて、明治十一年、化学科を卒業した。翌

十二年から十五年まで、イギリス、ドイツに留学。帰朝して文部省御用掛、この巡視の翌年（明治十七年）東京大学教授となった。

彼の師アトキンソンは、分析と応用化学の担当教授であったが、日本酒に強い関心を寄せ、一八八一年（明治十四年）"The Chemistry of Saké-Brewing" と題する研究論文を発表している。日本酒醸造の科学がここから始まったといわれる『日本醸酒編』は、この論文の邦訳である。

高松豊吉は開成学校時代（明治九年）アトキンソンに引率されて、西宮、伊丹の酒蔵を見学している。その頃の応用化学が実習旅行の対象とした工場は、染物工場とか酒造場であった。化学技術の未熟な段階では、藍染や醸造のような伝統産業が化学工業の意外な主役を演じている。明治十六年に高松が国内の化学工業巡視を命じられた時にも、この傾向は強く残っていた。彼が報告書で述べているところを列記してみよう。

紡織・染色（山梨県勧業場）、葡萄酒醸造（山梨県勧業場）、摺附木《マッチ》（山梨、愛知）、石油精製（静岡、県内産原油毎日約一〇石を蒸留して揮発、燈用、重油の三種に分ける）、石鹸（愛知）、陶器（愛知）、砂糖（愛知、県内産甘蔗より砂糖年産約三〇〇貫）、酢醸造（岐阜）、石灰（岐阜）、メリンス友仙染色（京都）、化粧白粉（京都、鉛の薄片を炭火の上で酢の蒸気に接触させ炭酸鉛の白粉とする）、硫酸（大阪）。

これらと、明治維新以前すでに工場制生産規模に達していた清酒醸造を比較すれば、当時の化学工業において、いかに酒造業の比重が大きかったか、わかるであろう。

お雇い教師として来日したアトキンソンは、醱酵理論についてパストゥールと論争したリービッヒの孫弟子にあたる。彼が自らの研究テーマに日本独特の清酒を選んだのは、それが応用化学の実用分野における当時としては最も有力な産業であったことのほかに、醱酵というテーマそのものが、彼にとって身近かであったのではないだろうか。アトキンソンは前記の論文で、日本酒もまた酵母によって醗酵することを発見し、それ以前に発表されていた医学校のお雇い教師オスカー・コルシェルトの麹の菌糸などによる説を否定した。また、パストゥールの開発した防腐法とまったく同じ方法が、「火入れ」と称して三〇〇年も早くから日本で行われていたことを知って驚嘆している。

高松が巡回報告の中で、「パスチュール氏ノ法ヲ適用シ……一旦熱シテ後貯蓄シタランニハ……永久保存シ得ルノミナラズ却テ其香気ヲ増スノ利益アルベシ」と火入れ殺菌の採用を提案しているのは、アトキンソンから受け継いだ知識であろう。パストゥールの学説が明治十年前後、いち早く日本へもたらされていたことは、注目すべきことである。ただし、実用の場へフィードバックされた形跡はない。

開成学校時代の高松は、ワイン醸造に関心を持ったと見えて、『学芸志林』に西洋の酒造法を紹介している。その後、三年間の欧州留学で実地に見聞する機会もあったであろう。それゆえ、甲府の葡萄酒醸造所を訪れた時、おそらく彼は、技術的な自信において大藤松五郎より優位に立って視察したと想像される。大藤のワインに対する「其香味ハ稍々洋品ニ劣レルガ如シ」という批評は、高松の実感を伝えていて、翌明治十七年、県令藤村紫朗が農商務卿西郷従道に宛てた「製出セシ酒類ノ如キ幸ニ純良精製ニシテ些少ノ混濁腐敗等ノ患無之、之ヲ外ニシテハ追次各地ニ伝播シ斯ノ如キノ美酒ノ内国ニ産スルヲ知ラシメ、其声価愈高ク、云々」という政治的配慮のある自賛より、かえって客観性がある。

高松の巡視と前後して、フランス農務省がブドウ品種収集のため派遣してきたドクロンなる人物が、桂二郎の案内で大藤を訪れた。彼は播州葡萄園、京都府聚楽葡萄園、愛知県盛田葡萄園を巡歴したあと、山梨県下をつぶさに歩き、それらの印象と意見を書き残している。その中で、大藤のワインに触れて次のように述べている。

「甲府城内ニ在ル勧業場ヲ担当セル大藤氏が栽植シタル葡萄樹ハ、氏ガ栽培能ク行キ届キタルヲ似テ、該樹ノ充分成長シタランニハ平常ノ葡萄酒ヲ醸造シ得ベシ、然ルニ余ハ該地ノ百姓等が栽植セシモノ、即チ彼ノ改良新植ヲナサズシテ現ニ在ル所ノ葡萄菓実ニテハ、大藤氏ガ美キ酒ヲ造ルヲ得ザルコトヲ信ズルナリ」

要約すれば、甲州種では良いワインはつくれない。現実に大藤が醸造しているものは「飲用ニ堪ユベキノ酒」ではない、ということである。

高松はワインの品質評価をするとき、自己の嗜好、鑑定力にためらいを感じたのであろう。ドクロンのような断定的否定を避けて、醸造法とブドウ品種に疑問を投げかけた。この考え方は、原則論的にいえばまったく正しい。しかし、こうした指摘の仕方は津田仙や小沢善平と同じであって、現場作業者を支援する力にはならない。

いまになって振り返れば、ブドウ品種に疑いをかけたのはまったく誤りであった。彼らが外国種であるゆえに期待をかけたアメリカ系ブドウは醸造に適さず、甲州種こそ日本の風土に最もふさわしい特有のワイン原料ブドウであった。その甲州種の特性を発揮できなかったのは、ワインづくりの未熟さにほかならない。おそらく、大藤が犯していたであろうきわめて初歩的な醸造技法の不行届を、パストゥールの醱酵理論をわきまえた高松にして、察知することはできなかったのである。しかも、こういう根本問題と、いかにも新進の化学者らしい火入れ殺菌の採用や、酒石酸回収の提案が並べられると、むしろ進歩の方向が後者において具体的に示されている錯覚にとらわれやすい。「ワインづくりの学」と「ワインづくりの技」との、どうしようもないすれ違いが、ここにあった。

それは、ビールと比較して前に述べたように、粗放なつくり方に耐えるワインの本性そのものに根ざしている。ブドウの果皮を破り、空気に果汁を触れさせた刹那から果汁の中に微生物の葛藤が始まる。その時、中川清兵衛が学んだように多量の酵母を添加しなくても、有害な細菌の繁殖を押えて、自然の醱酵が短時間のうちに湧き起こるのは、ブドウに含まれる成分、とりわけ酸の強さ、毎年使う道具類、仕込の頃の気温、といった微生物の選択的生育を助けている諸条件が、無意識のうちに用意されているためであった。

穀類を原料とする酒づくりは、酒になるかならないかを賭けた仕事であった。仕込みは腐造との戦いであり、技をもつ者は職人として社会的地位を得た。収穫された麦や米によって、麦芽や麹をつくるのは、醸造という新たな仕事の始まりであった。彼らは神の加護を祈りつつ技をみがいた。

秋になると、フランスのブドウどころは、収穫祭が村々でにぎやかにくりひろげられる。ヴァンダンジュのこの祭は、同時に仕込み始めの合図でもある。スペインのヘレス・デ・ラ・フロンテラで行われるブドウの奉献祭も、その年の初房を神に捧げて感謝し、教会堂の前に設けられた酒槽へ部落ごとに摘んだブドウを乙女たちが運びこんで、その年最初の果汁を絞る儀式である。こういう祭りはフランスやスペインに限らない。明るく、開放的で、喜びにあふれたその行事は、これから始まるワインづくりの不安など、少しもうかがわれない。よいブドウがあれば、よいワインは約束されているのである。

われわれはワインをつくるとき、果汁を醱酵させる、という。フランス人はこれを「キュヴェ」（cuver）というが、それは、果汁や果醪を大きな容器へ汲み込むことを意味している。そのあとの醱酵は、おのずから起こる現象なのである。

異風土の壁

アルコール醱酵に対するブドウのこうした抜群の適性は、反面、ワインづくりの技術を発達させる深刻な動機に欠けた。しかし、だからこそ、その醱酵の様相にブドウを潰す土地の自然と人々の生活習慣を濃厚に反映した粗放なつくり方を、温存し得たのである。ワインの地域特産品としての多様性は、こうして、製造技術以前の、それよりもっと根深いところから発するものであった。固有の風土と固有の伝統が固有のワインを生み、仕事の所作はそれらを結ぶ糸にすぎなかった。そして、このことはワイン醸造を日本という異質な風土で再現しようとするとき、それが新たな創造であることを求めていた。

果物を加工する智慧を持たなかった日本人が、ワインづくりを学ぼうとして、最初に注目したのは、西洋の風土でもなく、西洋人の習俗でもなく、仕事の手順であったのは当然として、おそらくそのとき、彼らはその手順を正しく反覆しさえすれば、彼らが学んだと同質のワインが再現すると信じていたはずである。カリフォルニアの小沢善平は、そのようにして自分のつくるワインが、「毎ニ美酒ヲ醸シ得タリ」と彼地で確認して帰国した。滞米期間の長かった大藤松五郎にも同様の自負はあったであろう。

フランスへ留学した土屋竜憲、高野正誠の場合は、わずか一度の醸造期を体験しただけで、次の年にはすぐ国産ワインを自分たちの手でつくり出す任務が負わされていた。彼らの観察が原理よりも実務を追ったのは、なによりもこうした切迫した事情によっている。しかし、彼らが実際に従事したフランスのワインづくりからは、持ち帰るべき技法上の知識は、ほとんど見出せなかった。土屋はこう書きしるしている。

「葡萄酒醸造ノ義ハモットモ易シ。タダ葡萄ヲ潰シ桶ニ入レ置キ、沸騰後ニ至リ暖気サメタルトキ絞レバ、則チ酒トナルナリ」

彼のノートは、ワインの仕込方法より、むしろ醸造場、醱酵容器、圧搾機、その他の用具等、設備に関する記述が多い。なかでも、果皮を分離するための圧搾機は非常に珍しかったとみえて、「当地ニ於テ用ユルモノハ実ニ美ト弁（便）トヲ極タルモノニシテ感ズ可キノ一奇談ナリ、両輩（土屋、高野）且テ之迄見認セザル所ナリ、此ノ形、円クシテ周囲ハ即チ凡ソ壱寸四五分ノ板ヲ取綴リ之レニ鉄筋ヲカケアリ、此板数凡六十以上ニシテ之レヲ放ツトキハ都合三枚トナレリ、且中央ニハ鉄ニテ製シタル真棒（心棒）アリ、（中略）六十有余ノ小板ヲ綴リタルト雖ドモ板次毎ニ少カ二三分ノ隙アリ、之レヨリ酒水洩出スルナリ」と、円筒型バスケットプレスについて強い印象を書きとめている。

ワイン醸造に特有のもう一つの機械である破砕機については、「葡萄ヲ潰ス為メニ轆轤ノ如キ鉄ヲ似テ製シタル器具ヲ以テ之レヲ行為セリ」と述べたあと、彼らが学んだデュポンはこの機械を使用しているが、一説によれば、こういうものを用いるとブドウの種子を砕くおそれがあり、ワインに苦味がつく、と反対意見のあることを報告している。彼らはこの反論に同意し、しかも大量のブドウを処理するためには機械を用いざるをえないと考察している。

土屋竜憲、高野正誠の横浜帰着は明治十二年五月八日であった。この時から甲州種の熟する十月初めまでの約五カ月間、彼らはワインをつくるために、どのような準備をしたのであろう。この秋、祝村葡萄酒会社が生産したワインは一五〇石（二万七〇〇〇リットル）と記録されている。[1] 開拓使のビール醸造が同じ明治十二年、一六九・八石であったことと比較すれば、当時としては驚くべき大量のワインであった。当然、それなりの設備が整えられていたと想像される。ここに従来の試行的ワイン生産とは根本的な相違があった。

小規模に、しかも歩留りを気にしなければ、ワインは液体を入れる容器さえあれば、あとは機械器具をいっさい用いないでも、つくることはできる。容器類として利用しやすいのは、清酒醸造用の桶、半切、試桶などである。しかし破砕や圧搾は新たな道具が必要であった。このうち破砕機は木製でもつくることができた。圧搾はバスケットプレスを見てしまったために、どうしても型式にこだわらざるをえなかったのであろう。後には清酒で使われる「フネ」と称する圧搾機がしばしば転用されたが、初めの頃は、ワイン独特の機械としてバスケットプレスが人目を引いた。

日本の機械製作は造船に付帯して発達したが、明治十年代には、一般機械類の製作はまだきわめて未熟であった。この時期に最も中心的な役割を担っていたのは、工部省赤羽工作分局であった。ここは、明治十六年海軍省に移管され造兵廠となるまで、官民の需要に応じて各種の産業機械を製作し、官営工場の殖産事業として民間産業の機械化に積極的な姿勢を示している。

明治十二年六月の現況報告に、この赤羽工作分局で「葡萄絞器械」が製作されたとある。ほかに「製糖器械」「林檎絞器械」「製茶器械」「生蝋絞器械」など大久保殖産興業政策の名残のような名前が並んでいる。時期的にみても、ここにある圧搾機は祝村葡萄酒会社とは別の依頼によるものと思われる。しかし、ワイン生産が試作規模から実用規模へ拡大するために必要な機械設備を、国内で調達できるようになっていたことが、これによって明らかである。

祝村葡萄酒会社は、好調なスタートをきったかに見えた。最初の年に仕込んだ一五〇石は無謀と思われる過大な生産であったが、輸入品に比べ安価であったため明治十四年七月までに一〇〇石余を出荷するという予想外の売れ行きをみせた。そして問題はその後に起こった。

「然れども醸造並貯蔵の方法等に欠陥ありて、往々変味酒を出すに及び社業に一頓挫を来し、明治十四年中三〇石の醸造を為したる後、明治十五年より十八年迄之を中止し、以来専ら販路の拡張と醸造方法の研究とに努力する所ありしも、悲運を挽回することは能はずして、明治十九年遂に解散するのやむなきに至れり」

（『大日本洋酒缶詰沿革史』）

土屋がデュポンのもとで「葡萄酒醸造ノ義ハモットモ易シ」とみた外見上の単純さは、思いもよらぬ複雑な相貌をみせたのであった。醸造や貯蔵のどこに欠陥があるか、その科学的概念を把握していない土屋には、手のほどこしようがなかった。以後、彼を苦しめ続けるワインづくりのむずかしさは、微生物による醱酵の仕組み、熟成によるワイン成分の安定化、といった今日でもなお解明しつくされていない問題なのである。

しかし、そうした事柄の存在すら知らなくても、ある一つの固定された醸造環境——地質、気候、ブドウ品種、ミクロフローラ、醸造設備、等々——のもとでは、長い年月の中で、それに最もふさわしい作業手順が組み立てられ、固有のワインが完成しているのであった。素朴で、一見なんの変哲もないワインづくりには、こうした抜きさしならない意味がこもっている。そのなかから、作業の仕方だけに着目して真似てみても、良いワインが生まれてくる道理は摑みとれない。

これは、明治初期に留学し、帰国後ワイン醸造の実務にたずさわった人々が一様に直面した壁であった。そして彼らの模索は、ブドウ品種の選択、改良という悲劇的方向へ歩みだすのである。醸造そのものに対する技術的関心はここで停滞した。ワイン原料として甲州種を否定したことは、今日からみれば、当時の技法がいかに拙劣であったかを間接的に証言したものと受けとれる。

大藤松五郎は米国種による酒質改良を企て、祝村葡萄酒会社も積極的にアジロンダック、イサベラ、コンコードなどのアメリカ系品種を移植した。同じ頃、播州葡萄園では醸造専用に欧州種の植栽が進んでいた。ここではすでに、ワイン原料としてどちらがすぐれているか、欧米での評価を新知識として活用していたのである。しかし、官業によるワイン生産のもう一つの拠点であった開拓使は、明治十五年北海道庁にその事業が引き継がれ、翌十六年播州から転じた桂二郎が抜本的な改植を提唱するまで、米国ブドウによって低迷していた。

桂とパリで出会った土屋竜憲が、彼を「農学者」と備忘録に書きとめていることはすでに述べた。おそらく、ブドウとワインを目的に留学した当時の人たちの中で、桂は最も学識があったであろう。その彼にして次のように書き遺しているのを見れば、醸造技術というべきものがほとんど存在しなかったといえるであろう。明治十九年、農商務卿西郷従道に宛てた建議の一節である。

抑モ彼ノ札幌ニアル処ノ葡萄園タル旧開拓使ニ於テ明治十二年中創設シタルモノニシテ以後数年間培養其術ヲ盡サザルニアラズ保護其厚キヲ加ヘザルニアラズ、而シテ今日ニ至ルモ猶ホ醇濃芳郁ノ美酒ヲ得ル能ハザルハ他ナシ其栽スル処ノ樹種其宜シキヲ得ザルノ故ナリ、其種ハ皆是米国ノ産ニシテ而モ醸酒ニ採用スベカラザルモノナリ、（中略）然レドモ退テ考フルニ此園ヤ数年ノ間巨額ノ費ヲ消盡シ其培養者モ亦拮据其労ヲ盡シタルモノニシテ特ニ其樹ノ数モ亦殆ド二十余万アルヲ以テ、二郎夙ニ之ヲ改良スルノ点ニ於テ見ル処ナキニアラザルナリ、今其鄙見ニヨレバ彼園中幸ヒニ独乙種ヲ栽シタルモノアルヲ以テ彼米国種ヲ題樹トナシ之ニ彼独乙種ヲ接樹シ、而シテ其之ヲ接木スルヤ年々幾万ヲ接シ遂ニ以テ全園ノ樹ニ及ボサバ他日善良ナル敢テ欧産ニ譲ラザルノ美酒ヲ得ンコト、二郎ノ確信シテ疑ハザル処ナリ。

だがこの時点でヨーロッパ系品種に対するフィロキセラの侵蝕が始まっていたことは前章で述べた。また、日本の気候風土に欧州系品種を定着させることも至難であった。桂の驚くべき楽観は遂に実現しなかった。

情報媒体としての農書

ワイン醸造技術伝播の第三の経路は洋書の翻訳である。これは、先に述べた二つの経路に比べ、西欧の技術が人間によってではなく印刷物によって海を渡ってきたこと、それが翻訳刊行され不特定多数の広い範囲に情報を提供したこと、この二つの特徴をもっている。しかし、ここでは厳密にいうと右の範疇に入れられない一般の農書を含めて、ブドウとワインに関する明治前期の出版物を概観することにしたい。

明治政府が西洋農法導入に積極的であったのは、封建農政からの脱却、士族授産、農業生産増大をテコとした富国強兵、等々、様々な要請に対する共通の解決策とみなされたことによる。それは徳川幕府から大日本帝国へ変貌する過渡的現象の一つに終わったが、この時期、政府は農書の刊行にきわめて熱心であった。その全体を述べる余裕はここにないが、明治七年頃から紅茶、製糖、牧畜、綿栽培など当時の殖産興業政策に対応した農書が刊行または編集に入っていて、ブドウ栽培とワイン醸造もこうした新しい産業に対する「今日ノ急務は学術以テ農家ノ実際ヲ助クルヨリ急ナルナシ」という政府の方針に基づくものであった。翻訳の対象となった原書は、岩倉特命全権大使一行や墺国博覧会派遣団などによって収集されたもので、明治七年頃、内務省勧業寮の発足と前後して、邦訳書刊行の事業が組織的に行われるようになった。

これより先、開拓使から『西洋菓樹栽培法』（明治六年）が出版されているが、内容はとぼしい。

明治八年には『独逸農事図解』が上梓された。これはブドウ栽培から穀菜、牧草、養蜂に及ぶドイツ農業全般を一項目ごとに一葉にまとめたもので、精巧な図版による解説が彼地の農法を明確に伝えている。原版は三一枚から成っていたが、刊行されたのは三〇葉であったらしい。その最初の三枚が、菓樹栽培法、葡萄栽培法、葡萄酒管理法であった。特に第三葉は当時詳述した類書がなく、農事としてのワインづくりのレベルの高さを示している。

勧業寮事務引継文書によると、この頃、ラック原著『仏国葡萄培養法』『仏国酒造法』の翻訳が完成していた。しかし、この原稿は明治八年七月二日夜の内務省の火災によって焼失した。その後、明治十五年になって後者だけが『仏国醸酒法』として出版された。原名は *French Wine and liquor manufacture*, フランス書ではない。

翻訳書の出版は民間でも熱心に行われた。河出良二訳『葡萄樹栽培新方』全二冊（明治八年）は、その嚆矢といえよう。原著は米国人ジッケンメルおよびビュールの著作とあるが、両名の共著か、訳者が編述したのか不明である。終章に「葡萄《ブドウ》酒《サケ》醸造方《コシラヘカタ》」をおき、緒言にブドウ栽培の目的がブドウ酒にあることを明記している。「葡萄酒ハ人身ニ健康ナルノミナラズ穀酒ノ酔害ヲ減省シ、修身斉家ニアズカルコトモ亦スクナカラズ」。訳者のこの意見は、米穀節減を掲げたナショナリズムにはまだ及んでいない。技術的には糖度計の使用と砂糖添加の記述が注目される。

以後、年次を追って刊行書名を列記する。

明治　九年　岡村好樹訳　『斯氏農書』
　　　　　　藤井　徹著　『菓木栽培法』一～四巻
　　　十年　小沢善平著　『葡萄培養法摘要』
　十一年　藤井　徹著　『菓木栽培法』五～八巻
　十二年　小沢善平著　『葡萄培養法』上下
　　　　　　大久保学而訳　*『加氏葡萄栽培書』五巻
　十三年　小沢善平著　『葡萄培養法続篇』上下

十四年　福羽逸人著　『甲州葡萄栽培法』
十五年　桂　二郎著　『葡萄栽培新書』
十七年　藤江卓蔵著　*『葡萄剪定法』
　　　　榛谷喜三郎著　『葡萄効用論』
　　　　竹中卓郎編　『舶来果樹要覧』
二十三年　津田　仙訳　『菓実栽培』
　　　　高野正誠著　*『葡萄三説』
二十九年　福羽逸人著　*『果樹栽培全書』

*印の書物には醸造法の記述あり

明治三十年を区切りとすれば、右に掲げた書籍が国産ワインの実現に、なにがしかの貢献をしたはずである。十八年以降の出版が途絶えるのは、フィロキセラによる挫折の影響であろうか。

福羽逸人は播州葡萄園の創業に尽力した後、ブドウ栽培と醸造法を学ぶ目的でフランス、ドイツ両国へ留学した。彼にはワインに対する予備知識があり、四年間の滞欧中、園芸学校における専門教育とヨーロッパ各地の銘醸地踏査とによって、留学生の中では最も精細な知識を得て帰朝した。彼はさまざまな「ワインづくりの技」を目撃したはずである。にもかかわらず、彼の記述は平板で、日本のワインについて個有の技術の芽生えは、残念ながらまだここに見出せない。当時としては無理からぬことであったが、ワインづくりを科学として見る目は、福羽といえども十分ではなかった。まして一般の人々の見聞を介して醸造技術が渡来するのは至難であった。

一つの例として『特命全権大使米欧回覧実記』から、ワイン醸造について彼地で得た知識がいかなるものであったか引用しておく。これが公刊されたのは明治十一年であるが、筆者久米邦武が執筆した時期は使節団が帰国した明治六年から九年の間と推定される。

九、十月ノ交ニ実ノ熟シタルトキ圃中ニ製酒仮場ヲ設ケ多人ヲ雇ヒ鋏ニテ摘取ル。仏国ニテわんだんじゅトイフ（我国ノ茶摘ニ比ス祭日ノ如ク賑フ）、之ヲ籠ニテ仮場ニ運シ、桶ニイレテ赤脚ニテ踏潰シ其漿ヲトリ、第一ノ酒ヲ醸シ、次ニ器械ニテ搾取シ、第二ノ酒ヲ醸ス（下等ノ酒ナリ）。凡実百斤ニツキ、七十五乃至八十二斤ノ漿ヲウルモノナリ。（中略）

果漿ヲ桶ニモリ、放置スレバ醱酵シ、二三週間ニテ澄液ニ鎮静ス、即チ第一醸ナリ、故ニ葡萄酒ノ醸法ハ其発明容易ニテ西洋ニ於テ古キ世ヨリ行ハレ、葡萄ハ中亜細亜以西ノ美果ニテ魏文帝ガ南方ノ竜眼茘支、不及西土葡萄ト謂シニヨレバ其西域交易ノ品タル久シ、唐詩ニ葡萄美酒夜光盃トアルヲ見レバ、玻瓈ニテ此酒ヲ飲ムハ、漠南ノ諸国ニ通シテ行ハレタル風義ナリ。

（1）第五章註（2）において述べたごとく、祝村葡萄酒会社第一事業年度（明治十二年）のワイン造石数については確定できない。上野晴朗氏の『山梨のワイン発達史』に示されている明治十二年より十四年四月までの「葡萄酒会社勘定書」によれば、明治十二、十三両年に買入れた醸造原料用ブドウ代金は四〇五五円とある。これによってブドウ購入数量を推測した場合、かなり大量のブドウが使われたと考えざるをえない。もし、ここに真実があるとすれば、『大日本洋酒缶詰沿革史』に、「記録に徴するに其の造石高左の如し。自明治十二年至十五年、醸造石数五百二十石九斗、原料和種葡萄」とある一見過大とみられる数字にも真憑性が出てくる。さらに詳細な調査研究を要するところである。

八　明治三十年の視座から

ワイン転生

「明治」という時代区分は、本来、産業の変遷や科学技術の発達を通観する場合の画期とは別のものである。しかし、明治維新という政治体制の一大変革は、産業も文化も思想も、およそ人間のいとなみのすべてに、一つの節目をつけずにはおかなかった。それは、あらゆるものの勃興する輝かしい時代として、「遠き良き……」と郷愁をこめて語られる。

そのようなイメージのなかにある「明治」も、仔細に見れば、四五年の経過はいくつかの側面と変貌とによって組み立てられている。それらの捉え方は歴史家によって論のわかれるところであるが、ブドウとワインという、国家の大勢からいえば傍流に終わった産業の背景として時代の推移にふれるなら、日清戦争を境とする前後二つの明治にわけることで十分であろう。

前期は、御一新と文明開化の明治であり、「統一国家日本」の映像をもつ。後期は、その発布が前期に属するとはいえ、教育勅語の明治であり、「大日本帝国」へ変容する。産業史的にいえば、前期はいかにして近代産業を形成し、おくればせながら列強に伍して資本主義経済へ参入を果すかに苦闘した時代であり、後期は産業資本が確立し、いまや日本資本主義の進路が明らかな方向をとって歩みだした時代であった。

この二つの明治を区切る力は、黎明期のワインにもまた結末をつけずにはおかなかった。すでに、官業による醸造用ブドウの栽培と加工は民間へ委譲され、殖産興業政策によって華々しく展開されたワインへの夢は、ごく少数の人たちの胸底にしかなかった。そしてこの時期、新たなワインへの志向が芽生えていた。輸入ワインの調合再製に始まった甘味ブドウ酒が、市場開拓に成功して、原料の国産化を企てるまでになったのである。

明治三十年は、こうして日本のワインが転生していく行方を見定めつつ、殖産興業の宴のあとを顧みるにふさわしい視座をわれわれに用意している。

大久保利通の産業政策は、政府資金を民間へ投入し、保護育成を積極的に行う意図が濃厚であった。詫間憲久、山田宥教に対するブドウ酒醸造資金の貸付は、その些細な一例といえる。大久保が推進した殖産興業政策は多分に模索的であり、不慮の遭難によって彼自身の構想がどのように展開されるのか知り得ないまま終わったが、そこには保護育成の対象として、機械制大工業の移植と地方在来産業の近代化という、いずれは拮抗・対立せざるを得ない二つの流れが混在していた。

これは、まず国内生産物の輸出を拡大し、その見返りに先進諸国から機械や技術を輸入するという、近代的産業の移植手順として、大久保自身には両立の関係でしか捉えられていなかったと思われる。両者がともに未熟な段階では、こうした単純な補完的発展を期待することも、あながち否定はできない。しかし、現実には輸出より輸入が先行するなかで、政府主導型の産業革命を達成していかなければならなかったのである。

大久保の殖産興業政策は彼の遭難した明治十一年五月以後、内務省勧農局長松方正義に継承された。しかし、松方は翌十二年、「勧農要旨」を公にして、大久保路線の修正に着手する。この論文は大久保の推進した勧業保護政策の批判として注目されているが、それは明治十三年十一月、伊藤博文、大隈重信連名のもとに提出された大久保内務省解体を意味する「農商務省設置建議」の論拠となったからであって、本来の意図はあくまで農業不振の挽回にあった。

歴史の流れを見とどけたあとでは、それが持つ意義や果した役割を摘出するのは容易である。松方が全文九章からなる「勧農要旨」を書きつづっていた時点では、大久保が試行錯誤を恐れず網羅的に驀進してきた「殖産興業」の行き詰まり打開が松方の当面する課題であったろうし、それは単純に大久保の産業政策の失敗として締めくくれるものではなかった。明治政府の存亡をかけた西南戦争のあとの財政危機や、膨大な不換紙幣の発行によって擬制資本のもとに形成されてきた産業を、健全な発展にひき戻す必要など、勧農行政をとりまく問題は新しい産業経済政策の基調を、ここでどうしても求めざるをえない状況になっていたのである。

松方は農業の形勢を通観して不振の証拠を列挙したあと、この打開策として政府が人民に代わって物産の改良繁殖をはかることに反対し、その理由を次のように述べている。

如何トナレバ其本原ニ溯リテ之ヲ論ズレバ、農業ハ人民営生ノ私業ニシテ、政府纎芥之ニ関与スベキノ権力ヲ有セザレバナリ。仮令政府ガ何等ノ新利良法ヲ以テ人民ニ勧ムルトイヘドモ、之ヲ実行スルモノハ人民ノ力ナリ。而シテ之ヲ取舍スルノ権只人民ノ択ブ所ノミ。人民応ゼザレバ政府復之ヲ奈何トモスルコトナシ。況ヤ人民ノ曽テ好マザル所ヲ強ヒ人民ノ未ダ信ゼザル所ヲ責ムルニ於テヲヤ。

更ニ一歩ヲ進メテ之ヲ論ゼバ、人民能ク政府ノ力ニ倚頼セズシテ興ス所ノ事業ニアラザレバ之ヲ独立ノ事業トイフベカラズ。其人民独立ノ事業ヨリ生ズル所ノ結果ニアラザレバ之ヲ真ノ公利公益ト認ムベカラザルナリ。

是故ニ政府勧農ノ務ハ先ヅ人民営生上ノ利害損益ニ関スル最モ大ナル事項ニ着眼スルヲ緊要トナス。然ル後或ハ民智ノ未ダ及バザル所ヲ助ケテ其方向ヲ示シ、或ハ一時民力ノ当リ難キモノハ率先シテ之ガ端緒ヲ開クベキノミ。

こうして勧農の流れは変わった。それは当時具体化しつつあった播州葡萄園の建設や、山梨県に対するブドウ酒醸造資金一万五〇〇〇円の貸付などに、すぐ影響を及ぼすものではなかったが、翌明治十三年、松方が内務卿となり、さらに大隈重信一派を追放した十四年政変のあと大蔵卿となるに及んで、「勧農要旨」にもられた主張は「官業払下げ」、「農商務省設置」、「紙幣整理」を一貫する政策体系の原点として、むしろ農村の困窮化へ作用していったのである。

祝村葡萄酒会社の事業は、まさにこのような政治的、社会的情勢のもとで発足したのであった。殖産興業の華々しい期待につつまれてフランスへ渡った二人の留学生も、彼らの帰国を待ちわびた祝村の人たちも、その栽培と醸造の技術伝習についやした二年間に、「内工繁殖」の大きな流れがブドウとワインを見はなす方向へ転じたことを、おそらく知らずにいたであろう。

明治十二年に始まった祝村葡萄酒会社の醸造は、第一年目に一五〇石を生産したが、翌年は三〇石に減産した。

販売が思うように伸びなかったためである。しかも、追い討をかけるように市販したもののなかから変敗酒が発生した。当時のワインは保存に耐える十分なアルコールが生成していなかったのであろう。創業間もない会社にとって品質上の欠陥は致命的な打撃となった。

だが販売不振の原因はほかにもあった。松方が強行した不換紙幣整理は経済界全体に深刻な不景気を引き起こした。それは単なる不景気ではなく、一八八二年（明治十五年）イギリス、フランスに始まる世界的な恐慌を背景にしていたうえ、朝鮮半島に軍事的緊張が起こって、軍備拡張のための租税増徴をともなっていた。

さらにもう一つ大きな原因を挙げなければならない。この時期、日本のテーブルワインは一体どこに販路を見出そうとしていたのであろうか。

もともと日本のワインは、それをつくろうとした発端において、物産蕃殖＝富国という明治初期の政治課題と不可分であった。工業が発達する前の段階では、物産蕃殖の意味は、工部省が管轄した鉱山開発のほかには、農業生産を高めることしかなかった。荒地と失業武士団と輸入防止。後に盲目的と批判された西洋農法の導入は、これらの切実な動機をもって封建農政にたち向うものであった。そのなかで醸造を目的としたブドウ栽培は、一時期、政府が最も積極的に推進した事業であったことはすでに述べた通りである。

日本全国に及ぶ膨大なブドウの栽培計画は、やがてそこから生まれてくるであろうワインについて見積りを忘れていたとは考えられない。『農商務省報告』によれば、明治十八年における外国種ブドウ、すなわちワイン生産を目的として明治維新以後移植したブドウ栽培本数は、全国合計六七万六三〇〇本余となっている。この統計は官設ブドウ園を除外していると思われる。たとえば兵庫県は七五人の栽培者によって九万八五二七本のブドウが栽植されていたとあるが、播州葡萄園には、その景況報告によって十七年十二月末現在一一万一三〇五本のブドウがあったと記録されている。同様のことは北海道札幌県（明治十五年開拓使廃止後、札幌、函館、根室三県が置かれた）にも見られる。開拓使札幌官園は廃使後、農商務省へ移管されたが、そのとき引き継がれたブドウは実に二一万一七〇二株にのぼった。それから三年後における前記の統計が三八人、一万六四一五本となっているのは、いかにも過少である。

もし、フィロキセラによる打撃がブドウ栽培を衰退へ追い込まなかったとしたら、明治二十年代の初頭には一〇〇万本を超える醸造用品種から加工用ブドウが続々と収穫されていたはずである。もちろん、それらの栽培がすべて成功するわけではないが、苗木を定植する時点で、当時の勧農当局がワイン生産見込みを試算していたとすれば、次のような数量を把握していなければならない。

まず単位面積当りの植付本数を想定して栽培面積を算出しよう。一般に甲州種の栽植本数は一〇アール当り一〇本前後である。これに対して、開拓使お雇い外国人ルイス・ボーマルが指導したのは、当初、二尺間隔に一本、一〇アール当り換算二七〇〇本の植付方法であった。しかし彼は間もなくこの本数を樹間を広げて半分にしている。土壌に石灰分が少なく、かつ多量の有機質を含んでいることが理由であった。播州葡萄園では一〇アール当り五四〇本であった。また名古屋の葡萄組商会では三〇〇本の植付を指導している。日本の風土条件では、密植といっても実際には樹勢を押えることができず、この程度が限度ではないかと思われる(1)。

これらの数字から見ると、当時は今日の常識以上の密植を行ったと想像される。そこで、一〇アール当り五〇〇本と仮定して、栽植樹数からブドウ園面積を逆算すると、およそ二〇〇ヘクタールとなる。成園として約四〇〇〇トンの収穫が期待できる。これからできるワインは約三二〇〇キロリットルであるが、この数量は昭和四十四年、つまりワインが成長商品として脚光をあびる直前のマーケットと同規模の需要を、明治二十年頃に開拓しなければならなかったことを意味している。しかも人口は三九〇〇万人に過ぎなかった。

殖産興業政策は生産に対する保護政策であったが、特に重点がおかれていたのは、製糸、製茶、綿花栽培＝紡績、牧畜＝毛織物、ビート・甘蔗栽培＝製糖、ブドウ栽培＝ワインであった。これらを一瞥して直ちに気づくのは、ブドウ・ワインを除いて、当時の貿易における主要商品と一致していることである。明治初期の殖産興業を重商主義政策の一環として捉える見解がここから生まれる。生糸と緑茶は輸出品の一位、二位を占め、輸出総額における比重は両者で七〇％を超えていた。そして、ほぼこれと等しい価格の綿糸・綿布が輸入されていたのである。それは日本の輸入総額の三〇〜四〇％に及び、第二位の毛織物が一五％前後、第三位の砂糖が一〇％前後を占めていた。したがってこれらの生産には、価格と品質の競争はあったがマーケットはすでに存在していて、需要開拓の問題はなかった。

ではワインはどうであったか。これもまた貿易との関連で見るべきであろう。その対象は米である。米は日本人の主食であり、生産高も豊凶による変動が大きく、輸出品として海外市場を見ても、地域的な限定と相手先の作況によって、安定した貿易品とはなり難く、時には輸入品に転ずることもあった。それでも石炭、水産物とならんで、生糸、茶に次ぐ輸出品の地位を保っていた。この米とワインを繋ぐのは清酒である。不作の年に飯米を確保する手段は、醸造石数の削減であった。これを一歩進めて、清酒の代わりにワインを欧米のごとく常用すれば、新田開拓と同じ効果をあげることができる。

殺生禁断の食生活を欧化するために、肉屋に官許の看板をあげさせ、明治天皇に肉膳を供して因襲打破の手本を示した維新政府の感覚からすれば、清酒とワインの差など眼中になかったであろう。清酒は明治四年から造石高の記録があるが、明治十七年までの一四年間で最低二四九万石、最高は五〇一万石、平均三七〇万石である。ブドウ栽培に着手したとき、これを潜在市場と考えれば、二〇〇ヘクタールの栽培面積は清酒需要のわずか〇・五%をまかなう程度のきわめて微々たる規模とみたかもしれない。

播州葡萄園の開設を進めていた人たちの間には、フランスにおけるワイン生産のスケールの大きさをもって、日本における前途もまた洋々たるものと思い込んでいたふしがある。彼らの希望と楽観は初めの頃ほど濃厚であった。たとえば、播州葡萄園の前駆となる「仏国法葡萄栽培試験場」開設伺稟議書に次のような一節がある。

「統計学者ノ説ニヨルニ本邦植物ノ産スベキ地所ニシテ、百分中廃蕪ニ属スルモノ尚ホ七十有五以上ニアリト、実ニ驚愕スベキ数ト云フベシ。今ヤ各国航通ノ道開ケ有無相通ジ、彼此得失ヲ計較シ得ルノ世ニ遇ヒ、始メテ我荒蕪モ欧米諸邦ニアツテハ有用ノ地タルコトヲ知ルヲ得タリ。実ニ幸福ト云ハザルヲ得ンヤ。而シテ之ヲ有用タラシムルモノハ葡萄樹是ナリ。仏国ノ如キハ専ラ之ヲ栽培シテ飲料ヲ之レニ採レリ。一八七八年ノ調査ニヨルニ仏国葡萄園ノ数ハ二二九万六八九九へくたーるニシテ、其ノ醸造物ハ五八七五万七五〇へくとりっとる(即チ本邦升目ニシテ三八九二万五二七八石七斗五升ナリ)ナリ。此価額ハ一升二〇銭ト見ルモ尚七億七八四四万七四三七円五〇銭トナレリ。彼ノ工業ノ盛ナル仏国ニ於テスラ他ニ及ブモノアルコトナシ」

ここには、日本でつくるワインが好まれないかもしれないという心配は、ひとかけらも見出せない。綿製品や砂糖の国産化は、それらが実用品であるゆえに、輸入製品の販路を奪取すればよく、技術の向上さえあれば困難ではなかった。だが嗜好品である清酒に代えて、肉食とはほとんど無縁な人たちにワインを飲ませるのは、散髪脱刀令によって武士階級に止めを刺したように力づくで強行したとしても、成功は疑わしい。

いかに文明開化とはいえ、本能や生理に係ることは一朝にして変えられるものではない。ワインの市場開拓における前途のけわしさは、容易に判断できたはずである。欧化主義の滔々たる流れは、このような危惧さえたちまち押し流してしまったのであろうか。

祝村葡萄酒会社は官営事業よりおくれて始まったが、そこにブドウがあったために、新規にブドウ園を開く年月を短縮し、開拓使などで行われていた試験醸造を追い抜いて、いきなり営業規模の生産に入った。このことは、祝村葡萄酒会社の製品が、わが国最初の「商品としてのワイン」であったことを意味する。しかし、祝村の人たちにとって、それは栄誉ではなく、より多くの苦難を負うことであった。

実際、「文明開化」も「殖産興業」もワインの販路開拓には無力なスローガンであった。一方、リキュールやウイスキーの模造がこの頃に始まったのは、まさしく文明開化の世相に便乗したものであった。とすると、ワインに時代の影響が有利な条件として反映しなかったのはなぜであろうか。考えられることは、まずスケールの違いである。リキュールもウイスキーも、珍奇な酒としてごくわずかな売上げしか見込めなかった点ではワインと変わらなかったが、そのごく少量の需要で模造洋酒は採算がとれたのである。主原料のアルコールは薬品として輸入され、無税であった。これに香料と調味料と色素を加えたかなりあやしげな洋酒が、結構高く売れて小規模の家内工業を成立させた。

ワインは、その基盤となるブドウ栽培から容易に想像できるように、清酒におきかわる大量の消費を創出しなければならなかった。これは山村の豪農階級の資力で行なえるものではない。祝村葡萄酒会社は官業ワインに先んじたために、ブドウ生産とワイン販売のギャップで、たちまち動きがとれなくなった。

祝村葡萄酒会社の終焉

松方正義による殖産興業政策の転換、すなわち「保護スルノ厚意」を「人民自為ノ進歩ニ付ス」と改めたのは、全国的に展開されつつあったワイン殖産事業が、その内包する本源的問題点とまさに直面したこの時期においてであった。そのうえ、松方の断行したデフレ政策は、農村を瀕死の状態に追い込んでいった。明治十四年に一石一〇円五九銭であった米価は、明治十七年には五円二九銭まで低落した。しかもこれと併行して大増税が強行された。大江志乃夫はこの時期の土地の移動を分析して、豪農層の没落と、より少数のより大きな土地をもった地主の出現を指摘している。

祝村葡萄酒会社に参加した人たち、峡東ブドウ地帯の豪農層にとって、会社との経済的関係は、ブドウ販路の安定拡大と、加工によって得られる付加価値をブドウ生産の利益として受けとること、にあった。しかし、土屋竜憲の弟、喜市良の述べるところによれば、会社が醸造に使用した甲州ブドウは、彼らが生食用として販売する価格で購入したため、原価高となって輸入ワインと競争できなかったという。

こうして祝村葡萄酒会社は、品質における技術的失敗や不況による影響のほかに、内部的にも会社の存続する条件が失われていた。ワインのためにだけブドウを栽培する欧米諸国では、農民組合の経営する大規模な醸造所が随所に見られる。ここでは栽培と醸造は一体であり、零細な農民が資本を集めて、設備的・技術的近代化に力を注ぐのは、ブドウ栽培の利益確保のためなのである。

ワインの原料に生食用品種を用いる日本では、その購入価格を果物市場の相場とどうしても切りはなすことができない。それは日本のワインの宿命的な重荷である。祝村葡萄酒会社の内部矛盾は、しかし、それを鮮明にするまえに、不況の深刻化による株主の動揺から、明治十九年、総会を開き「本邦に於ける葡萄酒醸造は到底有利の業に非らずと決定を与え」て解散を決議し、一株一〇〇円の出資金にわずか一〇円強の分配で終止符を打った。

同じ明治十九年、播州葡萄園は神戸阿利襪（オリーヴ）園とともに、その経営が前田正名に委託された。これについては若干の経緯を述べる必要があろう。

大久保利通の殖産興業政策は国内産業の未熟な情況のもとで、いくつもの萌芽を想定していた。しかし、これを政策として展開する場合の重点のおきかたで、彼の後継者たちの間に対立が生まれた。松方に代表される移植大工業優先と、前田を中心とした地方在来産業重視は、そのまま大蔵省と農商務省の政策体系の抗争であった。

前田は松方デフレによって追い詰められた農民と地方産業家の惨状を調査し、その現状認識の上に立って、紙幣整理後の産業政策を「興業意見」にまとめた。それは在来の日本固有の工業、特に重要輸出品である生糸・茶に重点をおいて、保護育成し、しかる後に洋式大工業の移植や軍備を進めようというもので、工場払下げなどに見られる政商保護によって産業資本の形勢を進める松方と真向から対立するものであった。

明治十八年十二月、前田は敗れて農商務省を非職となった。彼と相容れない新興ブルジョアジーの勢力が、彼を行政の中枢から追い出したとみてよい。官業払下げの工場・鉱山関係は政商がひしめいたが、勧農部門は引き受ける者がいなかった。前田が創設した三田育種場は大日本農会に経営を委託していたが、その支場として発足した播州葡萄園や神戸のオリーヴ園は、所期の目的を達することができないまま、殖産興業の捨子のように放置されようとしていた。フィロキセラがブドウ園の将来に暗い影を投げかけた直後である。失職した前田は、これをわが手で育てようと思いたって、その希望を申請した。実現に尽力したのは、前田の「興業意見」を挫折させた薩摩の先輩松方正義であった。

同じ明治十九年、すでに北海道庁の所管となっていた開拓使札幌官園とそのブドウ酒醸造所が桂二郎へ委託された。土屋竜憲、高野正誠と同じ頃フランスに学んだ彼は、播州葡萄園から札幌へ移り、藤田葡萄園を指導したことはすでに述べた。長州軍閥の巨頭桂太郎は彼の実兄である。奇しくもこの明治十九年は、桂太郎が陸軍次官に昇進し、やがて日清・日露の戦争へつながっていく軍制改革・軍備拡張に着手した年でもあった。

官業ワインの拠点は、播州葡萄園と札幌葡萄酒醸造所のほかに、山梨県勧業場の付属施設として発足した葡萄酒醸造所があった。山梨県令藤村紫朗は県政に殖産興業政策を最も濃厚に反映させた一人であるが、明治十七年四月、この醸造所の払下げを政府に上申している。その背景として、地方税収入に対する勧業費支出が松方緊縮財政の影響を激しく受けて、明治十三年の二九％からこの年にはわずか一・二％へ落ち込んだことと、民業の確立した分野での官営事業は廃止すべしという内務省解体以後の方針転換があった。しかし、藤村にとって最も切実だったのは、明治十二年八月より一〇カ年賦返納で貸与を受けた政府貸下金一万五〇〇〇円の返済がまったく見込みがなくなっていたことであろう。いわば官業払下げの機運に便乗した巧妙な負債整理であった。

この上申は翌十八年一月裁可された。だがここに一つの疑問が残る。藤村の上申した払下げの相手は、祝村葡萄酒会社なのである。問題の箇所は、「民間有志者ニシテ能ク此事業ヲ維持シ得ベキ資力ヲ有スルモノニ相当代価ヲ以払下ゲ処分ニ及ビ度専ラ計画中ニ候処県下葡萄酒醸造会社社長雨宮広光ヨリ別紙現在品並ニ家屋器械見積リ表価格ノ通リ即金上納ヲ以テ払下受度旨申出候（中略）海外ニ生徒ヲ派遣シ以テ此業ヲ起立スルガ如キ篤志ノ会社ニ於テ代価ヲ即納シテ此払下ヲ請願候コト最モ失フベカラザルノ好機ニ有之（後略）」とある。

大政官裁可の書面には、「該場ハ世間普通ノ事業と異リ公売ノ手続キニ取計候トモ敢テ望人モ有之間敷寧ロ其事業ニ経験アルモノヘ相当代価ヲ以テ払下候方至当ト存候故県令稟申ノ如ク聞届、云々」とあって、払下げが祝村葡萄酒会社を指定して許可されたことが明らかである。だが、不況のドン底にあった明治十八年、祝村葡萄酒会社の株主に払下代金として即金五一六八円の支出を認める経済的余裕はなかったのではなかろうか。

いずれにしても、すべての官業ワインと、一つの先駆的な企業が、明治十九年に結末した。これは、ワインにおける官業指導型の殖産興業政策が、誇るべき成果をあげないまま、完全に終わりを告げたことを示す出来事であった。日本のワインは、このときから、見放された農村工業に転落した。

明暗　販売と製造

祝村葡萄酒会社の事業は、土屋竜憲、宮崎光太郎、土屋保幸の三名が共同で会社の製造設備を譲り受け、醸造を再開した。明治十九年から二十一年までに、在庫ワインは逐年増加して五〇〇石（七二〇ミリリットル換算一二万五〇〇〇本）に達したという。今日、勝沼町下岩崎のブドウ畑の地下に残る煉瓦積の穴蔵、通称「竜憲セラー」ではとても収容しきれない。(2)おそらく地上の建物に大半のワインは滞貨していたのであろう。

明治二十一年、彼らは東京日本橋に甲斐産商店と名づける販売所を設けた。ここで販路開拓にあたったのは、もっぱら宮崎光太郎であった。この頃、ワインのセールスポイントは、「清酒に代わる日用酒」という一時期のブドウ栽培が目指していた国家主義的な理想を捨てて、ようやく「薬用」という実利性を訴える方向を探りあてた。甲斐産商店が高名な医学博士や理学、薬学の権威、軍医などに依頼した分析や品評を広告した動機は、祝村葡萄酒時代の世評を払拭し、品質改良の実を訴えたかったからであろう。その分析成績は決して薬効を証明するものではない。しかし、当時稀少だった医学博士、薬学博士の肩書は、ブドウ酒のイメージをテーブルワインから医薬品へ転換させる強力な作用をしたことは想像に難くない。

明治二十二年、おそらくこの種の文章としては最も古い例を次に示す。後に述べる甘味ブドウ酒が、「滋養強壮」を謳って医学の推薦を宣伝に用いた始まりと見てよい。また、甲州種を原料としたワインのかつての面影が、これによってしのばれる。

医学博士ドクトル大沢謙二君品評

（前略）元来白酒は赤酒に比して醸造甚だ少し。小生主として白酒を賞用致し候も此故に御座候。先年甲斐産葡萄酒の製あるや早速試用候処、一種は其味酸に過ぎ、一種は甘に過ぎ、いずれも常用に適せざるを以て其後は絶えて試みしこと無之候。然るに日頃御送付の品は甘酸其度を得加之佳良の香気ありて殆ど仏国製ソーテルンなるやを疑はしむる程に有之候。醸造者の名誉は申迄も無之、是に依て一は外国品の輸入を減じ、一は内国人をして廉且佳良の品を得せしむること其効益実に莫大のものと祝賀仕候。

（下略）

医学博士ドクトル緒方正規氏評

此酒は透明にして少しく黄色を帯び、一種快きブケー（香味）を有し、其アルコールの分量比較的多からず、又之を光線分極装置にて検するに只僅少の廻転を呈するを以て、純良にして他物を混ぜざる者とす。

光線分極装置　　零度一

比　重　〇・九九四
亜兒箇保児　八・五〇〇
糖　分　二・一二〇
固形分　二・七三〇
灰　分　〇・一三三

右の分析に拠るに、人工に他物を混ぜざる純良の葡萄酒なるを以て、適宜之を薬用に供するも害なきものとす。

旋光性を検査して添加物の有無を判断しているのは科学的根拠がなく、そのものものしさが権威を誇示しているにすぎない。これによって推測しようとしているのは蔗糖の存在の有無と思われるが、時がたてば転化が進み、またワイン中には光学活性を有する物質がほかにもあるので、この測定値はあまり意味がない。アルコールはこの頃の表し方が重量パーセントであるので、これを今日の容量パーセントに換算すると、およそ一〇・六%となる。

こうして祝村葡萄酒の汚名挽回につとめたが、売れ行きはなかなか好転しなかった。品質的にはかなり進歩向上したことがうかがわれるのに販売が不振だったのは、甘味ブドウ酒との競合があったからである。明治二十三年、祝村葡萄酒会社再興からわずか四年で、経営難に陥った土屋と宮崎は、それぞれ祝村の醸造場と東京の売店を引き受ける形で分離独立した。土屋竜憲は実弟喜市良と協力して新たな売店を甲府と東京に設け販売に努めたが、フランス直伝の自家醸造酒は遂に名声を確立することができなかった。宮崎光太郎は独立して醸造を始めるのにあたって、それまでの品質的欠陥が設備にあると考え、破砕機、醗酵桶、圧搾機などの改良を行った。明治二十五年、宮崎自身の手になる最初のワインが自宅の蔵で生まれた。そして翌年には別に一八〇坪の醸造場を新築して(3)、一躍五〇〇石のワインをつくると同時に、そのブドウ粕を利用したブランデーの製造にも着手した。

宮崎と土屋の明暗をわけた第一の理由は、国産ワイン第一号のブランド「甲斐産葡萄酒」を、宮崎が継承したことにあろう。祝村葡萄酒会社以来の、ブドウ地主階層がワインにかけた夢と辛苦は、よくも悪くもこのブランドにすべて結集されていた。ワインをつくりだして一〇年余の歳月は、試行錯誤に空費されたかに見えて、その実、商品の歴史として意味を持ち始めていたのである。

第二の理由は、ワイン製造に占める専門技術のウエイトである。もしワインが高度の科学技術から産み出されるものであったなら、たとえ販売力において土屋にまさっていても、宮崎の成功はおぼつかない。すでに述べたように、宮崎は明治七年頃、父市左衛門とブドウ酒の試醸を行ったという口碑があり、その後、土屋竜憲との共同事業を通じて醸造の大要は当然心得ていたであろう。つまり、この程度に「素人ばなれ」していれば、ワインはつくれたのである。竜憲がフランスで学んだのは実務であって、その背後にある学理ではなかった。土屋が悩み続けた品質上の問題を宮崎が苦もなく乗り越えられたのは、幸運にも彼が新しい醸造場を持たざるを得なかったことによって、土屋が継承した祝村葡萄酒会社時代からの、「悪い蔵くせのついた」微生物的醸造環境と訣別できたからではないかと想像する。

第三の理由は、これが最も重要と思われるのだが、宮崎が早くから東京に出て販売を担当したことである。彼は顧客とのつながりにおいて土屋より有利な立場を得ただけでなく、生産面が強調された黎明期の国産ワインにつらなる人々のなかで、誰よりも豊富に洋酒市場の情報に接するチャンスを持った。松方デフレは農村を窮乏のドン底へおとしいれたが、一方、鹿鳴館に代表された西洋風俗の模倣が、上流社会を風靡していた。明治二十年前後には、こうした世相を反映して都会地での洋酒に好況が見えた。そのなかで最も伸長著しかったのは甘味ブドウ酒である。宮崎は「純粋生葡萄酒」の将来にすべてをかける困難を避けて、競合商品であったこの甘味ブドウ酒を自家醸造ワインによってつくりだす道を選んだ。それは、マーケット志向型の宮崎にして初めて決断できたことなのである。

本格と模造

ここで甘味ブドウ酒、いわゆる日本のポートワインに触れておきたい。「ポートワイン」という呼称は、ポルトガル北部のドウロ川流域でつくられる特有な製法のワインに限って与えられたもので、その特色の一つとして甘味の強いことがあげられる。しかし、日本の甘味ブドウ酒はこれとまったく本質を異にしている。

甘味ブドウ酒の系譜は、宮崎光太郎が「甲斐産葡萄酒」の姉妹商品として「エビ葡萄酒」、「丸二印薬用帝国葡萄酒」などを発売するまで、日本のブドウ栽培・ワイン醸造とは全然つながりのない薬種商を中心とした模造洋酒の歴史に織り込まれている。

模造洋酒の生産は『大日本洋酒缶詰沿革史』によれば明治四年に始まり、明治二十九年に混成酒税法が制定されるまでの間、文明開化の時流に便乗して、急速な成長を遂げた。この時期に活躍したのは、伝統的な酒づくりとは無縁な、主として医薬品調合の経験者たちであった。彼らは輸入アルコールが薬剤として取扱われ、酒税の対象とならないのに目をつけ、これをもとに各種の調味料、香料、色素で合成する驚くべき洋酒類を創製した。たとえば、模造ブドウ酒はアルコールに酒石酸、タンニン酸、砂糖、ボルドーエキスと称する香味料、またはエッセンスを加え、色素で適宜に着色したもので、なかには酒石酸の代わりに硫酸を用いるような粗悪なものもあった。処法

模造葡萄酒製造方法

	白葡萄酒	甘葡萄酒	香鼠葡萄酒
アルコール	420合	360合	135合
砂　糖	24,000匁	175斤	1,600匁
タンニン酸	—	200匁	60匁
酒石酸	—	520匁	120匁
ボルドーエキス	—	120匁	18匁
芳香チンキ	—	—	5勺
エッセンス	5オンス	—	—
色　素	1ポンド	—	—
稀硫酸	28ポンド	—	—
生葡萄酒	—	—	885合
製成石数	1,000合	1,260合	1,190合

製成後平均約2倍の割水を加えて販売する。
出典：『大日本洋酒缶詰沿革史』

の一例を、次に述べる「香竄葡萄酒」の製造方法と対比して上の表に示す。

日本の洋酒がこのように幼稚なイミテーションから始まったのは、ウイスキーのように原酒の製造から貯蔵熟成まで莫大な資金と歳月をかけたり、ワインのように原料ブドウの栽培から着手しなければならない本格的な生産は、零細な資本では不可能だったからである。あえてそれにいどむ者があったとしても、投資に見合う消費がともなわなければ成立たない。衣食住全般にわたる欧化主義の盛んな時代ではあったが、さすがに正統な洋酒づくりを企業化しようとする者はいなかった。その例外が、播州葡萄園であり、札幌の葡萄酒醸造所であった。

しかし、舶来品まがいの外装や珍奇さに訴えるだけで、小規模の家内工業を維持していくことはできた。それが調合によるイミテーションであっても、一般の洋酒知識の低さが品質を不問としたのである。

このような模造洋酒は、酒税法が整備され法律上の抜け穴がふさがれると、急激に衰退した。そのなかで、神谷伝兵衛が創案した甘味ブドウ酒「香竄葡萄酒」は、輸入ワインに香味料を加えて日本人の嗜好にあうように再製したもので、この時代に生まれて成功した唯一の商品であった。日本の洋酒産業はこの種の甘味ブドウ酒がもたらした利益によって、ウイスキーをはじめとする洋酒類の本格的な生産に必要な巨額な資本を、ようやく蓄積することができたのである。この意味で「香竄葡萄酒」は日本の洋酒産業の原点であった。

神谷が輸入ワインを原料とした甘味ブドウ酒を初めて調合したのは、明治十四年であった。これは彼の独創ではなく、明治六年、横浜外国人居留地にあったフランス人の経営するフレッレ商会に雇われた時の体験がもとになっていた。神谷は低廉な輸入ワインに甘味をつけて飲みやすくしたこのブドウ酒に、父の雅号の「香竄」を商標とした(4)。販売は近藤利兵衛が一手に引き受けた。神谷の成功は、第一にテーブルワインの酸味、渋味を日本人の生活に受け入れやすく調整した着想のよさにあるが、近藤の強力な支援がなければ、このすぐれて日本的な洋酒も、日の目を見ずに終わったかもしれない。

明治二十年から三十年に至る一〇年間は、殖産興業政策の落し子である本格ワインが、甘味ブドウ酒の内部へ包み込まれていく過程であった。しかも、その本格ワインなるものは、欧米の技術と伝統を移入摂取して「人民ノ模範」となるべき官営施設が目標としていたヨーロッパ系醸造品種によるワインではなく、在来の甲州ブドウや、開拓使官園、勧農寮内藤新宿試験場、あるいは小沢善平のような啓蒙実践家から各地へ広まっていったアメリカ系ブドウによるものであった。

国家の事業として構想された「醸造を目的とするブドウ栽培」は、明治二十一年三月、前田正名に経営を委託していた播州葡萄園を、契約期間満了まで一年を残しながら前田へ払下げたその時点で、遂に何物も得ることなく終止符が打たれた。これより四カ月前、開拓使の遺産である札幌のブドウ園と醸造所も、経営委託者桂二郎に払下げられた。

これらは、松方によって政府財政の整理という名のもとに行われた政商保護的な官業払下げと時期を同じくしているが、その狙いは財政支出節減だけを目的とした純然たる切り捨てであった。だがこれよりも前に、ブドウ栽培

＝ワイン醸造という大久保以来の勧農政策は、農政上すでに重要項目から消されていたのである。

明治十七年九月、つまり松方デフレによる地方の惨状が極点に達しつつあり、前田正名が「興業意見」によってそれを批判したその時、地方産業擁護の立場にあった農商務省農務局は、「農政計画図表」とその解説を作成していた。これは未定稿のまま終わったようであるが、機械制大工業の移植を優先する大蔵省松方グループに対し、地方在来産業の保護育成を主張する前田を中心とした一派の政策が、大久保路線の現実的修正をいかに考えつつあったかがよく示された資料である。そこにはすでに「葡萄」の文字はない。

今日ノ急務ハ断然汎奨主義ヲ棄テテ専奨主義ヲ取ルニ在リ。即尋常ノ物産、区々ノ事業ハ其廃存起滅人民自然ノ企望ニ任セ、政府ハ之ニ関セズシテ可ナリ。而シテ其国家ノ経済ニ至重ノ関係ヲ有スルモノニ向ツテ、宜ク専力ヲ竭シテ之ヲ料理スベシ。但シ均ク国家ノ経済ニ関スル物産トイヘドモ、細カニ之ヲ観察スレバ、其需要ニ広狭アリ其利益ニ多寡アリ其事業ニ難易アリ其改良ニ遅速アリ其勢ニ緩急アリ。若選択其当ヲ得ザレバ亦国家ノ損失ニ帰ス。今、既往ニ考ヘ現在ニ照シテ、姑ク重要物産ノ種類ヲ限ルコト左ノ如シ

イ　蚕、桑、生糸、製茶、製糖、煙草、馬、牛

ロ　米、麦、漆、楮、棉、麻、羊、豚

さらに官業施設の運営に触れて播州葡萄園の将来を次のように想定している。

「該園ハ本試験ノ目的ヲ以テ設ケタルモノニシテ今尚試験中ニ属ス。今ヨリ七年ノ後ニ至リ廃存ヲ定ムベシ。要スルニ該園ハ予メ後日民業ニ移スベキモノニシテ永ク官ノ処理スベキモノニアラズ。而シテ其民業ニ移サン

ニハ成ルベク諸般ノ装置過大ナラザルヲ要ス。故ニ其栽植及ビ葡萄酒醸造ノ如キ僅ニ試験ニ差支ナキヲ以テ足レリトス。若然ラズシテ漫ニ栽植ヲ事トシ多量ノ醸造ヲナスガ如キハ、徒ニ無用ノ徒費ニ属スルノミナラズ異日困難ヲ醸スコトアルベシ」

ここに流れる思想は、松方の「勧農要旨」以来一貫している。ただ「自由民業」の焦点をどこにおくかについて前田は対立したのであった。明治十年、三田育種場開場の辞で「着手方法」の重点をブドウにおいた前田であったが、七年後のこの年、ようやくわずか六石（一五〇〇びん）の醸造にこぎつけた播州葡萄園の現実を見るに及んでは、もはや重要農産物としての期待を放棄せざるをえなかったのである。そして翌年、フィロキセラが農政当局のこの考え方を決定的にした。農業から出発する殖産興業、特に収穫までに数年間を要し、さらに醸造と貯蔵に時間をかけるワインは、明治前期の一刻も早く先を急がねばならなかった時代に、あまりにもテンポが遅すぎた。

こうした事情をすべて熟知している前田が、播州葡萄園の経営をなぜ希望したのであろう。農政計画策定者としての前田はブドウを重要農産物からはずしたが、一個の人間としては自己の青春をかけたパリ留学の思い出につながるバルテーのブドウに、限りない愛着があったのであろうか。

しかし、前田の行動を見ると、播州葡萄園の払下げを受けた明治二十一年山梨県知事となり官界へ復帰、翌年農商務省へ返り咲き、二十三年農商務次官に昇任、そして再び彼の持論である「地方在来産業の優先的近代化促進」が新興ブルジョアジーの反撃にあって退官。この間、葡萄園は片寄俊にまかせきりであった。そして下野して後の前田は産業団体の組織化を説いて全国を文字通り行脚し、一層多忙であった。彼の悲願は茶業会、大日本農会、日本蚕糸会、五二会（織物、陶器、漆器・銅器、和紙の五品と彫刻、敷物からなる伝統工芸品の輸出七業者の団体）などに実を結んだが、播州葡萄園は顧みるいとまもなかった。

時代は移る

津田仙が孜孜として刊行を続ける『農業雑誌』五二二号に、片寄俊の訳した蘭の取扱法が掲載されている。その前書に、津田仙がシカゴの世界博覧会で交換した三六鉢の蘭を、御料局植物御苑在勤の福羽逸人、片寄俊両君に保管を依頼してある、とあって播州葡萄園がこの雑誌の発行された明治二十七年七月にすでに廃絶されたことをうかがわせている。

桂二郎は払下げられた醸造所を花菱葡萄酒醸造場と命名して四年間経営したが、明治二十四年十二月これを谷七太郎に譲渡している。しかし、この四年間、桂がどれだけの情熱をワインに注いだかは疑わしい。播州から札幌へ転じた彼は、ここで隣接のビール工場に深い関心を持った。この麦酒醸造所が大倉組に払下げられたのは明治十九年であった。その翌年、桂は資本金一五万円をもって日本麦酒醸造会社を設立し社長となった。この工場が現在のサッポロビール目黒工場(5)の起源である。操業はドイツに注文した醸造機械の到着、据付を待って二十二年十二月に開始された。こうして生まれた恵比寿麦酒は予想外の好評を博したといわれているが、年間一万石の販売目標を達成できず、明治二十四年十月三井物産の馬越恭平に整理を一任した。その間に資本金は増資して四〇万円になっていた。彼の事業は兄桂太郎の力に負うところが大きかった。彼が虚業家と評される所以である。桂二郎は同時にワインとビールに手をだし、どちらからも身を引かなければならなかった。

再び初期の勧農政策を振り返ってみる。それは米麦中心の従来の農業が等閑視していた荒蕪地、休閑地での副業的生産によって、農家経済の向上をはかりつつ、そこに貿易収支改善のための農村工業を確立するとを企図していた。これを純粋な形で実行し、生涯をかけた一人の地主がいた。

明治二十三年、六月より七月の間宅地内の庭園を毀ち観賞樹を伐り多数の奇石を一隅に集め仮山を夷らげ泉水を埋め土地を深耕し果樹栽植の準備を為す。

明治二十四年、四月始めて宅地内に九種の洋種葡萄樹一二七株を栽植す。（中略）十一月二十六日俄然三尺余の降雪有り此時葡萄其他の果樹は秋耕を終りしのみにして未だ剪定及び防雪の準備を施行せず故に狼狽して雪中此作業を終へたり。

明治二十五年、四月宅地内に四〇余種の葡萄二〇〇余株を増植す。（中略）十月屋背の山林を墾成し葡萄栽植の準備を為す是れ即ち第一園なり。

明治二十六年、四月第一園にコンコード其他の洋種葡萄一二〇〇余株を栽植す。六月葡萄酒仮貯蔵所隧道窖室成る。七月より九月に至るまでの間、第二園の山林を開墾し、第一号農舎第二号農舎を建築し、また葡萄栽植の用意を為す。七月九日、北米合衆国、紐育州フレドニアより英国を経、印度洋を過ぎて到着せし葡萄苗樹二〇種百余株を栽植す。枯死するもの三〇株に過ぎず。九月前年栽植せる葡萄四〇余種の成熟するを見る。同月在来の穀倉を利用して始めて葡萄酒五石余を醸造す僅かに一週間を出でずして第一醱酵を終り酸味甚だ強し。

（川上善兵衛『葡萄提要』）

川上善兵衛の「岩の原葡萄園」はこれからさらに明治三十八年まで拡張を続け、二〇町三反歩、三二一品種、六万三一二七株のブドウ園と地下室一七〇坪、工場・倉庫・その他の建物あわせて八棟二六四坪を完成する。雪深い

開園当時の岩の原葡萄園

新潟県高田市（現上越市）の気候風土が彼のワインづくりの前提条件であった。良いワインは良いブドウから、という鉄則は川上をひたむきな品種改良へかりたてていった。

明治二十五、六年頃は、宮崎光太郎のワインから甘味ブドウ酒への傾斜と交差して、神谷傳兵衛の念頭に輸入ワインから国産ワインへ甘味ブドウ酒の原料転換が意識され始めていた。神谷は輸入アルコールを酒類に混和することを税法上制限する改正運動の首唱者であった。彼はこの運動が同時に輸入ワインに及ぶことを予期し、輸入ワインによる「香竄葡萄酒」の再製が不利になった場合の対策として、国産ワインの自給体制を必要と考えたのである。明治二十七年、神谷は嗣子傳蔵を栽培と醸造の技術習得にボルドーへ派遣した。

傳蔵は明治三十年一月帰国し、ボルドーで調達した苗木六〇〇〇本は四月に到着した。それらは、牛久に買入れた原野を開墾して翌年三月定植された。醸造場の建築は三十四年に始まり三十六年九月竣工した。その偉容は零細な資本から出発して成功した神谷の、異端から正統へのあかしであるかのように見えた。

＊

明治前期に現れた日本のワインは、それを商品として成立させる技術的、社会的条件が整っていなかった。しかし広範に配布された栽培の容易なアメリカ系品種や、在来の甲州ブドウの産地で、殖産興業の声が絶えた後も、現実には、かなりのワインが生産され続けた。それらは甘味ブドウ酒の原料として用いられるほか、農村の閉鎖されたマーケットで貨幣経済からはなれて、自家用の「野良着のままの飲物」となった。そして再びテーブルワインが脚光を浴びるまでのおよそ六〇年間、ヨーロッパ系品種の栽培技術も醸造法も逼塞した。

このワインの中世紀を、ひとり川上善兵衛のデーモニッシュな育種作業だけが、父祖の資産を蕩尽しつつ、壮烈に続けられていた。

（1）ブドウは棚仕立とした場合、樹幹を地面から大きく立ち上げるため、結果として、栄養成長期の養分ストックが豊富となり、新梢の伸長を抑制しにくい。このため密植化をはかろうとしても、一アール当り五〇本程度が限界と考えられる。しかし、これをヨーロッパで一般に行われている垣根仕立や株仕立とすれば、成長期に雨が多い日本では困難とされている密植栽培も可能であることが実証されている。風土条件によって密植の成否が定まるという説に立つ本文の記述は、訂正されなければならない。

（2）「竜憲セラー」の構築された年代は不明であるが、煉瓦積みの構造から、祝村葡萄酒会社時代より後のものとの判断が有力となった。従って、滞貨したワインを地下の冷暗な場所に保管することは、当時、できなかったと考える。

（3）ここにいう一八〇坪の醸造場は、現在、メルシャン株式会社の「葡萄酒資料館」となっている建物のことであるが、平成元年、この建物の保存工事として屋根の修復を行った際、探していた棟札が発見された。これには、「明治三十七年、東八代郡祝村上岩崎、大工棟梁望月岩吉」とあって、これまで語り伝えられてきた明治二十六年説は改められることになった。

（4）「蜂印香竄葡萄酒」の命名由来について「香竄」を「父の雅号」としたのは山路愛山著『神谷伝兵衛伝』に拠っている。しかしながら、「香竄」は模造洋酒の「付香」を意味する用語として、すでに広く用いられていた言葉であり、その意味するところからしても雅号にはなじまない。前章に引用した留学生派遣にかかわる大藏省より正院宛伺書（明治五年二月）にも、次のくだりがある。

「或ハ醸後蒸留シ火酒トナシ、他ノ香竄苦味ノ薬剤ヲ入レ飲料ニ供スルモノ有リ、云々」

（5）都市再開発のため、昭和六十三年閉鎖、由緒ある醸造施設はすべて解体撤去された。

後編　後註と補遺

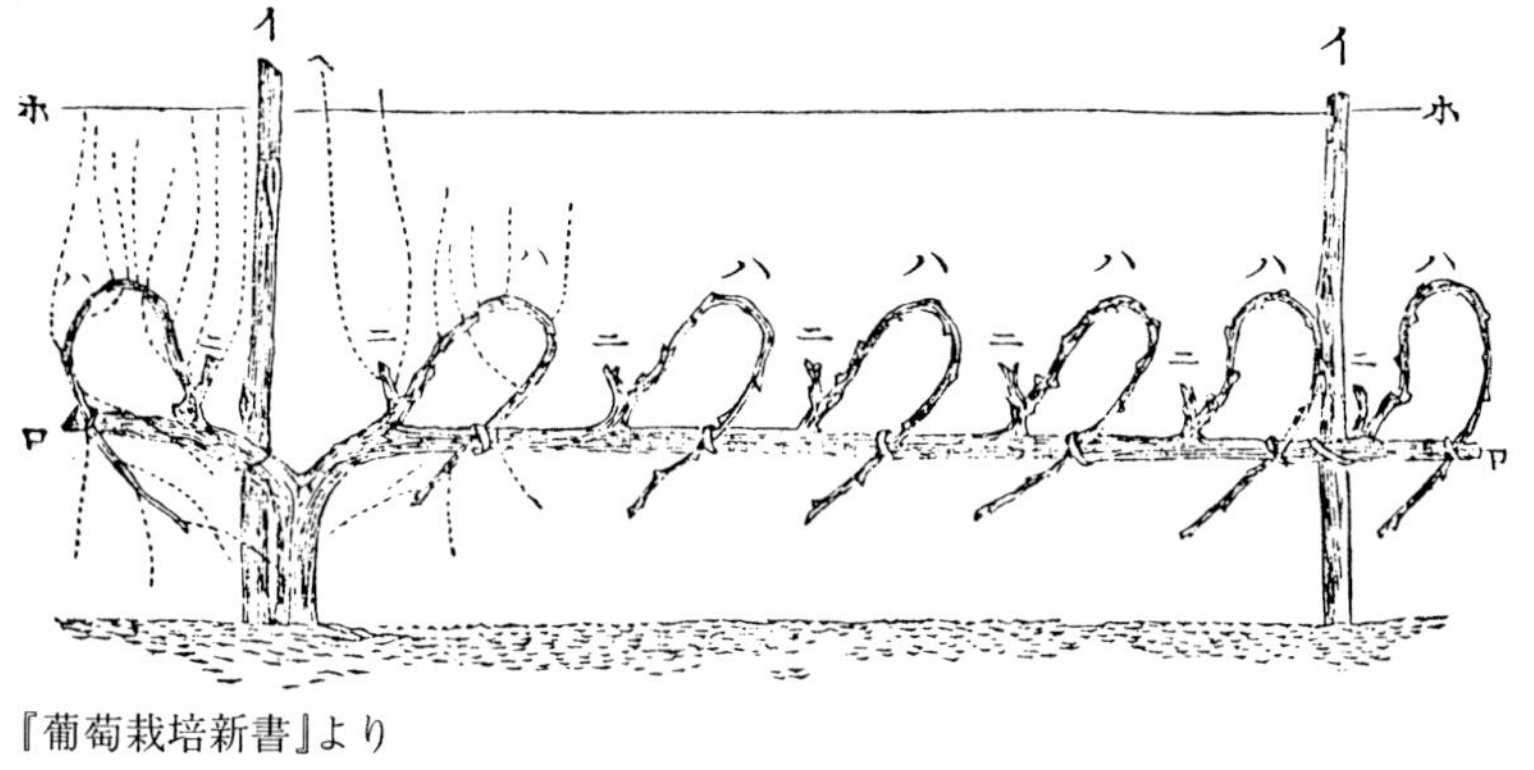

『葡萄栽培新書』より

一　あとがきに代えて

前編「殖産興業期のワイン」は、雑誌『食品工業』に「わが国における〝ワイン〟産業の誕生とその生い立ち」と題して、一九七五年一月上旬号より八月上旬号まで連載された文章のうち、冒頭の「まえがき」を除く再録である。初出からすでに一六年を経過し、その間に明らかとなった事柄を加えて、本来ならば改訂増補すべき旧稿を、あえて原型のまま前編に置いたことについて、まず述べておきたい。

われわれ日本人の日常生活に、多少なりともワインが目につくようになり、話題にものぼるようになるまで、「ワイン史」などというものはその言葉さえ存在しなかった。唯一、その片鱗を垣間見せてくれたのは、『大日本洋酒缶詰沿革史』（大正四年）であった。

しかし、「洋雑貨」という経済史あるいは産業史の本流から遠くはなれたマイナーな主題であったからであろう、この本の存在は好事家の間でさえ久しく忘れられていた。私がこの書物と初めて出会ったのは、一九六一年（昭和三十六年）、山梨県勝沼町下岩崎在「宮光園」において、初代宮崎光太郎旧蔵の書架を一覧した折のことであった。そのときの驚きは今も鮮烈である。そこに誌された事蹟のあらかたは埋もれて、すでにない。明治前期、ワインの国産化にこれだけ多くの人たちが取り組み、志を果さずに逝ったのかと、さながら墓碑銘を読む思いがした。

当時、日本の市井にテーブルワインのマーケットはまだ成立していなかった。高顕貴賓の正餐にフランスワインが供され、あるいは西欧文化になじんだ人たちの一部にワイン嗜好が強くあったにしても、国産ワインが日常の食卓に登場する機会は皆無に等しかった。あるのは甘味葡萄酒であり、日本におけるワイン醸造とは甘味葡萄酒の原料となるワインを生産することと同義であった。

そういう時代が、振り返ってみるにたった三〇年前であったとは、この頃を経験した人たちでなければ、すぐには信じ難いであろう。それほど迅速に、テーブルワインは日本人の生活に浸透したというべきであろうか。いや、「浸透した」とはまだいえない。浸透しつつある今の、その「迅速さ」こそが感慨を呼ぶのである。

そして、ひとたびこうした感慨にとらわれると、自分の立つ視座そのものが時々刻々押し流されている危さを意識せずにはいられない。それは、波紋のひろがるように、次なる想念、つまり、歴史を書くことが歴史の真実に迫る作業であると同時に、それが記述された時点で、作者あるいはその頃の風潮が「歴史をどう見ていたか」を後の時代に伝えるという二重の意味を持っていることに思い到るのである。まさしく、この世に遺されたものはすべて歴史資料であり、それらは、真実を伝えるものとしてあるよりも、幾度となく読み直されるべきものとしてあるに違いない。

前編の稿を起し始めた一九七四年、わが国のワイン消費数量は年間二万三一〇キロリットル、その内に含まれる外国産ワインの数量は約六六〇〇キロリットルであった。今からみれば当時の市場規模はあまりにも小さい。しかし、さらにその三年前と比較すれば、長い間、五〇〇〇キロリットルほどの消費数量で低迷を続けてきたテーブルワイン市場に、俄然活気がみなぎった時期だったことがわかる。後に第一次ワインブームと呼ばれることになる需要の急激な拡大がそこにあった。

あの頃、酒を飲む大多数の消費者は国産ワインを知らなかった。そして、国産ワインの前途は洋々と開けたかにみえた。その仕事に従事するわれわれは、明治以来ワインをつくり続けてきた事実を示すだけで国産ワインの存在を表明することができると信じて疑わなかった。前編「殖産興業期のワイン」はこのような状況のもとで脱稿した。

それから一六年経過した今日、テーブルワインの消費数量は一二万キロリットルに達し、なお伸長を続けている。しかも、そのほぼ半数は外国産ワインによって占められた。国産ワインを見る消費者の目は変わり、生産者の意識も現実の対応も複雑になった。こうした中で、いま新たに日本のワイン史を書き起こすとすれば、当然かつてとは違った語り口となるであろう。それは、前編を発表するに当って冒頭に付した「まえがき」を読み直して、痛切に感じたことであった。

この一文はまた、当時の私が、国産ワイン草創期の事蹟を明らかにする仕事によって、日本でワインをつくる自分自身のアイデンティティを確認しようとしていたことを、今にして鮮明に気づかせてくれる。振り返れば、ほんの昨日のことのように思える「まえがき」であるが、もはや再びこの同じ位置からワイン史を語り継ぐことはあるまい。ともあれ、前編がどのような意識のもとに生れたか、もしもこれが歴史資料として多少の役割りを果す機会が今後にあるとするなら、明らかにしておくべきであろう。以下にその「まえがき」を拾遺しておく。

長い間、ワインをつくり続けてきた日本のブドウ酒醸造家たちが、それをワインと称して説明なしで販売できるようになったのは、昭和四十六年頃からである。それまでは、ブドウ酒という言葉の中に動かし難くイメージづけられていた「甘いもの」と、テーブルワインとのへだたりを、いかに納得してもらうか苦労したものであった。いや、今日でもまだ「期待に反して酢っぱい」というクレームが、なくなったわけではないのである。そのたびに甘味ブドウ酒という日本独特の商品が残した功罪の深さを思わずにはいられない。

もしも先人の工夫が、文明開化、富国強兵、滋養強壮という背景のなかから、庶民生活に根づく新しい酒を、ブドウ酒をベースとした甘味嗜好飲料の形で具体化していなかったなら、ブドウ栽培の底辺を支える力の幾分かは失われていたであろうし、醸造用原料を農家経営の軸としていた地域では、おそらく果樹園芸そのものが、いまほどに特産品として成立しなかったのではあるまいか。

また一方、甘味ブドウ酒の原料としてであっても、メーカーはワインをつくり続ける必要があったわけで、そこに醸造技術者の存在する余地は残されていた。テーブルワイン市場の急成長に国産ワインが対応し得た内部的要因として、これは指摘しておかなければならない。

しかし、甘味ブドウ酒の果した最も重要な役割は、この成功によって、日本に洋酒産業の起こる原始資本蓄積をもたらしたことであった。

明治前期に導入を試みて失敗したワインの企業化は、ブドウ酒を「甘い酒」と性格づけたことによって、本格から模造への変容と同時に、殖産興業政策と命運をともにして終熄した農村工業から、からくも生き残ることができたのである。

本来、酒というものは地域特産品であり、風土をはなれて銘酒は存在し得ない。ウイスキーのスコッチ、ブランデーのコニャック、ワインのボルドー、ブルゴーニュ、ラインガウ、シェリー、ポート、等々。いずれをとっても、それらを生み出す自然の条件と人間の営為とは、抜きさしならない形で固有のものなのである。

明治の初め、性急な西欧化の風潮のなかであったにせよ、ワインづくりの伝統移植が、国家的規模の事業として展開された事実は驚嘆すべきことであり、それが模造洋酒にわずかな遺産をとどめたにすぎなかったのは、日本の洋酒技術の系譜が調合を起点としていたためとはいえ、伝統形成の困難さを如実に物語るものといえよう。

それから百年、長いまわり道のあとで、甘味ブドウ酒はいまようやくテーブルワインへ止揚されようとしているが、ブドウ栽培とワイン醸造を一体のものとする西洋の伝統的経営に従った草創期の事蹟は、すでにほとんど埋れて知る人は稀となった。

ワイン興隆の今日、それらの史実を拾集して、日本におけるワイン発達の由来を、いささかなりとも明らかにし、かつ本格ワインの国産化を夢みた人々の先駆的業績に、新たな照明を投じることこそ、先達の驥尾に付してワインの開花に出会った筆者の微意にほかならない。

繰り返して強調しておきたい。右の文章を書いていた当時は、すでに一世紀にわたって日本でワインがつくり続けられてきた事実を掘り起こし、明示することによって、われわれの手になる国産ワインの存在を主張することができた。

だが今、国際化した日本のワイン市場で、国産ワインのアイデンティティを表明し、確立する作業は、歴史を述べるのではなく、日本の風土に根ざすワインそのものにおいてでなければならなくなった。ワイン国産化の淵源を語り直さない理由もまた、ここにある。

加えて、このワイン史の習作を書き進めていた間に、とかく技術一辺倒に走りがちな醸造の現場にあって、ワインを文化として見る目を養うことができたように思う。就中、醸造用ブドウ栽培の労苦に生き甲斐をかけた多くの奇特な人たちに限りない敬愛の念を覚えた。そして、こうした事情が、旧稿を練り直しワイン史としての完璧を期すより、これをそのまま留めておきたい気持にさせる。私的な愛着としかいいようがないが、ワインに陽の当たり始めた昭和五十年、一人のワイン醸造職人が抱いていた情念のあかしとして前編はある。これが旧稿をあえて原型のまま収録したもう一つの理由である。

これから列挙していく後註と補遺は、前編の不備を補うものであるが、当然のことながら、前編の文脈は受け継いでいない。それらは一六年後の視点で書かれている。したがって、時には異論を述べることもあろう。あえて前言を改めず、ここに時の経過があったことを釈明するにとどめるのは、すでに述べた事由による。

日本という風土に暮らす人たちの飲みものとしてワインが急速に普及しつつあるいま、この多分に私的な、史学者とは方法を異にするワイン史論攷を上梓できることは筆者の深い喜びであり、お力添えを頂いた多くの方々に心より感謝申し上げる。

この小著が、先人の足跡を継承して、日本の風土に拠って立つワインを、世界の銘醸ワインに伍して世に問うべく、夢をかけた者たちの仕事に、識者のあたたかな関心が寄せられる一助とならんことを願ってやまない。

二　ワイン国産化の思想

ワイン事始め

前編第一章に述べた「国産ワインの始まり」をもう一度考えてみたい。日本のどこかで、日本人の誰かが最初にワインをつくった。石井研堂の言葉を借りて答えるなら、それは次の如くなる。

　葡萄酒醸造の始

明治十年の頃、藤村紫朗山梨県に令たり、有志を勧誘して葡萄酒の醸造会社を設立せしむ。之を藤村《（ママ）》葡萄酒醸造会社と稱す。宮崎市左衛門等株主として周旋する所多し。

会社は既に成りしも、技術者無ければ手を下すべきなし。松方正義・前田正名及び藤村氏等に逼りて、技師の周旋を請ひしも、他に方法も無ければ、伝習生を、海外に派遣するの議となり、明治十年《（ママ）》九月高野積《（ママ）》成外一人を、醸造法研究の為め佛国に遣はしたり。留学生は同十二年に帰朝し、初めて日本種の葡萄を以て百五十石の葡萄酒を醸造し、同十三年に三十石を醸造し、尚米国より同種苗イサパラ《（ママ）》、コンコード、カトウバ等の各種類を五千本余取り寄せ、同会社にても栽培し有志者にも分ち植えさせたり。

然るに、醸造法未だ精妙なる能はず、その後醸造の分は、酸敗して、一時の好況は水泡に帰し、十五――十八年の三《（ママ）》年間は、醸造を休止したりき。

後ち、同会社は解散の止むなきに至りしが、宮崎光太郎之を拂いうけ、大黒天印甲斐産葡萄酒を醸造するに至りしなりという。

八年二月十八日の〔真事誌〕に、甲府詫摩《（ママ）》氏の紅白葡萄酒醸造法を掲載せり。

（『明治事物起原』大正十五年）

文明開化期の社会事象を渉猟集成して世評の高いこの労作において述べられた右の説は、これまでに明らかとなった日本ワイン成立の過程のごく一部でしかない。しかし、それを理由に石井研堂の遺した仕事の瑕瑾を突くつもりはない。大正後期、彼が収集したであろう尨大な風俗資料をもってしても、国産ワイン史の全貌は見えなかった。ただそれだけのことである。彼もまた祝村葡萄酒会社を国産葡萄酒の始祖とする確信はなかったのであろう。文末の甲府詫間云々のくだりはそれを示しているように思える。

ここに言及された〔真事誌〕は明治五年三月十七日、英国人ブラックが創刊した新聞『日新真事誌』のことである。東京で最初の日刊紙『東京日日新聞』（現在の『毎日新聞』）は、前月二十一日に発行を開始したばかりであった。これより先、横浜ではすでに『横浜毎日新聞』が刊行されていた。

そして、これら先駆的情報媒体と踵《きびす》を接して、明治五年七月一日、甲府にも『峡中新聞』（現在の『山梨日日新聞』の前身）が生れた。この新聞は幾度か名前を変えるが、爾来今日まで甲府盆地に暮らす人たちに内外の情報を発信し続けてきた。新聞草創期、早くも甲府に日刊紙が誕生したことは、それだけ文明開化の気風がこの町に濃厚であった証左と思われる。『真事誌』は、こうした地方新聞からもニュースを得ていた。研堂が目に止めた明治八年二月十八日の記事は、『甲府新聞』二月十日の紙面をソースとしている。その内容については後にゆずるが、『明治事物起原』に「甲府詑摩」とある箇所は「甲府八日町詑間氏」と明記されている。引用を重ねる間に生じた誤植であろうか。

それはさておき、研堂に見えなかった国産ワイン創業の沿革は、いまもなお分明ではない。むしろ、時の経過とともに歴史のとばりは厚くなっていく。維新から起算して一二〇余年が過ぎた現在と、まだその半分にも達していなかった研堂が立つ時点とでは、事実を語れる人たちが生存しているか否かにおいて、決定的な違いがある。彼の時代には市井において掘り起こせたであろう史実が、いまとなっては埋没するにまかせるより仕方なくなった。『明治事物起原』よりさらに早く、県勢年鑑の嚆矢というべき『山梨鑑』が明治二十七年に刊行されている。郷土史家にとって必読文献といわれるこの書物を、実は前編執筆時には目を通していなかった。そこには次のように記述されている。

「葡萄酒醸造ハ明治七年中ヨリ、官民トモニ之ニ従事シ、或ハ技術士ヲ聘シ或ハ研究生ヲ外国ニ派スル等、頗ルソノ計畫盛ンナリ而シテ目下東八代郡祝村ニ三醸造所アリ、即チ土屋竜憲（曩ニ醸造実習生トシテ佛国ニ渡航セシ人）宮崎光太郎、志村市兵衛ノ設立スル所ナリ」

祝村における当時のブドウ仕込み

時間的にも場所的にも、研堂よりはるかに近い位置に立ちながら、それでもなお、史実を正確に把握することはできなかったようである。

前編第一章の後註として、ここまで述べてきた事柄は、いささか蛇足に類しているが、言いたいことは二つある。

まず、国産ワインの始まりを「明治三、四年頃、甲府市広庭町山田宥教、同八日町詫間憲久の両人相共同して、云々」とする巷説には根據がない。

山田宥教については、郷土史家坂本徳一氏が山梨日日新聞社文化部長在職当時に調査され、広庭町の真言密教大応院の法印であったことを明らかにしている。さらに、曽孫山田利夫氏の談話を次のように書きとめている。

「ご先祖の宥教は、発明が好きでぶどう酒やブランデーのほかに明治の始めごろ白墨や石けんを製造したと聞いています。法印で寺を維持していましたが、金はなかったようです。だからぶどう酒醸造場の場所の提供と醸造技術は宥教の仕事で、詫間憲久は出資者ではなかったかと思います」（『ぶどう酒物語』）

出資者と目される詫間憲久については、日本のワイン史にくわしい上野晴朗氏がその著『山梨のワイン発達史』の中で述べている次のくだりと、前記『ぶどう酒物語』に記されている詫間準造氏の話が、これまでのところ憲久

の実像に最も近づいたものであった。すなわち、

共同経営者となった詫間憲久は、甲府市八日町一二一番戸の商人であるが、残念ながら生没年などいっさいわからない。恐らく当時八日町の素封家だった詫間平兵衛の一族だったと思える。平兵衛の家は、酒詫間・味噌詫間・荒物詫間と呼ばれるほど、一族が酒・醤油・味噌・荒物商などを手広く商い、高根町の弘法水を汲みに、甲府から馬数十頭に桶を積んでいき、この水をもって味噌を作った話などが伝えられている商家である。当時ワインを試醸しようとしている人々が、多くは日本酒を作る醸造家から出ているので、恐らく憲久もその下地のもとに、山田と組んでワイン醸造を始めたのではないかと思える（『山梨のワイン発達史』昭和五十二年）。

詫間家の本家を名乗る甲府市城東一丁目の詫間準造さんは「詫間の家系は武田時代から甲府の町に住んでいた旧家で、元の姓は〝宅間〟だが、明治初年の戸籍法施行のさい、言べんをつけて〝詫間〟に改姓した。私より三代前、甲府の町に〝酒詫間〟とか〝醤油詫間〟とか〝荒物詫間〟と呼ばれていた分家がいた。憲久は三代前の分家の当主で〝酒詫間〟と呼ばれた人。ぼだい寺は尊躰寺（城東一丁目）だが、ぶどう酒づくりに失敗して甲府を出てしまったので消息がつかめない。風のたよりでは子孫は福岡県にいると聞いたが、それも憲久の子孫であるかどうかわからない」と語っている。尊躰寺の磯貝基教住職も「詫間憲久の墓はない」と答えている（『ぶどう酒物語』昭和五十三年）。

昭和五十年代初頭は、国産ワイン企業化の始まりとされる祝村葡萄酒会社発足から起算して一〇〇年、しかもワ

インブームのさなかにあって、いまや地場産業の旗手となった土着ワインの歴史発掘に、ジャーナリズムが競って熱を入れた。右の両著もそうした時勢をうけての労作であった。

その頃、私もまた尊躰寺を訪れたことがある。盛夏の昼さがり、まことに暑い日であった。戦災のあとの、まだ粗末な庫裡で、応対に現われた方丈は、団扇を片手に上半身裸形で仁王立ちのまま、来意を告げる私に、にべもなく「そんな人のことは知らんナ」と言った。

それから程なく、秋の仕込みシーズンにあわせての企画であったのだろう、当時「スポットライト」というＮＨＫ・ＴＶの特集番組があって、国産ワイン誕生物語がとりあげられることになった。題して「ガンガラぶどう酒」。ガンガラとは、幕末から明治の初め、横浜に入港する外国船から投棄されたガラス壜を海の底からガラガラと音をたてて拾いあげる「ガンガラ引き」にちなむ命名である。日本に製壜工場ができる明治十六年以前、国産洋酒が用いたガラス壜は、外航の船員や居留地の外人が使い捨てたものを拾い集めていた。生糸貿易で財をなした若尾逸平の伝記にも、こうした古ビンを甲州のブドウ酒醸造家に売ってもうけたというくだりがある。

洋酒の古ビンをめぐる逸話を、この機会に紹介しておく。長谷川伸著『よこはま白話』（昭和二十九年）に収められている「ある舶来雑貨の商人」からの引用である。


ガラス壜はフラスコと呼び、ビードロ壜といい、ギヤマン徳利といい、横浜以外の地では長崎地方を除き、極端に珍重したものであった。栄助はここに眼をつけてラムネ工場と十三番館、八十九番館の料理人時代に習得したところの英単語をつかって、外国商館の廃品であるガラス壜を買って廻り、これを日本人に売って利を得た。在留欧米人からいえば、ビールにしろブランデーにしろ、飲んでしまえば空き壜は不用な物である。それが横浜以外の土地へゆくとこの上もなく珍奇な物となり、したがって値も高い。だから栄助は空き壜の買いと売りとで、小資本ながら溜め込んで元町に洋酒店をひらいた。伝記には栄助が慶応二年にひらいた洋酒店を、「西洋風の飲酒店としては最も古いものと思はれます」といっている。（中略）

栄助が空き壜の売買をやっている頃は、黒いガラス壜を手に入れたものが、黄色木綿に包みて秘蔵し、節句飾りのとき並べたという時であるから、港内碇泊の外国船の廻りを小舟でうろうろしていると、商売になったという。それは外国船員が空き壜を海にすてるのを待って拾い、それを売るからであった。このやり方はついに外国船員に阿諛して物を投棄して拾わせて貰う、乞食に類するところまで行った。栄助はこれをやらなかった。彼は外国人の奴隷になるまいとして、独立独行を志し行《おこな》ったものであるからだろう。

そのころの話に、子安辺のものが小舟を沖に出し、外国船長その他が海に投げ棄てて沈んだもの、或は誤って海に落して沈んだもの、又は事故によって海中に沈んだもの、それらを竹竿の先にカギを取りつけて組合わせた簡素な道具で、気永に探して拾いあげることをやり出したものがあった。後にこのやり方をガンガラ引きといい、それとは別に、海底に沈んだものを拾うヤンケのマケというものもあった。ヤンケのマケとは横浜付近で、海難又は火災で沈没か半沈没した汽船の、放棄と決した貨物その他を、競売落札によって権利を得たものが引揚げをやることで、何度かあった。（中略）。この話は大正元年（一九一二年）子安の老人たちから採拾した中の一つである。

文中「伝記」とあるのは西洋雑貨問屋として成功した主人公の『飯島栄助伝』を指す。この話をＴＶ番組「ガンガラぶどう酒」に戻す。この番組には特ダネが仕込まれていた。

それはなにか。祝村葡萄酒会社の高野正誠、土屋竜憲がフランスへ旅立ってから一〇〇年という記念すべき年（昭和五十二年）を待っていたかのように前年十月、高野家の土蔵から日本最古のワインが発見され、年を越した二月、今度は土屋家で、油紙に包まれた竜憲の手稿二冊、「往復記録」と「正明要録草稿」が、完全な保存状態で邸内のブドウ畑から掘り出されたのである。このなにやら因縁めいた出来事を、留学した二人の直孫、高野正之、土屋總之助両氏がこもごも語る場面や、ガンガラ引きで集めた壜にワインを詰めていく当時の仕事場風景の再現などを織りこんで、創業からわずか九年で挫折した日本最初のワイン会社の興亡史が綴られたのであった。

話はまだ続く。この番組に出演した私は、それが機縁で詫間憲久の曽孫とめぐり逢うことになった。しかもその人はなんと、昭和二十年、空襲で家を焼かれるまで同じ隣組の幼友達、鈴木當子さんであった。當子さんの伯父、詫間英一郎氏が詫間家一三代、憲久は一一代であるという。改めて、尊躰寺の墓地に詫間憲久の墓を尋ねた。明治十九年八月十七日没、行年四九歳。逆算すると、憲久がワイン醸造にかかわったのは三七歳から三九歳の間ということになる。この頃、憲久はどんないきさつから山田宥教との共同事業にのめり込んでいったのであろうか。

明治七年七月一二日付け『甲府新聞』に次の記事がある。

「聞く山梨郡第三区壹番組広庭町山田宥教《ひろのり》は多年葡萄酒醸造に心を用るに昨年山葡萄（俚言に山ヱブ（ママ）と云樹《き》蔓葉《つるは》共に常の葡萄に類して唯其子《み》小細熟色紫黒にして五味子に相似たるもの）を以《テ》製し試むるに其清味なる恰も舶来の上品に異ならざるを以《テ》本年は一層多量を醸造し試に発売すと云其製造方法の如きは洋人の伝習に依るか將《はたま》た自己に発明する所かは知らずと雖も果して聞くが如くにして逐々盛大に至らば国を利するの功少しとせず我輩山田氏の為に冀《ねが》ふ所は一瓶《ひとかめ》を洋人の醸酒家に贈り若し正実の醸法に非《あらず》とせば就て其精法を極め先以葡萄栽培等に盡力あらんことを」

これより先、甲府柳町の清酒醸造元「十一屋」野口正章《まさあきら》は国産ビールの始祖といわれる横浜「スプリング・ヴァレー・ブリュワリー」のアメリカ人コプランドを招いて、ビール試醸に成功、その年の四月、本格的な企業化に向けて県庁へ願書を提出していた。同じ清酒醸造を営む同業者として、また県令藤村紫朗のもと、声高に文明開化を語りあう甲府の町にあって、酒蔵十三棟を連ねたと語り伝えられる酒詫間の当主憲久の胸に、御一新の時代へ乗り出す企業家としての意欲がみなぎっていたとしても、それは当然といわねばなるまい。ワイン醸造にはブドウの実る秋というタイミングがある。前掲の新聞記事は、憲久にまさに決断を促すものであったのではなかろうか。それから後の経緯は不明である。

そして、翌明治八年一月二十六日の『甲府新聞』一六一号は次のように伝える。

八日町六十四番地詫間氏が所製の葡萄酒既に醸造成りて頃ろ発売するよし依て之を買て其味を試みるに予輩が口には洋製に替ることなくして市中に洋物店を鬻《ひさ》く者に比すればに優《まさ》るやうに覚ゆ如何《いかん》の法を以て製せしや未だ詳かに開くを得されども予輩は醸酒の学問を致さねは假令《たとへ》又聞得るも其法に適《かな》ふや否を是非する能はず若し醸方其法に適ひしとなれば此上もなし万一否らざれば予輩は何卆本法の精製に致し本州の一産物と為し広く世間に用ひられ富士川船に積て盛に輸出せんを冀望す故に他日詳細其法を聞得て本紙に掲げ詫間氏の為に江湖の識者に質《ただ》し益《ますます》精《くわ》しきに至るの媒《なかだち》を勉《つと》むべし

柳町野口氏も亦麥酒を製し本月一日より巨大の看板を掲げて発売を標せり是も近日試みしに他の麥酒に比すれは酒気甚《はなは》た弱し彼の下口《ゲコ》の名を得たる人等が日本酒二三杯を傾むくれば常用の杯 其顔色猿と優劣を争ふ程の者も此麥酒に至りては二合許《ばかり》を呑むにあらざれば酔を発するに至らず或人の説には酒の新きに依りて斯の如しと云

果して然らば貧乏の大酒家などには暫くの間は此上なき禁物なるべし

記録された最古のワイン醸造法

できたてのビールは酔わないという珍説はさておき、維新前から横浜居留地にはイギリスやドイツからさまざまなタイプのビールが輸入されており、それらが市中にも出まわっていた。なかでも日本人に最も人気があったのは、赤い三角形の鱗印で知られるバス社のペール・エールであった。

時代はやや下るが、明治三十五年に刊行された相模嘉作著『食物彙纂』に収載されている英国産エールの分析値を見ると、四・七五重量パーセント、今日の容量パーセントに換算すると約六％でかなり強い。また鱗印バスと特記されたものは六・〇六重量パーセント、換算すると七・五％もある。輸出用のビールとして長い航海に耐えるようアルコール分を高くしていたのかも知れない。あるいはまた、開業早々の野口のビールは充分なガス圧を保持できなかったのかも知れない。「酒気甚だ弱し」との批評はこうした背景を斟酌した上で解釈しなければならないであろう。

詫間のワインはどうであったか。

その前に、この記事に山田宥教の名が落ちているのはなぜか。推察するに、この時すでにワインの醸造は詫間の醸造蔵で行われていたのであろう。

明治八年二月十日付『甲府新聞』は、「甲府八日町詫間氏が所製葡萄酒の醸造法を聞き得たり因て左に該記し以て江湖識者の一閲に供す冀くは詫間氏の為に其適否を指示あらんことを」と、当時の醸造法の概要を記載している。

その冒頭の文言は、もし明治七年秋の山田・詫間の試醸が広庭町大応院の敷地内で行われていたとすれば、山田宥教の存在を無視できなかったはずだ。

『甲府新聞』が伝える醸造法は、醱酵を生起させるものとして果汁に麦麹を添加している。麹菌の働きが科学的に解明される以前、醱酵現象に関与するのは米麹や麦麹であると思われていたためである。糖化を必要としないブドウ酒の醸造に麹を使用する記述は、古くは『北山酒経』をはじめとして、中国の本草書にしばしば見られるところであって、山田宥教の創案ではない。おそらく真言密教の修験者として本草学の知識に触れたのであろう。ともあれ、その醸造法を『甲府新聞』より転記しておく。文献資料として、これが日本で最初のワイン醸造記録である。

醸造蔵の醱酵桶

白葡萄酒醸造法

本国山梨郡勝沼駅並に八代郡岩崎村両所の産を上品とす但し客年は勝沼産品にて醸造す

葡萄実熟して将に透明に至らんとする時を計り雨日を除き暁天に採り 暁にとる所以は白昼に至れは液減すれはなり 敗子と未熟とを除き精熟の実を槽に入れ葡萄液の十分三を絞り 絞り法は普通清酒を絞る器械を用う 又上下積替十分の

五を絞りまた前の如く十分二の液を得る其時液を桶に移し直ちに乾ける麦麹を入れて麦麹は液の十分一を入れる楫にて頻に撹き沸騰を醸し蓋をなす然して一時間毎に前法の如くす凡一晝夜或は二十時間にして泡立ち沸て昇降す此時醸造所寒暖計六十五度以下六十度以上を適当とす七十度以上に至れは沸揚甚き故蓋を去又六十度以下に至莚を以て桶を包む大抵五六日を経て沸声稍穏なり此時甘味去て苦味を生じ渋味を催するを計りて木綿布を目こまかきをよしとす用ひて漉し桶に入れ密封して置くこと七日にして酒中の滓悉く沈底す此時滓より上の方に小さなる穴を穿ち穴は兼て設け置く是を呑口と云桶に瀉入し又密封し置こと十五日にして酒石は桶の肌に凝着して清酒となる是を又他の桶に瀉入し前法の如くす凡二十日程にして真の清酒となり始め飲料に供すべし　以上絞液の日より凡そ五十日にして全く成る

赤葡萄酒醸造法

山葡萄俚言に山エビと云蔓葉葡萄の如くにして小なり紫黒色に熟して五味の如し端山水辺荒蕪の地に生す精熟に至るを採りて醸す上品なり但昨年はこの山エビは不熟なるを以て醸造せす

山葡萄俚言に大エビと云又山葡萄とも云蔓葉ともに常の葡萄の如し熟色紫黒なり味甘くして酸味甚し深山に繁蔵して大幹多し製酒せし上は色淡くして香味劣れり是を中品以下とす

此絞液凡白葡萄酒の如くし醸造桶に盛り麦麹を加へ液の十分一強なり頻々楫を以て撹き沸騰せしめ蓋をなし二時間毎に之をかく二晝夜より三晝夜にして沸騰昌んなりまた五日より七日に至り沸声漸く衰へ甘酸の味化して苦味渋味を帯に至り木綿布を以て漉し他の桶に瀉入し密封す十日以上を経て酒中の滓沈底するを窺ひ他の桶に瀉入し廿日以上を経て酒石悉く桶肌に凝着す此時又他の桶に瀉入し廿日以上を経て全く清酒となり而て飲に供すべし

以上絞液より凡六十日にして全く成る

白葡萄絞液の量　一貫目　絞液一舛

此醸造二割減して清酒八合を得
赤葡萄絞液の量　一貫目絞液九合五勺
此醸造三割減して清酒六合六勺五才を得る

赤白いずれも破砕せず直接圧搾して果汁をとるところはシャンパンの仕込みを連想させる。酒槽の中で圧搾果実を積替して絞る知恵は、清酒の圧搾作業をそのまま真似たと思われる。当然、葡萄は酒袋に入れて絞ったのであろう。醗酵中の温度管理もまた当時の酒造りを彷彿とさせる。醸造蔵の適温を摂氏一五度から一八度としていることなど、山田の試行錯誤から得られたノウ・ハウというより、むしろ酒詫間の杜氏からの助言ではあるまいか。

一方、山ブドウ二種について、山エビを上品とし、大エビを中品以下としているのは、まさしく山田宥教の経験に基づく評価であるに違いない。だが、これとても詫間と組んだ明治七年以前にそうした判断を彼が持っていたかどうか疑わしい。明治六年に山エビで試醸し、明治七年には不作のため大エビを用いた結果が前年の出来に及ばなかったのであろう。そうでなければ、敢て大エビで国産ワインの事業化に踏みきるはずはない。これは直感である。

前編に述べた通り、この年、山梨県では白ワイン四石八斗、赤ワイン一〇石が生産されたと『府県物産表』に記録されている。当時、山梨県にはまだ洋種の黒葡萄が栽培されていなかった。また、詫間たちほどに本格的な取組みを始めている起業家はほかに見当らない。とすれば、この赤ワイン一〇石は大エビによる詫間たちの産物とみてよかろう。「製酒せし上は色淡くして香味劣れり」と事前に承知して醸造したとすれば、それはあまりにも無謀であった。

ついでながら、『明治六年山梨県理事概表』には生産物としてワインの記録はない。山田宥教が山エビで試醸し

醸造蔵の中の大樽(酒槽)

たことは疑いないが、たとえ少量であれ商品として生産されたワインは、まだ現れていないと解釈してよかろう。

これに引きかえ、詫間憲久は明治七年に醸造したワインの小売価格を翌年二月七日付で山梨県勧業課へ次の通り取りきめた旨の書面を提出している。

	一瓶に付	一打以上一瓶に付
白	四拾三銭七厘五	三拾五銭四厘二
赤	二拾五銭	二拾一銭二厘五

赤ワイン一〇石として約二五〇〇本、白ワイン四石八斗として約一二〇〇本。右の価格で果してどれだけ売れたかは不明である。

同じ頃、ビールを発売した野口正章は、三ツ鱗印のラベルを貼ったビール壜の絵入広告を東京の新聞に掲載している。これによって野口のビールが市販を開始したのは明治八年三月十日であったことがわかる。この時、東京西河岸町八番地山県某方を発売所として告知している。

野口は新聞広告を地元の日刊紙にも繰り返し出稿しており、人目をひくことにおいて、これよりやや後に登場する「精錡水」「宝丹」に劣らない。この二つの家庭薬の広告主、岸田吟香と守田治兵衛は、明治前期の新聞広告王として並び立つ存在であった。地方新聞の紙面であったとはいえ、野口がいかにマスマーケティングに意欲的であったかがわかる。
翻って、詫間の販路開拓の労苦はほとんど痕跡を留めていない。わずかに、陸海軍省への納入を企図していることが前記の山梨県勧業課に宛てた文書にうかがわれるだけである。もっとも、わずか数千本のワインであれば、野口のごとく大量の製品を売りさばくことに腐心するような切迫感はなかったのかも知れない。とはいえ、陸海軍は販路としてすぐれた着眼であった。この頃、医薬として、また軍人の酒として、ワインに対する旺盛な関心が軍部にあったと推察する根拠はなに一つないが、二年後の西南戦争では、負傷兵への見舞品としてワインが天皇、皇后、皇太后から数多く下賜されている。たとえば、明治十年三月三十一日、大阪鎮台へ行幸になった天皇は、病院の負傷兵を慰問し、葡萄酒一〇〇〇本ほか白木綿、煙草などを、また皇后、皇太后からは八代口その他の戦傷者へ葡萄酒二五〇〇本ほかが下された。

余談が長くなるが、この戦争に後方勤務であった陸軍省各局の佐尉官は、俸給の五〇分の一内外を拠出して、葡萄酒ブランデー各一五箱を慰労品として戦地へ送ろうとしていると、『横浜毎日新聞』の明治十年四月十六日の記事にある。その葡萄酒の代金は一五箱で四五円。国産品か輸入品か不明であるが、一本二五銭に相当する。これは詫間の赤ワインの値段と同じである。

このことから考えて、詫間の白ワインが一本四三銭七厘五毛というのは、いかにも高い。おそらく、原料に用いた甲州種が特産品として人気の高いものであったため、市価同等でなければ入手できなかったのであろう。そこから積算すれば、タダ同然で採集できる山ブドウを用いた赤ワインに比べ格段に高価となるのは止むを得なかったと見るべきか。勧業寮が編集した『明治七年府県物産表』から当時のブドウ価格を算出すれば一貫目につき一二銭七厘。『明治六年山梨県理事概表』によれば、一四銭七厘である。詫間の述べた葡萄酒製成歩合は白ワインの場合ブドウ一貫目につき八合であったから、ワイン一壜当たりの主原料費は七銭ほどにしかついていないことになる。白ワインの割高は原料代だけでは説明しきれない。

その事情が奈辺にあるにせよ、この価格設定は販売をむずかしくしたと思われる。加えて、その品質にもまた改善の余地を多く残していたことは想像に難くない。明治八年の醸造がどのように行われたかを知る資料は見つかっていないが、次の新聞記事によっておおよその推察はつく。

「八日町詫間憲久さんは先年より葡萄酒醸造《つくりかた》の事に大層骨を折り余程の資財を費したけれど未だ真正《ほんとふ》の醸造法ならざれば利益も見へず去迚《さりとて》思ひ立し事なれば此儘《このまま》止《や》むも残念なりと益々奮発内外の人を問《とは》ず醸造《つくりかた》を心得たる人とさへ言へば其方法を貭《ただ》し頻に刻苦勉励して居られましたが此般勧業寮と県庁と五(ママ)協議になり同寮お雇にて醸造《つくりかた》に委《くわ》しき人をお差向けになり当秋詫間氏の邸内《うち》に於て本法の醸造を試《こころみ》になる由にて漸《やうやう》時節が来《きた》りし心地がするとて本人も大層喜んでいらるるそうで五座《ござ》り升《ます》実に人は勉強が第一にて所謂《いわゆる》神は幸福を其人に与《あた》へずして勉強に与《あた》ふというは是等の事で五座りましょう」(『甲府日日新聞』明治九年七月十六日)

文中、醸造法について知識のある人には内外を問わず積極的に質問し、とあるがその一人に津田仙がいたことは前篇で触れた。しかし、津田は、醸造の実務知識を持ってはいなかった。さきに引用した『農業雑誌』二九号の津田の記述は、さらに次のように続いている。

「蓋し是れ等製造の未た今日に有りて振起せさるは実に日本勧業の一大欠典(ママ)と云うべき者にして早くも之れを盛に興起するの事業に着手せんことを之れ偏に日本人民の為め(ママ)に希望する所なり又(ママ)た彼の諸氏の既に製したる造方を以て推すに若し良種の葡萄を撰らみ(ママ)之れを適宜に培養して以て葡萄酒を製したらんには必ら(ママ)ず良好なる美酒を得べきは之れ予が疑ひを容れざる所なり」(後略)

要するに醸造法に問題はないとの判断である。しかし、こうした経緯は、詫間、山田連名で県令藤村紫朗宛てに提出された「西洋葡萄苗ノ儀ハ醸造適当ノ種類ニテ凡弐万本程培養仕度候間御取寄セノ上御分与相願度候事」に投影しているとみて間違いない。

両人のこの御願書は、詫間の窮状を救済するため、周到な協議が為政者の側にあって、その上で、作成されたものとみられる。すでに述べた通り、彼らの要望事項は勧業寮より大藤松五郎の来援を得た上で、さらに次の四条についての許容を求めたものであった。すなわち、㈠醸造機械の調達、㈡罎詰品の熟成を企図した二万本相当の醸造、㈢醸造に適した西洋葡萄苗二万株の分与、㈣醸造資金二七〇〇円の貸付。

これを受けた藤村県令は八月二六日付で内務卿大久保利通に資金二七〇〇円貸付の件だけを稟申している。詫間にとっても、この項目が焦眉の急であったに違いない。しかも、この他の三条が藤村によって握りつぶされたわけではなかった。準備は着々と進んでいたのである。

「八日町詫間氏の葡萄酒製造は器械も到着勧業寮より派遣の伝習人も着県になり器械の据え付も整い三四日以前より製造を始めたるよし是はきっと当国一種の名産となるに相違なく多分明年の勧業博覧会には第一番に出品されましょう」(『甲府日日新聞』明治九年十月二十四日)

十月三十日、大久保からの指令が返ってきた。「書面申立ノ内金千円無利足《(ママ)》ヲ以其県へ貸渡候条相当ノ抵当品其県へ取置不都合無之様取計右金額詫間憲久山田宥教へ貸下葡萄酒醸造成功候様精々勉力可為致、云々」。二七〇〇円の目算は大きく狂って一〇〇〇円となった。すでに醸造は終っていた。これは二七〇〇円の融資を前提に行われていたに違いない。早々に設備を完了した醸造機械も、積極的に集荷したブドウも、たちまちその支払いに窮したであろう。明治七年から累積した創業資金は、遂に家業「酒詫間」の屋台を傾かせた。

あるいは『大日本洋酒缶詰沿革史』が述べるように、「経営者は他の事業の失敗より倒産するのやむなき場合に遭遇」したのかも知れない。この真疑はまだ明らかにし得ずにいる。ただ、素直に思いこらせば、詑間憲久の蹉跌は、明治九年末、資金繰り一七〇〇円の誤算がとどめを刺した……そんな感じがする。

これから先は、憲久の孫娘鈴木繁さんとその息女當子さんからの聞き書である。

甲府八日町に酒蔵一三棟をつらね、酒詑間の一一代当主として家業の一層の興隆を夢みていたであろう詑間平兵衛信備また の名を憲久は、ワインによって遂に家産を蕩尽した。ビールに熱中した野口正章もまた同じ運命をたどった。生糸と蠶卵紙の貿易によって開港場からの風が吹きこんだ地方都市の知識人が、時代より早く走り出してしまった悲運というほかはない。

憲久は甲府を離れることなく、明治十九年八月十七日、世を去った。行年四九歳。その前に長男を失い、次男はすでに東京へ出て芝愛宕町で薬屋を営んでいた。三男は他家へ養子となっていたが憲久の没する前年になくなっている。したがって四男貞雄が後を継いで一二代当主となった。当時一三歳である。憲久は倒産から没年までの一〇年間に二人の男子と後妻を失い、貞雄が唯一人残された。貞雄は次兄を頼って上京し、日本橋元大阪町の製薬舗高木清心丹へ住み込む。この時をもって甲府にその名を知られた酒詑間の一族は父祖の地から消滅した。貞雄は後に高木清心丹の支配人となり、日本橋葭町に家を構えたが、関東大震火災で系図その他由緒のものをすべて失ったという。貞雄の長男英一郎が一三代を継いだが平成二年三月八六歳で没し、ここで詑間家は絶えた。

貞雄の長女繁は鈴木家に嫁し、一家が居を本郷から中野へ移したところで私の子供時代とつながる。

繁さんの昔語りに、「幼い頃、御先祖に透閑《トウカン》さんといわれる偉い人がいたと聞きました。家は代々造り酒屋でしたが、祖父の代にワインに手を出して失敗し清酒も廃業しなければならなくなったそうです。詑間家はもともと九州か四国の出で、いつの頃か甲府に移ってきたといわれています」

以前、甲府在住の詫間一族の本家を名乗る詫間準造さんに酒詫間について問合せたことがある。その時は、酒詫間の消息は全く不明だが九州の方へ行ったらしい。との答えであった。いま考えてみると、詫間一族のルーツについて語り継がれてきた事柄が、一族意識が希薄になっていくなかで逆転してしまったのではないかと思われる。

詫間平兵衛、またの名を三井透閑。この人物については、甲府善光寺の再建など、剛腹な豪商として郷土史によく識られている。いま鈴木家が護持する詫間家の過去帳は寛政十一年巳未仲春、宅間信邦によって起されたものである。これによって先祖をたどると、三井透閑実父信州乙事村（現富士見町）三井家広獄玄海庵主（宝暦十四年申七月没）に始まり、一三代詫間英一郎まで続くが、残念なことに歴代の当主を明記していない法名があり、系図としてきちんと把握できない部分がある。

しかし、詫間準造氏がいう「憲久は三代前の分家の当主」だとすると、憲久の一代前、つまり第一〇代詫間平兵衛信庸のところで嗣子が別にいたということになる。信庸は弘化二年二月、三五歳で没し、この時、第九代信厚は存命中である。早くに家督を譲ったのであろうか。第一一代を継ぐ憲久は、信厚の長女モトの嫁ぎ先三代目三井平右衛門信経の次男である。つまり母方の実家の叔父のあとへ入って詫間平兵衛信庸を名乗ったのであって、分家したのではない。

鈴木家にある過去帳から読みとれば、酒詫間は詫間一族の本家すじと思われるのだが、不思議なことに、この過去帳には初代宅間平兵衛と目される三井透閑の先妻、後妻、息子、娘の名があって、透閑自身の名がない。透閑は寛政五年十一月に没しており、この過去帳はそれから六年後に起されたものであることから、詫間一族のひろがりはここからさらに遡ってみなければ全貌はつかめないということであろう。ともあれ、ワイン史の中での詫間憲久に関する掘り起しはここまでとしておく。

在野のエネルギー

さて、いささか主題が拡散した。前編第一章の補遺として、もう一つ言っておきたいことを手短かに述べる。それは、ワイン国産化の気運が高まっていったその歴史的事実を生みだしたエネルギーについてである。前編では、その根源をなすものとして、殖産興業政策をかなり重く見た。

しかし、こうした観点からでは、詫間らの試行はもちろん、これに続く祝村葡萄酒会社の設立も、充分に説明しきることはできない。詫間のワインは、まさしく、国家の思想より先に、商工業資本の活力が先走りしたものであった。やがて維新政府が声高に旗を振ることになる農村工業の振興も、豪農層に資本の蓄積があったからこそ、初期の殖産興業政策が一時期功を奏したかの如く見えたにすぎない。

こうした点で、甲斐の国は農業が換金作物へ傾斜することにおいて、明治維新を待つ間、他の地方に比べてかなり進んでいた。食料生産からはなれた農業が人々の意識を変えた。かの甲州大一揆のエネルギーも、貧困からだけでは生れなかったであろう。

明治前期のブドウ農業とワイン企業化に殖産興業政策が及ぼした影響の大きさを充分認めた上で、しかもなお、ワイン国産化の思想は、御一新前後、換金作物に手をひろげた地主豪農層のしたたかな起業精神の中で醸成されていったとみるべきではないか。「ワイン事始」を実現していくエネルギーは、上からの産業政策に刺激されて生れ出るものでは決してない。

甲斐の国は、在野にその気運を充満せさる条件が備わっていたのである。

三　ワイン留学生の肖像

地中から発掘された二冊の稿本

昭和五十二年二月、山梨県勝沼町下岩崎、土屋總之助氏の邸内で、庭木を植えかえようとして土中の大きな岩を掘り起したところ、その下から渋紙にくるまった二冊の和綴じの雑記帳が出てきた。このことは前章にも記した。表紙には毛筆でそれぞれ、『正明要録草稿』『明治十年仝十一年中　往復記録』、としたためられ、地中に埋もれていたとは信じられないほど乾いて健全な姿を保っていた。正明とは總之助氏の祖父、土屋竜憲が幼名助次朗の次に用いた名前である。

『正明要録草稿』は罫線の入った薄紙を袋折りにして綴じた縦一六・七センチ、横一二・五センチの和風ノートブックである。裏表紙に、横文字の筆記体で所有者の名前が書いてある。

japon tustilla skedirê

おそらく、この土屋助次朗の綴りは、フランス人が彼の名乗るのを聞いてフランス流の表記を教えたのであろう。表題が『正明要録草稿』とあって名前が一致しないが、もしかすると、この表題は一番最後に書きつけられたものかも知れない。そう推測するのは、表紙をあけた第一頁、第一行目に、三田育種場着手方法、とあるからである。

この文章は、明治十年九月、三田育種場開設にあたって育種場長前田正名が発表したもので、内容については前編第五章で述べた。正明のノートは、着手方法の緒言をわずか四行書き写し、次の頁は、フランスの博覧会に出かける「渡行人」二名の住所氏名と「工商会社」の所在地が記されている。そのいずれの地名にも「大日本」と国名が冠されているのは、これを書いた土屋の意識が母国を遠くにおいている証拠ではなかろうか。

その二人、新井半兵衛と太田萬吉は、パリ万国博覧会事務官長として赴任する前田正名に従う六名とは別にフランスへ渡航するためタナイス号へ乗り合わせたと思われる。土屋は彼らを「佛蘭西博覧会付渡行人」としているが、博覧会が開催されるのは翌明治十一年五月一日、まだ半年以上先のことである。政府が参加する日本館の準備のほかに、民間人がこの時期すでに行動を起こしているのだとすれば、いったい何が目的なのだろう。

不思議なことはもう一つある。

土屋家には土中から掘り出された和綴じノートとは別に、竜憲遺品として『葡萄栽培並葡萄酒醸造範本』『AGENDA 1879』が保存されているが、その後者、通称『帰航船中日記』の末尾の書付には左のようにあって、新井、太田の名はない。

横浜ヨリ仏国迄同船の人名

前田正名　　鹿児島士族

仏国博覧会事務官

加藤　渉
　此ノ人ハ銀行ノ事ニ付事務取扱外仕業ニ依リ仏国ニ渡航セリ
大橋　靖　　尾州士族
　博覧会ニ付内務省ヨリ流出セリ八等官
柿本彦左衛門　　鹿児島士族
　商人
坪内安久　　茨木士族
　三井物産会社ヨリ仏国巴里斯《パリス》ニ出店相出シ候ニ付店得タリ

前田正名ほか右の四名に加えて高野正誠、土屋助次朗、以上総勢七名がタナイス号へ乗船していたことになる。

ではなぜ『正明要録草稿』の冒頭、「三田育種場着手方法」の筆写をやめて、フランスの博覧会へ渡航する人物として新井、太田の名を書いたのか。ノートの第三頁を見てみよう。

文字の様子が明らかに違う。細く稚拙さがあるのは、毛筆を手になじまないペンに代えたためであろう。

「予巴里府ヨリ十二月廿八日朝八時蒸滊車ニ乗シテトロハ十二時バルテー氏ノ家ニ着シタリ其翌廿九日同旁ヲ偕徊セシニ表ハ通ナリ裏ハ園ニテ、云々」

と書き出し、三十一日の市内の雑沓と元旦のおだやかさを述べ、一転してパリを出発する前夜、曲馬を見た印象が記され、そこで中断、二頁空白をおいて、

「三田育種場壹貳三大區反別並植物目録

外四大區市場總坪」

と扉書きをして、そのあとに三田育種場の栽培内訳を三六頁にわたって書き連らねている。さらにその後へ、「三田育種場着手方法」が緒言から改めて書き起され、図版を含めて三二頁が続く。

『明治前期勧農事蹟輯録』に収載されている「着手方法」と照合して、土屋のこの筆写したものは原本に添えられていた七点の図（『勧農事蹟輯録』には割愛されている）を模写していることで、より興味が深い。また、育種場開業時の園地植栽内訳は、『農務顛末』をはじめとする資料集成のいずれにも収録されていないもので、育種場の全容を知る上できわめて資料価値の高いものと思われる。

これらは育種場開場式にあわせて、各県勧業課など関係先へ配布するため印刷されたと推定される。前田はその一部を渡航の船中で二人に与えたのであろう。土屋は早速それを筆写しようとしたに違いない。それがノートの冒頭ではないか。

ところで、もし土屋がこのノートを頁に従って書いていったとすると、三頁目はすでにトロワのバルテー家に寄宿してから、多分、明治十一年正月の或る日、ということになる。勝沼を出立してから約三カ月、土屋助次朗は一世一代の大旅行に茫然自失の状態で、備忘のための記録さえ書きえなかったのであろうか。

しかも、土屋のこのノートは、バルテー家の一室で、初めて彼自身のフランス体験を記述しようとするところまで自己を取り戻しかけたかに見えて、次の記述は四月末、或は五月初旬にとぶ。その間に、延々と三田育種場の記事が入るのである。そして、土屋の目が捉えた南シャンパーニュの初夏に近い情況は次のように書きとめられた。

佛国ニ於テハ櫻花真盛リハ四月廿五日頃ナリ桃ノ花ハ四月廿日頃満盛其他百花皆四月上旬ヨリ下旬ニ開ク或

日門偶《モングー》ヨリトロハニ趣ク道傍ニテ麦ノ莑ヲ見ルトイエドモ諸畑皆ナ此ノ如クナラズ末タ五寸ヨリ六七寸ノ麦草尤モ多シ

蒲萄木ノ次木ハ先ヅ老樹ノ元ヨリ伐リ放チ澤方《ナリ》ノ小刀ヲ以テ之レヲエグリ尚若キ蒲萄ノ木モ三角ニケズリ之レヲ調度エグリ取リタル澤ニ比ベ而シテ後ヲージエーヲ以テ締《シバ》ルナリ当地ニ於テハ藁無ク故ニヲージエート称スル柳ニ似タル木ヲ以爲ス其ノ図ハ左ノ如シ

老木の切り株に溝を切りこみ、穂木をその溝へ埋め込むようにして木の皮をひものように巻き、接ぎ木を固定した絵が、この作業に用いる特殊な小刀の絵とならべて示されている。

この頃、土屋は高野とともにトロア市内のバルテー家から、市西部のモングー村にあるデュポン氏のブドウ園へ移っていた。そこでは多くの新しい見聞があったはずである。だが土屋はなぜかまた書き写しに没頭する。

「外国船乗入規則」

「各用植物目録」

そして

「蒲萄栽培現業領知概略」

と続くのである。

ここに到って愕然たる思いがする。これは土屋家に遺された竜憲の『葡萄栽培並葡萄酒醸造範本』と全く同じといってよい。仔細に照合すれば、『正明要録草稿』には醸造についての記述が欠けている反面、挿入した図が多く、こちらは前田正名宛にモングーの現地実習報告として明治十一年五月二十五日付で提出した書面および追記の控え

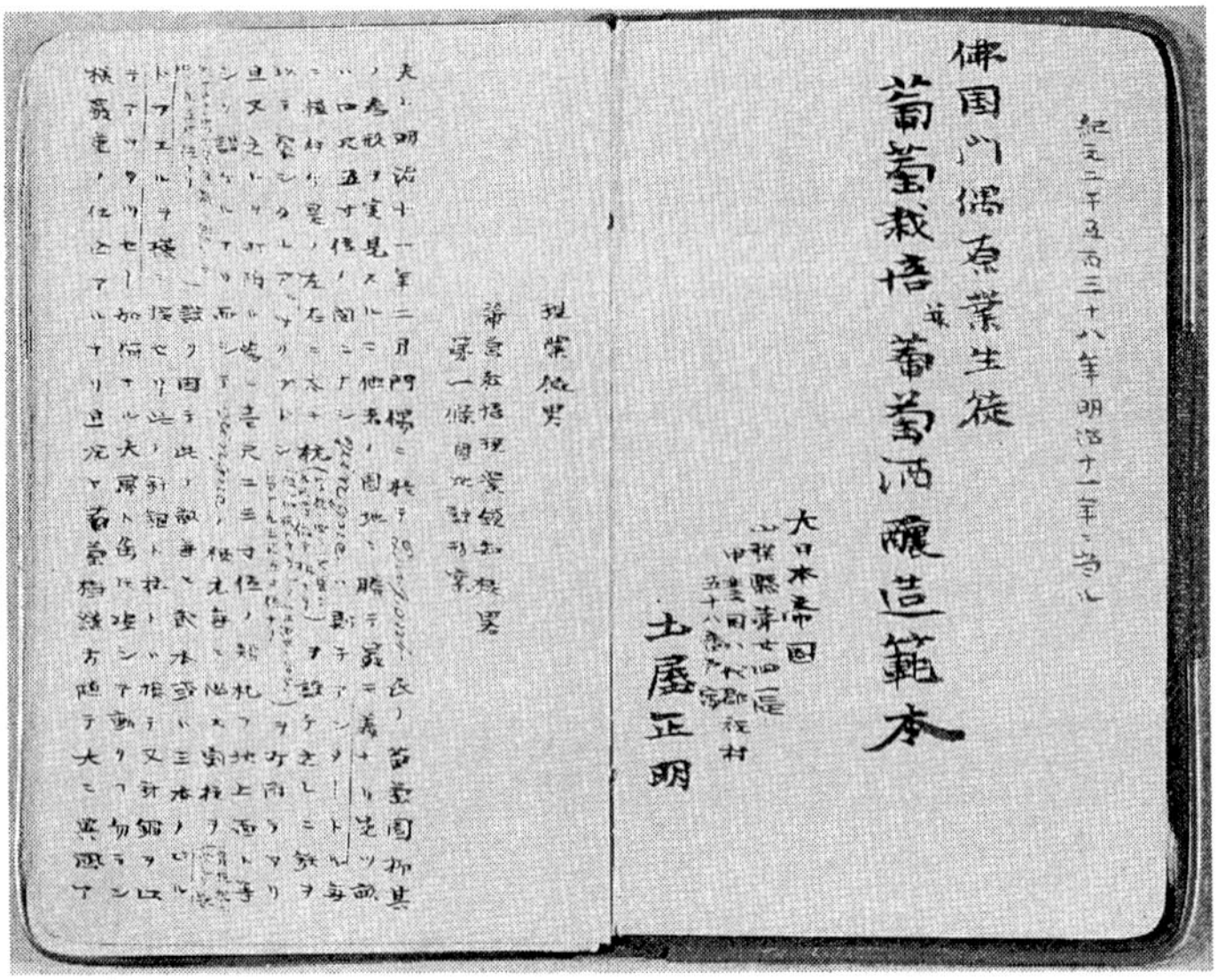

「葡萄栽培現業領知概略」の決定稿を誌した土屋竜憲の手帳

として土屋が転記したと考えられる。字句の修正、推敲が全くないことから、これがオリジナルである可能性はないであろう。

竜憲の『葡萄栽培並葡萄酒醸造範本』は醸造に関する考察と、ボーヌにて学んだ麦酒とシャンパンの製法について報告がまとまった後、栽培とあわせて浄書したものと思われる。

『正明要録草稿』の残る頁は、牛馬に曳かせる各種の犂や手まわしポンプ、馬耕転拌機、ブドウ圧搾機など、おそらく農業教科書の図版を模写したものとみられる細密な絵図でうまっている。その間の頁に、エスカルゴを食べる風習のあること、蒸留酒の製法についての記述が、脈絡なく挿入されているが、これらはたまたま書きつけたものにすぎないであろう。

こうして見ると、『正明要録草稿』は竜憲にとって、一体どんな用をするノートであったのだろう。「草稿」という言葉にふさわしいものは一つもない。強いていえば「葡萄栽培現業領知概略」であるが、果してこれは土屋が起草したものか、疑わしい。

さらにいえば、明治十年、東京さえ知らなかった当時一九歳の青年が海を渡り、一年七カ月もの間、おそらく彼にとって無上の自己表現の場となったであろうこの小さなノートを、なぜ土中に埋めたのか。これもまた謎に包まれている。

もう一冊、『往復記録』に話を移す。

この和綴じ縦一一・〇センチ、横一五・九センチの罫線の入った一五六頁の帳面は、末尾の一〇頁を除き、留学生高野、土屋両名が発信し、また受信した手紙を書き写したもので、それが期せずして彼らの行動を機微に触れて記録する結果となった。「往復」とは日仏の間の旅路ではなく、書簡の交信であり、それは明治十年十月十九日付で香港から祝村の醸造会社役員雨宮彦兵衛、内田作右衛門に宛てた第一信から、明治十一年十一月十七日前田正名宛まで七七通に及ぶ。

二通の約定書

これらの往復書簡とは別に、ここにはモングー村ピエール・デュポン氏醸造場における十月十四日から三十日に到る間のブドウ仕込作業が記録されている。この記録を通覧すると、最初は楷書で一字一字が明瞭であるが、日を追うに従ってくずれ、その傾向が一貫している。つまり一日ごとに筆をとったのではなく、草稿があって、これを一気に転記したことが字体に現われている。

一方、書簡の控は一通ごとに書体も筆蹟も変化し、土屋のほかに高野も筆をとったことをうかがわせる。そこで想起されるのが、彼らが洋行に際して会社に入れた二通の約定書である。

一通は明治十年十月四日付で蒲萄酒醸造会社社中宛の盟約書、もう一通は十月八日付で葡萄酒醸造会社社長内田作右衛門、雨宮彦兵衛宛の誓約書である。

どちらも土屋助次朗、高野正誠の連名になっているが、この二通は明らかに筆蹟が違う。つまり、土屋と高野が一通ずつ書いたとみられる。しかし、何故二通も書かねばならなかったのか。それは約定書の文面に明らかである。煩をいとわず、左にそれらを並べ、比較してみたい。

盟約書之事

今般有志ノ輩葡萄酒醸造会社設立相成候ニ付フランス国葡萄栽培方並ニ葡萄酒醸造法修行トシテ私共両人選擧洋行ニ付定約書左ノ如シ

一、私共両人フランス国渡行ニ付而者彼ノ国葡萄栽培方者無論葡萄酒醸造方法満壹ヶ年ヲ以テ修行帰国致シ右栽培方蒲萄酒醸造吃度成功可致候　万一右期限ニ而修行不行届候ハヽ自費ヲ以尚修行帰国致シ蒲萄酒成功此会社盛大ニシ我皇国ノ御報恩ヲ可盡事

明治十年十月四日

山梨県第廿四区　祝村渡行人

土屋助次朗　㊞

高野　正誠　㊞

山梨県第廿四区祝村

蒲萄酒醸造会社社中御中

誓約書

今般葡萄栽培并醸酒為修業社中之特撰ヲ以仏国ヘ到渡航有之ニ付而ハ彼地滞在中刻苦勉励大ニ社中之望ニ愜ヒ其目途ヲ不誤様耐忍修業可致候万一我等之不所業不勉強等ニ而其目的ヲ誤リ或ハ其筋之見込ヲ以半途ニ放逐被命候等之義有之候ヘハ御情并滞在入費等ハ悉皆我等共社中ニ弁償致シ社中之迷惑不相成様可致候為後証如件

明治十年十月八日

山梨県第廿四区　祝村

土屋助次朗　㊞

高野　正誠　㊞

葡萄酒醸造会社

社長　内田作右衛門殿

雨宮　彦兵衛殿

盟約書は留学期間を一年と限り、期限をこえた場合は自費で修業することを約束するものであった。これに対し、四日後、さらに差出すこととなった誓約書は、途中挫折した場合、すべての費用を弁済するというものである。しかも、帰国後のブドウ栽培ワイン醸造には必ず成功しなければならない。二人にとって、それは背負いきれないほどの重荷であったはずだ。

フランス留学中の高野(左)と土屋(明治11年)

もし、二人の留学が祝村あげての壮挙であるなら、どうしてこのような苛酷な条件をつけることがあろう。葡萄酒会社の設立が地域振興を願う祝村地主豪農層の総意に基づくものと思いこんでいる限り、この疑問は解けそうにない。

彼らがマルセーユから欧州到着の報告を内田、雨宮宛にしたためた中に次のくだりがある。

「乍末筆両輩ノ進退ハ勿論随テ其現業ノ義百事皆前田先生ノ御百権ニアリ然レハ則チ国元出立ノ際兼テ城山様ヨリ御指揮有ルカラリットヲ学ビ得ル能ハザル否ヤ心配ノ余リ旁前田先生ニ相伺候処盡ク御説明アリ其御説明中何等ノ酒ヲ得ルトノ義ハ無御座候得共彼地伝習ノ品ヲ覚ユ可キトノ御意ナリ最モ又トロハト云テ世界壹等ノ蒲萄酒醸造ノ場所ナリト承候我輩等ニ不所業有之時ハ無論彼地ヲ放逐セラルル身分ナレハ猶更勉強ノ一ニ帰セリ且ハ兼而御存知ノ通リ素ヨリ独立身ノ而ラザルヲ得ザルニ非ザレバ先ハ御安心被下度」(後略)

誓約を求めた相手に対する文章とは語り口が違うように思われてならない。内田にせよ雨宮にせよ、盟約書提出後、止むなく誓約書を書かせたのではないか。そこに祝村をとりまく外部の圧力を察知できるような気がしてならないのだが……。

文中「城山様」とあるのは山梨県勧業課の城山靜一郎である。彼は勧業課長福地隆春とともに県内の生糸貿易商、製糸業者、金融業者、清酒醸造家など、多くの豪商、豪農に呼びかけ、祝村葡萄酒会社の株主となるよう勧誘している。県令藤村紫朗も率先して株主となった一人である。

祝村葡萄酒会社設立前後の事情は不明な点が多いが、明治十年八月、祝村下岩崎の内田作右衛門、雨宮彦兵衛、土屋勝右衛門、宮崎市左衛門等が発起人となって設立したと伝えられている。ここにいう八月は、第一回内国勧業博覧会の開場式が盛大に挙行され、殖産興業政策の強力な推進を国民にアピールした、まさにその時であった。

しかし、この会社から留学生を派遣する発議が、いつ、どのようにしてなされたのかは全くわからない。一説には、初めにワイン修習生派遣の発案があり、それを具体化するために会社設立の勧誘を受けたのが祝村の有力者たちであったという。真偽のほどはわからない。

だが、祝村に葡萄酒会社設立の機運が県内で最も早く熟したことは事実であったろうし、それだからこそ村内有力者によって人選が行われ、高野正誠、土屋助次朗が推挙されたと推理してよかろう。

当時、おそらく祝村の人たちに自らの発意によってつくり出そうとするワインのイメージは全くなかったに相違ない。それが「国元出立ノ際兼テ城山様ヨリ御指揮有ルカラリット」とあるように、留学する二人ニ明示されている。ここは最も注目すべきと直感される。

なぜならば、祝村に葡萄酒醸造会社が設立された明治十年、山梨県は勧業試験場に付属葡萄酒醸造所を置き、前年カリフォルニアから帰国した大藤松五郎を配して模範醸造に着手していた。常識的に考えれば、祝村で開始されるワイン醸造は大藤の指導にゆだねればよい。にもかかわらず、どこからか声があったに違いない。「カラリット」こそが山梨の求めるワインであると。大藤はそれを知らない。無謀ともいえるワイン留学生派遣は、背景にこうした事情を想定しなければ理解し難い。しかも、そのための費用を祝村の株主だけで拠出することは困難であったのだろう。祝村葡萄酒会社が実際の活動を開始するまでの間、仮の社長であった内田、雨宮が、壮途につく二人に重ねて誓約書を求めたのは、こうした村外の有力株主への配慮が働いたためと思われる。

余談になるが、この二枚目の約定書の日付から、右に述べた事情が色濃く浮かび上ってくる。それはまた、一行が乗船したタナイス号の出航日をめぐる詮議や、高野、土屋が郷里を出発する前後の事情に及ぶ。

出航前後

これまで、タナイス号の横浜出航は明治十年十月十日とされてきた。これは祖田修著『前田正名』によっている。ところが『往復記録』には第一信の冒頭に「九日午後弥出帆ニ相成」とある。この手紙は前にも述べたが十月十九日に書かれたもので、「横浜ヲ発ス僅カニ十日ヲ得ズシテ香港ニ至ル」と伝えている。『往復記録』は昭和五十二年、京都大学の有木純善教授によって解読されたが、その際、祖田教授に十日説の根拠を照会され、あわせて次の如く九日説を強く主張された。即ち、

一、祖田教授は前田正名氏の三男、三助氏が昭和十二年に父正名氏の伝記を書くため作成した資料メモを前田家で閲覧し、十日出発とあったので、それに拠った。

二、三助氏のメモは、正名一行渡仏時の存命者を探し、佐野善通氏から十日出発と聞いたものである。

三、佐野氏の五八年前の記憶と、出航直後の記録では後者の方が正確と思われる。この点祖田教授も同意している。

四、几帳面な土屋の記録であり、当時は生命を賭した洋行であったから、その出港日を間違えることは一〇〇パーセントないと判断してよい。

この有木説に誓約書の日付、十月八日が気にかかった。それまで、二枚の約定書は二人が勝沼を出発する前に書いて、内田、雨宮両仮社長に提出されたものと信じられていた。したがって、鉄道のなかった当時、九日出港では乗船できない。

この疑問を解くため、横浜開港資料館でタナイス号の入出港記録を探索した。タナイス号はフランス郵船の定期便である。当時は横浜郵便局が次のような広告を『横浜毎日新聞』に掲載していた。

「来ル八日佛国郵船テナイス號ヲ以香港印度欧羅巴へ郵便差立候條郵便物ハ同日午後第十時書留ハ同第六時迄ニ可差出事」

これより先、『東京日日新聞』には次の記事がある。

「内務省御用掛前田正名君は来ル七日に仏国へ出帆せらるるよし是は来年の同国の博覧会へ出品になる樹木を持ち行かれ場中の花園へ植付の爲なりと聞けり」（十月二日）

「内務省御用掛准奏任前田正名君は仏国博覧会事務官に命ぜられ先発として本日佛国へ発遣せらるるよし夫れに付き一昨六日　拝謁及び賢所参拝仰付られ純子（ママ）一巻を賜はりしうえ酒饌をも賜はりたり又同省御用掛准判任大橋靖君も右事務官随行を命ぜられ同日賢所参拝仰付られ酒饌を下し賜はりたりとぞ又大蔵権少書記官加藤清君も前號に記せし如く銀行事務取調のため普国ベルリンへ向け本日出帆となすこと」（十月八日）

しかし八日も九日も生糸の玉不足で出港が延びている様子を横浜毎日新聞が伝えている。

「一昨日生糸の入荷は百九十二梱同日売込み五百〇三梱昨日佛国タナイス號へ積込みしは千百〇七梱底で前號にも饒舌《しゃべつ》たごとく西洋人は大買気《かいき》売り方の言値《いいね》次第ポンポンと商ひになれど何にしろ目の前に荷の少ないは残念〳〵」（十月十日）

そして十一日には前田一行が佛国博覧会のため洋航したニュースとともに、次の記事が出ている。

「昨日本港出帆の仏国郵船タナイス號には〔龍動《ロンドン》〕へ生糸四萬九千七十九斤代二拾五万二千六百四十七弗五十銭〔馬耳塞《マルセーユ》〕へ生糸三万四千二百八十四斤五分代十五万九千八百九十八弗屑糸五千百斤代二千五百弗熨斗糸千二百斤代九百弗〔里温《リヨン》〕へ生糸四千四百十五斤代貳万五千六十四弗六拾銭〔未蘭《ミラノ》〕へ生糸六百六斤代三千弗〔ウェニス〕へ八千四百二斤代四万千弗屑糸千五百斤代七百八十弗蠶紙五萬二千貳百二枚代一万七千百二十弗欧州諸方へ雑貨二萬七千三百八十三弗二拾二銭二分判三千二百両金貨四千円洋銀四千二百十弗を積み午後三時香港へ向け解纜せり」

（『横浜毎日新聞』）

これによってタナイス号は十月八日或はそれ以前の出港予定が十日まで延びたことが判明した。想像するに、祝村へは当初の出港予定が知らされていたであろう。盟約書を書いた十月四日は、郷里を出発する直前ということになる。

二人は甲州街道勝沼宿の西に続く等々力村の清酒蔵元「金沢屋」の人力車を差廻され、これに乗って上京したという。その人力車の車輪が「金沢屋」金丸家に近年まで往時を語り伝えるものとして残っていた。

口伝によれば、上京した二人は付添った山梨県勧業課長福地隆春に伴われて前田正名を訪問、大久保利通にも面会した。その眼光の炯炯として怖しかったことを、後年、土屋竜憲は述懐していたという。

横浜では出発まで数日の滞在を重ねることになった。金沢屋金丸征四郎の兄、田辺有棨が前田とのよしみにより出航を見送ったと伝えられている。

話題を誓約書に戻す。

こうした出航までの事情から、誓約書は二人が横浜へ着いてから書いたものと思われる。或は出発の際、すでに要請されていたのかも知れないが、おそらく彼ら二人にとって、拒絶したい思いのものであったろう。盟約書に実印を押し、誓約書に三文判を使った高野の振舞いに圧し殺した心情が見えていると感じるのは、資料から史実を読みとる上で過敏のそしりを受けるであろうか。

ついでながら山梨県属城山静一郎が二人に求めた「カラリット」に触れておく。

明治初期、横浜寄留地の商館を経由してさまざまな洋酒が市中へ流れた。それらの商品を取次ぐ洋物屋は耳で覚えた名前を縦横に駆使した。「カラリット」もその一つで、ボルドー産赤ワインの英語名「クラレット」のことである。山梨県で勧業を担当する者がクラレットに固執したとすれば、ワインは赤いものという通念があり、この時代、輸入される赤ワインの大部分がクラレットであったためであろう。

ワインについてまったく知識を持たなかった二人が、クラレットの製法を学ぶのだと一途に思いつめたのは仕方ない。皮肉なことに、前田が彼らの実習地としたのはオーブ郡トロア市であった。シャンパーニュ地方の最南部に属し、銘醸地コート・ドールの北に位置する。クラレットの産地ボルドーとは隔絶されている。

なぜ前田がこの地を選んだのかは前編に述べた。クラレットにこだわる二人に対して、前田は赴く先のワインの製法を学べばよいのだとさとす。しかし、二人にはその意味が理解できなかった。しかし、バルテー氏のもとからモングー村デュポン氏の醸造場へ移る頃になると、「カラリット」がいかなるものか、次第にその姿が見えはじめてくる。

『往復記録』を見よう。

「此ジュポント申ス人ハ葡萄酒ノ二種ヲ醸セリ此酒赤白ナレバナリ赤ナル者ハ城山様ノ兼テ御説明有之カラリ

ットト称スル者ニ疑ヒ之レ無ク常ニ人民用ユル酒ハ赤白ノ二種タリ両子等ハ此人ノ醸造ヲ修業スル義ナリ」（明治十一年五月十二日）

そして遂に洞察する。右の手紙を書いてからわずか三カ月後、祝村の社中一同に宛てた書状にそれは明らかである。要所を引用する。

「蓋シ城山様ノ仰セラレシカラリットハ全ク其土地ノ酒名ニシテ之レ則チワアンナリ（但カラリットノ名称明ニセン事ヲ種々ニ心ヲ委ネ国人ト問フ所壹人トシテ知ルモノナシ）譬ヘテ今門偶《モングー》ニ於テ醸造ス此酒ヲ名ツケテ門偶ト称スルガ如シ此ノ類例仏国ニハ最モ多シ然リ而シテ按ズルニ酒ノ美善ハ葡萄ト醸造上ニアレハナリ将大藤君仏製ノワアンヲ作ル事ヲ御存ジアラハ流石ノ前田公ニ於テモ如斯御世話ノ有ル可キ理ナシ殊ニ者兼テ仰セラルルニモ両輩卆業ノ上ハ我帝国ノ葡萄酒ノ原礎タリトソ」

ワアンとは彼らの耳に聞えた葡萄酒を意味するフランス語 Vin であることは言うまでもない。そのワインを産地名で呼ぶ例の多いことを指摘した上で、それはワインの品質を決定する要素、すなわち風土特産の葡萄と固有の醸造技術が、ワインの生産地名によって特定され得るものだからだとの理解に達している。クラレットは地名ではないがボルドー地域の赤ワインの英語名であり、「要するにワインなんだ」という彼らの結論は、その製法を学んでくるようにと指示され、悩み続けてきた経緯からして、まことにほほえましい結末であった。

ここにはまた、「大藤松五郎がすぐれたワインをつくることを知っているなら、我々にこうして前田さんが世話をやいてくれるわけはない」と、自分たちが留学することになった事情の核心をつく感慨が述べられている。日本を出発する前、二人にここまでの認識はなかったのであろう。だからこそ、ここに到って前田の言葉を率然として覚るのである。「我、帝国ノ葡萄酒ノ原礎タリ」と。

＊

さて、二人のワイン留学生が明治十年、勝沼（旧祝村）を旅立ってから百年、奇しくも土中から現れた二冊の備忘録の頁をくりつつ、国産ワインの草創期に想いをめぐらせてきたが、そこに浮かび上る彼らの肖像は、まだ鮮明とはいい難い。

ひとつには、書き留められたものの殆んどすべてが土屋助次朗、高野正誠の連名になっているため、二人の姿が重なりあって、個性が見えてこないことにある。

これまで、土屋家の竜憲遺品『葡萄栽培並葡萄酒醸造範本』は土屋助次朗の留学の成果を示すものとして読まれてきた。これを読む者にとって、土屋正明（助次朗）の書いたものは、即ち彼の得た知識であり、彼の下した判断であり、彼の抱く意見であるとの思いこみがあるからであった。まさしく、これは、若冠一九歳にして海を渡り、未知のワインを国産化しようと勉学した土屋竜憲の人格に迫る第一級の資料であった。

だが、『正明要録草稿』の中の多くの書き写しに並べて再びこれを見るとき、彼がこの手帳の脇に置いていたであろう原稿の存在を確信せずにはいられない。ここにある「蒲萄栽培現業領知概畧」は、清書したのではなく、控えをとったものだからである。

『往復記録』もまた通信文の控えである。一年七カ月の洋行期間中、当然、個人的な音信はあったはずだ。しかし、ここにあるのはすべて公務とみなされるものに限られ、常に連名で発信されている。本紙の書き手は正誠なのか助次朗なのか。

ここから先は、筆蹟によって書き手を特定するだけでなく、文体や語法の分析から真の書き手を明らかにした上で、二重写しの留学生を、それぞれの肖像に解像していかねばなるまい。

そして最後に残る謎は、この思い出に満ちたノートを、おそらく晩年になって、なぜ竜憲は土に埋めたのか。しかも、後世に復活するであろう慎重な保護の手だてを尽して。

四　ワインづくりが国策であった頃

再考　祝村葡萄酒会社の二人

明治維新直後の混沌とした社会にあって、洋酒の商売は、今様にいうならば、ベンチャービジネスであった。西洋の文物が鎖国の内側へどっと流れ込むようになると、庶民は、世の中は変わると膚で感じ、その変わる先を見越すより早く、まずは西洋と名のつくものに飛びついた。本当の西洋を知らないままに、あやしげで、時にはいかさまな仕事を憶面もなく始めるたくましさが、市井に文明開化の風潮をいやが上にも盛り上げた。

もしもこれが、正統な文化の折目正しい導入だけに限られていたら、日本の近代化はずっと遅れたに違いない。庶民を巻きこむ猥雑さがあったからこそ、西欧文化を同化してしまうしたたかさを「文明開化」は持ち得たのである。模造洋酒は、まさにこういう社会を象徴していた。

異端の模造洋酒から出発した日本の洋酒産業が正統への道をいかに歩んだかは、ウイスキーを主題に語られるべきであって、ここでは立ち入らない。しかし、その初期においては、ビールもワインも同根の時代があった。それが長く続かなかったのは、模造よりも本格的に醸造した方が、つくり手にも飲み手にも納得のいくものであったからだ。しかも、そこに農業振興と輸入防止という国家の方策が重なった。水利に恵まれない畑地の活用と、洋酒の国産化。両者の接点に麦とブドウが置かれていた。洋酒は庶民に「文明開化」を安直に実感させてくれる飲みものであった。そして、いつしか、その生産に従事することは国家の負託にこたえるものと意識されるようになった。

では、そのような気負いがワインづくりに漂い始めたのはいつ頃からであろうか。

国の勧業政策には、早くから醸造を目的にブドウ栽培を推進する構想があった。明治十年、山梨県はいち早く勧業試験所に附属葡萄酒醸造場を開設したが、これは在来品種によってすでにブドウ産地が形成されていたからであり、輸入苗木の移植から着手した開拓使札幌官園や三田育種場も、やがては事業を醸造へ進展させるのは必定であった。

しかし、こうした上からの施策に対して、下から呼応する動きは、ワインの場合、鮮明とはいい難い。思うに、徳川の治世に確立した士農工商の身分制度が、人々の意識を呪縛し続けていたのであろう。ブドウ栽培を農、ワイン醸造を工と捉え、これを一体のものとして取り組む起業家はなかなか現れてこなかった。いや、勧農政策のもとで洋種ブドウの栽培に取り組む篤農家はいた。その収穫が始まるまで、明治十年は、ワインづくりの担い手が登場するにはまだ早かったというべきであろうか。

その中で、在来ブドウの産地、祝村のブドウ農家が結社して、自前の資本によるワイン生産を目指した事蹟は、日本ワイン史にひときわ光る。加えて、技術習修のためフランスへ派遣された二人の青年は、大久保利通が国家経営の旗じるしとした殖産興業政策を勧農と地域固有の農産加工振興の側面から強力に推進していく気鋭の実践的イデオローグ前田正名の膝下にあった。ヨーロッパへ向う長い船旅の間、土屋助次朗は「三田育種場着手方法」の書写を通して、前田正名の泰西農業導入にかける熱い想い、就中、ワイン生産を目的としたブドウ栽培を国策とする彼の思想にたっぷり触れたはずである。

しかし、留学中の彼らの言動からは、「お国のため」という高揚した心情はうかがえない。いかにして余すところなく技術を修得して帰国できるか、限られた日程の中で、たえず切迫した気持に追いたてられていたからであろうか。

高野正誠がワインづくりを「邦家の一大利益」と揚言するのは、祝村葡萄酒会社が苦闘の果てに解散した後、和歌山県下に創立した蜜柑酒会社もまた挫折して雌伏する間に書きあげた『葡萄三説』（明治二十三年）においてである。ここに到るまで、高野はワインをつくることを「国家ニ報ズル所アラン」と語ってはいた。しかし、殖産興業政策が農村へ浸透していったその絶頂期、「殖産報国」は起業家になじみの常套語であったから、高野がどこまで深く国策としてのワインづくりを認識していたか測りようがない。

『葡萄三説』は「葡萄園開設すべきの説」「葡萄栽培説」「葡萄醸酒説」の三部から成る実務手引書であると同時に、ワインづくりを勧誘する論拠が熱烈に開陳されている。

高野はここでブドウ栽培が単に農民の所得向上によって富国の基礎を固めるだけにとどまらず、ブドウには他の農産物にない「別に伴随して生ずる利益」があるのだと説いて、「曰く、国民をして酷烈の飲料を去り美醞を以て衛生を助けしむ。曰く、米酒用の原米を転じて輸出船に上らしむ。曰く、輸入葡萄酒を抑制して価銀を国内に収むる、是なり」と、ワインによって飲酒習俗が改善され、酒造米を輸出して外貨を獲得し、ワインの輸入をおさえて貨幣の流出を防止する、以上の

前田正名『前田正名』より

三利を強調している。この時、高野にはワインづくりに再起をかける「一大葡萄園開設費資金募集」の構想が、すでに胸中にあった。つまり、ワインづくりが国策であることを『葡萄三説』によって敷衍することは、とりもなおさず、ブドウとワインに人生を投入した神官高野正誠が自己の行動のマニフェストとしてかかげたものに違いなかった。

同じ明治二十三年、祝村葡萄酒会社解散後、高野と袂を分った土屋助次朗は宮崎光太郎と甲斐産商店を興し、「甲斐産葡萄酒発売弘告」とうたった引札（チラシ）に醸造人土屋竜憲を名乗って筆をとり、次のように書いた。

近年洋酒の輸入ありてより人々葡萄酒の美味にして且つ身体に特効あるを賞し之れを需用するもの漸く多し而かるに我邦葡萄樹の栽培に乏しからざるも外品に倣ふて之れを醸造するも彼れに及ばざること遠く未だ以て輸入を減却するに足らざりし嗚呼此豊なる国産……製法の精ならざるが為に……如何にも残念の至りならずや殊に我甲斐国は往古より該樹の繁殖を以て世に著はれ夏秋の候至処緑珠を綴り累々垂下して紫露地に滴らんとす予之を見る毎に之が醸造の事に思ひ至らざるなし時に県下の有志者相謀りて一会社を創立し伝習生を海外に航せしめて葡萄酒醸造の法を学ばしむべきの議を起すものあり同意者頗る多く遂に伝習生二名を撰擧し予不敏誤て其撰に当り素願漸く将さに達せんとす実に手の舞ひ足の踏む処を知らざりき維新明治十年十月なり而して此擧たる当時大蔵大輔たりし松方正義君、三田育種場長たりし前田正名君及前県知事藤村紫朗君の尽力最も多きに居る其佛国に航するや前田正名君と同航の栄を得たるのみならず彼地に於ても始終同君の周旋を得てデパルトマンヲーブ郡トロハ街ジュボン氏の葡萄酒醸造会社に就き其醸造法を学習し卒業の後転じてゴドール、ボーンヌ街ジュリー、ヲリゴー氏に就きてビール醸造法を学び再び転じてサピニエー街ヲレモンデー氏に就てシャンパンユ醸造を習得し帰国の後祝村葡萄酒会社に在て洋酒醸造の業に従事し爾来黽勉怠らず葡萄酒の好評輸入品を駆て漸く将さに同会社に帰せんとす然るに惜むべし同十九年に至り該会社株主中に一の紛議を……遂に瓦解を……吁守成の業は難し予が多年の志願海外万里の苦学今や殆ど水泡に帰せんとす予が満腔の感慨は竟に予をして奮起の念を生せしめ弟宮崎光太郎と謀りて旧会社の醸造器械を譲り受け独立此業を継ぎ一層醸造の法を究め極めて醇良なる精酒を得たり之を外品に比するも優るありて譲るなし爾来予が醸造に係るもの数百石貯蔵すること数年昨春之を携へて東京に来り私立大日本衛生会試験所の分析を請ひ更らに大医諸家の鑑査を需めしに純良精製之を平生の飲用に供し之を病中の薬用となすも其効頗る偉大なりとの賞讃を蒙りたり予輩の光栄何物か之れに過ぎん依て今般左記の地に一商店を開設し此葡萄酒を販鬻す大方の諸君幸に御賞味を賜はり以て外品の輸入も減却するを得ば其国益たる蓋し小少にあらざるを信ずるなり（後略）

商品の発売広告であることを考慮すれば、高野の志の高さに比べ、見劣りするのは止む得ない。しかし、前篇第八章に述べたように、松方デフレ政策が地方在来産業の息の根を止めたあとに、なお命脈を保ち続けるワインづくりの姿がここにあるとみれば、一転して、高野の気宇壮大な構えは、一八七〇年代後半、国家の一大プロジェクトに係わり、夢を分かちあった人たちが、潮の引くように退場していった宴のあとに立ち尽す孤影と映る。

それかあらぬか、高野が構想する一大葡萄園は賛同者が少なかったのであろう。日の目を見ないまま立ち消えた。

土屋竜憲の文章に若干の解説を加えておく。「同君の周旋を得てデパルトマンヲーブ郡トロハ街ジュボン氏の葡萄酒醸造会社に就き云々」とある留学先は、竜憲が記録した『往復記録』にも明らかな、トロア市西郊モングー村所在のピエール・デュポン氏の屋敷で居宅と醸造場があった。正確に言えば、二人をここへ斡旋したのは前田正名ではなく、トロア市内に在住する苗木屋にして園芸学者シャルル・バルテーであった。

前田とバルテーの関係は、三田育種場開設にあわせて前田が大量の種苗収集を行った明治九年、パリ市内セーヌ川右岸に現在も盛業中の種苗店ヴィルモランを介してであった。ヴィルモランの仕入先の一つがトロア市のバルテーだったのである。

トロアとパリはセーヌ川の舟運で結ばれている。当時はパリ市民が日常消費するワインの大部分がトロアを集荷地として、この舟運によって供給されていたのであった。彼らが「トロハト云テ世界壱等ノ葡萄酒醸造ノ場所ナリト承候」と祝村葡萄酒会社への手紙に書いたのは、フィロキセラ禍以前のパリ市民の実感を伝えるものであった。前田は二人の留学先として日本を発つ前からバルテーを念頭に置いていた。バルテーもまた前田の要請を快く受け入れたのであった。

しかし、醸造の実習はバルテーから知己のデュポンへ託されることとなった。彼の所有するブドウ畑、クロ・サン・ソフィーはトロア近傍で最も知られ、フィロキセラによってこの地方のブドウ畑が潰滅した後も、この一画は復活して現在も往時をしのぶことができる。

バルテー家は孫のルイ・デュモンが一九八六年に没し、苗木商は甥が継いでいる。デュモン老人と生前に面会した際の思い出話に、子供の頃、バルテー家を訪れた前田正名が、次に来る時は日本の凧を土産に持ってくると約束してくれたが遂にそのまま終った、と聞いた。祖田修著『前田正名』によれば、その訪問は、晩年の前田がフランスの農業政策に通じる若手官僚として自信に満ちた輝ける日々の盟友バルテーをなつかしんでの墓参であった。

モングー村での仕込実習が終ってから、翌年三月、マルセーユを発つまでの二人の行実はつまびらかでない。ビール醸造を学ぶことについては前田の指示を受けたと『往復記録』にあるが、ボーヌ市にいつ到着したのかさえわからない。竜憲が浄書した『葡萄栽培並葡萄酒醸造範本』によって、それが明治十一年十一月から翌年二月までであることをわずかに知り得るのみである。

このビール醸造場はボーヌ市内、現在はワイン商ビショ社の敷地の一画にあった。当時の経営者リコー氏一族の行方は不明である。発泡性ワインの製法、シャンパン方式を学んだのは、ビール醸造の実習と重複する明治十一年一月からである。おそらく日を分けて通ったのであろう。

サビニィ村は、ボーヌ市の北西六キロメートルに所在するひっそりとしたたたずまいの聚落である。現在はサビニィ・レ・ボーヌと称している。ルモンデーを名乗るワイン醸造家は、今はない。土屋の記録は「ヲリゴー」「ヲレモンデー」となっているが、ビール醸造場がリコーであったことから、どちらの「ヲ」も耳に響く音を聞こえたままに書き添えたものと解釈しておく。

さて、土屋のこの引札の文章は帰朝後一一年たって書いたものであるが、ここにある固有名詞を『往復日記』『葡萄栽培並葡萄酒醸造範本』にあるものと比較すると顕著な相違に気づく。列記すれば左の如くである。

留学当時の手記類	引　札
ジュポン、	ジュボン、
ヲリコー、	ヲリゴー、
コドール、	ゴドール、
サビニュー、	サピニヱー、
シャアンパン、	シャンパンユ、
シャアンパニュ	

これらの人名、地名は頻繁に耳にしたであろうものであり、また自分も口にせざるを得ないものであった。しかもそれらは極度に緊張した情況の中で記憶され、鮮明に保たれたはずである。帰国してからのわずか一一年でくずれるだろうか。引札は書き手が竜憲と特定されている。とすれば、手記類にある名称は高野正誠の耳が聞き、彼の口や手が表現したものということになる。

資料の穿鑿がいささか長くなりすぎた。この引札が町に出た明治二十三年、ワインづくりが国策であった時代はすでに終っていた。

妙義残照　その後の小沢善平

前田正名が「三田育種場着手方法」を公示したのは明治十年九月である。その同じ九月、小沢善平の最初の著述『葡萄栽培法摘要』は出版された。奥付に明治十年七月二十日版権免許とある。この時点で脱稿していたと考えてよいであろう。つまり、ここに小沢善平が述べたことは、前田の思想に触れることなく、彼が独自の意見として開陳したものであり、期せずしてそれは海外生活の体験者として同質の視線をブドウに注いでいることに驚かされる。

序文として掲げた「葡萄園ヲ開ク説」に小沢は次のように誌した。

葡萄菓実ノ実用アルコトハ菓子トナリ酒トナリ又食物ノ一助トナル上品ノ生質ヲ保有シ酸味ヲ含ンデ美味ナルハ普人《アマネク》ノ知ル所ナリ酒ト為《ナシ》タル者ハ人身ノ健康ヲ助ケ葡萄香ト称する物ヲ製シタル者ハ絶食シタル病人ニ用イ

> テ飢ヘズ妙能ト云フベシ爰ニ於テ西洋諸国ノ人民盛ニ之ヲ培養シ常ニ之ヲ食用ニ供シ就中西洋人ノ用ユル酒類ハ葡萄酒最モ其多キニ居ル我日本ニ於テモ近年葡萄酒ヲ嗜シム者多キハ時ノ流行ニ随フト雖ドモ又西洋医ノ説ニヨレハ之レ全ク人身ニ益アルユヘト云ハザルヲ得ズ（中略）
>
> 夫レ家ヲ富シ国ヲ利スルハ産物ニアリ其レ然ラバ是レ我人民ノ急務ナリ蓋シ我国田地ノ如キハ上等ナルモ之ヲ新開スルニ種々ノ困難ニ遭遇セザルナキヲ得ス則チ水ノ不便地ノ不平等《ナド》ニテ容易ニハ成就シ難キモノナリ然レドモ今述ル葡萄園ノ如キハ山形ノ山畠ヲ以テ可トセバ荒原曠野モ又其形ニ開墾シ之ニ植附ケ培養スレバ程ナク歳入ノ株ヲ成スモノナリ如此ナルガユエニ数年ヲ出ズシテ歳入ノ一株ヲ成スモノハ此葡萄園ニ及フ者ナシ方今内国ノ諸君往々此企アルヲ見ルモ恨ム可シ未ダ培養ノ法ニ乏キヲ依テ予此愚説ヲ記シ聊カ同志諸君ノ一助ト為ントス予ヤ此業ニ就クコト日久ク尚ホ近年幸ニ米国ニ遊歴スルヲ得タリ其折該国人ニ随ヒ此園ニ従事シ彼我相比ブレバ其作法大ニ簡便ナル者夥多アリ必ズヤ彼ヲ以テ我ニ移サバ可ナラント思ヒ帰朝ノ後些少ノ園ヲ開キ試ミルニ果シテ利アリ由ニ之ヲ内国同志諸君ニ告グ以テ共ニ葡萄酒ノ盛大ヲ漸次我日本本土ニ移サンコトヲ望ム

ここには洋種葡萄栽培の実践者としての呼びかけがある。泰西農法導入という維新政府のかかげた農業政策を具体的に開示してみせた三田育種場とは異なり、小沢は農業の行方を模索する人たちと同じレベルの一歩先から振り返って声をかけたのである。

以後、三田育種場からの種苗配布が主として地方行政機関を経由して行われ、それだけ組織的に、比較的大きな規模であったのに対し、小沢の経営する種苗圃「撰種園」からは、西洋穀菜果樹に興味を持つ個人へ、特にブドウ苗木が数多く供給された。

しかし、前記の小沢の説を、四年後、第二回内国勧業博覧会において葡萄栽培に尽くした功績によって有功賞を受けた機会に公刊した『撰種園開園ノ雑説』と照合して読むと、事柄のもう少し複雑な陰翳が見えてくる。『雑説』によれば、小沢がカリフォルニアから帰国した明治七年、すぐに着手したのは高輪および上野公園に隣接する谷中清水町一番地の二カ所におけるブドウ園の開墾であった。面積は両園合計二万坪余であった。廃藩置県後、諸大名は国許へ引き上げ、花のお江戸が荒野にかえるといわれた頃である。

アメリカとは勝手の違うブドウ園づくりに小沢は結局失敗してしまう。彼は高輪を手放し、谷中を種苗園に切換え、これが成功するのである。「些少ノ園ヲ開キ試ミルニ果シテ利アリ」とはブドウ園経営を意味するものではない。しかし、『葡萄培養法摘要』に続いて訳書『葡萄培養法』正続四巻を上梓し、在野の有識者として、彼のブドウ農業における指導的地位は不動のものとなった。

余談ながら、後に日本のワイン史上特異な光彩を放つ越後岩の原ブドウ園園主川上善兵衛は、雪国の農業にブドウを導入しようと決意した明治二十年頃、先進地山梨県を訪れ、祝村に土屋竜憲を尋ねて教えを請うた。この時、祝村葡萄酒会社解散の後をうけて、竜憲は妹きくと結婚した義弟宮崎光太郎とともに再出発を画策していた。農村工業としてワイン醸造の経営がいかに困難であるかを、二〇歳になったばかりの川上善兵衛はしかと見つめたであろうか。おそらく、自分と同じ年齢で先進地フランスに学んだ竜憲を偉大な大先達と仰ぎ見るのみではなかったか。事実、善兵衛は後に「わが師」と呼んで竜憲を敬慕した。そして、もう一人の「わが師」が小沢善平であった。

川上善兵衛が小沢善平の存在を知ったのは、竜憲のもとに寄宿して教えをうけた折であろう。このあたりの旧家の蔵書には、小沢の五部作がしばしば見出される。ワインづくりが国策であった時代、新しいブドウ農業を推進しようとした祝村を中心とする地主、豪農層に、津田仙の麻布学農社と小沢善平の撰種園は新知識の情報発信地と映じていたのである。

川上善兵衛の岩の原葡萄園は明治二十四年から植栽を開始する。その苗木はすべて撰種園から供給された。後年、育種家として海外からも多くの品種を取り寄せた川上であったが、初期のブドウはすべて小沢の収集になるものであった。このことに触れて『葡萄提要』（明治四十一年）に川上は次のごとく書き記している。

「小沢氏の谷中葡萄園は東京市街宅地拡張のため群馬県妙義に移転せられたりしも妙義は多数種類の培養に適せず氏が米国より携へ来りし五十余種は我が国に於て好成績を顕はし長へに小沢善平氏が斯業に尽瘁せられたる記念を留めたり」

撰種園の活動は上野谷中から妙義山麓へ移転とともに終ったかに見える。小沢はなぜ妙義を選んだのであろう。以後、彼の名は急速に人々の記憶から薄らぎ、今日では、山梨県の昭和期ブドウ農業を支えた品種デラウエアについて、その来歴に関心を持つ人たちの間に残るだけとなった。昭和三十年代、ジベレリン処理によって一世を風靡する「種なしブドウ」となったデラウエアは、塩山市牛奥の雨宮竹輔が明治十七年上京して撰種園に学び、持ち帰ったものを原母樹として県下にひろまったものである。

このことから、小沢善平を日本の代表的ブドウ品種デラウエアの導入者とするのが通説であるが、政府もまた明治四年以降積極的に外国の種苗導入に努めているため、内藤新宿試験場を経由して三田育種場へ定植されたブドウにデラウエアが含まれていれば、そちらが先着ということになる。明治十七年に刊行された三田育種場の『舶来果樹要覧』には、まさしくデラウエアが登載されているが出自は明らかでない。

妙義移転後の小沢については、『大日本洋酒缶詰沿革史』に左の記述を見るほか、『北甘楽郡史』にその名を残すだけである。

群馬県　小沢醸造場

群馬県北甘楽郡妙義町小沢開の実父善平は、青年時代横浜生糸輸出商某方に被傭中、一日米国人某の宴席に連りて初めて葡萄酒を味ひ、将来必ず邦人の嗜好に適すべきを思ひ、其の原料の栽培並に製造方法を習得せんと欲し、慶応三年米国に赴き孜々として其の所志の貫徹に努め、明治六年帰りて東京市谷中及高輪に園圃を設けて、其の携へ来れる米国種イサベラ、コンコード、パレスタイン、ダイアナ、カトーバ、其の他数種の栽培を為したるも意に充たざる所ありしを以て、明治十五年再び渡米して研究すること一年、帰来益々葡萄樹の培養に努め、明治三十年に至り初めて現醸造場に於て葡萄酒を醸造し、爾来引続き経営中なるも、土地偏僻且つ資本潤沢ならざるを以て、未だ大に発展の域に達せず、年造石高僅に一石に過ぎざるの状況なり。

右に述べるところの「意に充たざる所ありしを以て」とはいかなる事柄か。『撰種園開園ノ雑説』からは、再渡米してまで対応しなければならない事情をかかえている気配など全く読みとれない。『雑説』に「諸人ノ讃美ヲ蒙ムリシ酒」として褒文を得たと記述のある明治十四年内国勧業博覧会出品のワインは一体どうやってつくったのか。撰種園において実用規模の醸造が果して行われたのか疑問が湧いてくる。

『雑説』には撰種園において明治九年に定植した五〇坪のブドウ畑の六年間にわたる毎年の収支が示されている。果実を収穫する目的で栽培したブドウは、おそらくこの程度の規模だったのだろう。ちなみに、成木となった五年目以降は七五貫前後の収穫をあげている。一〇アール当りに換算し約一・七トンの成績で、植付密度は坪一本、一〇アールで三〇〇本、現今の醸造専用品種の標準的な栽培とほぼ同じ成績である。

小沢善平は、この規模を拡大し、本格的な醸造に到達しようとして妙義山麓の開墾に取り組んだのだろうか。もしそうだとするなら、大正四年出版の『大日本洋酒缶詰沿革史』に「未だ大に発展の域に達せず、年造石高僅か一石に過ぎざるの状況なり」とあるのは、悲惨というほかはない。なぜなら、谷中の五〇坪のブドウ畑から得られた七五貫のブドウで、およそ一石のワインは見込めるのである。

小沢善平の妙義移住には不明な点が多い。これを明らかにすることもまた本稿の目的の一つでなければならない。久しい間、妙義山麓に小沢の足跡を探ることは懸案となっていた。だが、手始めに国土地理院発行の二万五千分の一地図「松井田」によって妙義山周辺をくまなく探索しても、果樹園を示す記号はどこにもない。このような場合、郷土史関係の情報は、妙義町の教育委員会に求めればよいことを気づかずにいた。現地に行くことばかりを考え、ある日、道路地図を開いて、妙義神社から中之岳神社に至る妙義道路を見た。なんとそこに、「ブドウ園」と記載されているではないか。

同じ頃、小沢開《ひらく》の外孫内藤剛氏が父祖の地、勝沼町綿塚を尋ね、善平ゆかりの事物調査に当られる奇縁に巡り合うこととなった。

小沢善平

こうして、道路地図の「ブドウ園」がまさしく小沢善平の妙義果園の名残を留める場所であることを知った。今そこは、白雲山障子岩南麓の樹林帯を開墾した往時の緩斜面の台地を整地して、ドライヴイン「葡萄園」となっている。主人、小沢匡氏は善平の孫である。

過日、内藤剛氏の案内によって、杉の美林に埋めつくされたかつてのブドウ園を訪れることができた。以下は、その折、小沢匡氏より受けた教示をもとにまとめた谷中以後の善平像である。

明治十七年、小沢善平は妙義山に登り、いまは通う人もなくなった旧中山道の裏街道、つまり碓氷の関所を通れない日蔭者の道にあった茶屋店七兵衛屋敷に立寄り、そこから仰ぎ見る擂鉢状に南東へ開いた山ふところの地形が気に入り、ここを開墾して入植しようと思いたった。

では、なぜ明治十七年、小沢は妙義に引き寄せられたのか。一説によれば、鉄道開通を機に、磯部温泉へ観光と静養をかねて出かけたのだという。日本鉄道会社の上野―前橋間が全通したのは、この年の八月である。高崎から分れる信越本線が、中山道鉄道の名称で、その公債証書条例が前年の十二月二十八日に布告されたばかりであることを考えあわせると、今日の磯部駅まで汽車に乗っての湯治であったかどうかはわからない。善平は、当時、胃潰瘍であったらしい。磯部の湯が胃病に効くとでも言われたのだろうか。

明治十七年は、自由民権運動と、農村不況にあえぐ貧農層の不満が反政府暴動へ尖鋭化していった年であった。九月加波山事件、十月秩父困民党暴動、と大きな騒動が相次いで起きたが、その前ぶれは妙義山麓に三〇〇〇余名が結集した五月の群馬事件であった。善平が、こうしたことを知らずに温泉につかっていて、妙義登山を思いたったとは考えにくい。

あるいはまた、磯部への道すがら、新島襄の活躍した安中の町に、同じキリスト者として興味を抱いたかも知れない。新島はすでに京都の同志社へ活躍の場を移していたが、善平にとって安中バンドの名は北甘楽郡一帯に特殊な感情を抱かせるものがあったのではないだろうか。

七兵衛屋敷に立って見る妙義の山容は、特有の岩峰や絶壁によって奇観を呈している。だが、善平はここを勝沼の地形と似ていると語っていたという。戸籍によれば、彼は「山梨県第二拾五區山梨郡綿塚村参拾参番地」において農業小沢彦右衛門の長男として天保十一年（一八四〇）九月七日に生れている。余談になるが、後に勝沼町の一部となる綿塚村は廃藩置県によって「山梨県山梨郡第十三區」の所轄するところとなった。したがって、「第二拾五區」とあるのは解せない。

ともあれ、綿塚から四囲の山を見て、妙義に共通するところを見出すのはむずかしい。若くして家督を弟に譲り横浜へ出た善平の心象風景としての故郷は、国を捨てて暮したアメリカ・ナパ郡カリストガ村の六年間、帰国して後の上野谷中の一〇年間、彼の四囲にあった風景と比べれば、はるかに妙義に近かったと理解すべきなのか。

善平は七兵衛屋敷主人に一帯の国有林開墾の希望を述べて、この茶屋店より沢沿にやや上った場所へ仮小屋を建てた。当時、このあたりは官有秣場であった。善平はこの官有地の貸下げを受け、開墾を進めつつ、その都度払下げを受けていった。明治二十一年の土地台帳を見ると、すでに畑七町一反五畝七歩、原野、山林をあわせ園地の合計面積一三町六反七畝一九歩の明細が記載されている。この頃、ようやく妙義果園の原型が体裁を整えたといえよう。小沢家には、こうして小刻みに進められた払下げ願いの文書が多数保存されている。

その一例を左に示す。

指令第一三九六号

東京都下谷区谷中清水町
小沢善平

明治二十二年十二月二十六日北甘楽郡妙義町大字諸戸村字山ノ神千七拾番官有秣場貸下地拂下願之件防風林豫定段別五町七段七畝拾弐歩及崖地段別壱町四段拾九歩ノ場所ヲ除キ其他七町四段六畝拾貳歩拂下聞届ケ民有地第壱種ニ編入候條地代金拾八圓貳拾壱銭貳厘即納之儀ト心得可シ

明治二十三年五月二日

群馬県知事　佐藤與三㊞

この書面からも明らかなように、谷中の撰種園を移転して、妙義に農園を開設したのではなく、かなり長期間、撰種園の分園として経営が行われた。善平にとって、谷中は種苗商としての圃場であり、その顧客たちが企図する園芸そのものについて試みる余地は撰種園になかった。その一つが先に触れたワイン醸造である。

善平の妙義山麓開墾は、まずブドウと梅の植栽から始まった。いずれも果実を収穫して加工する意図があった。後に、小沢醸造場の存在はワインより梅酒によって知られ、三越に納品するほか、磯部温泉で人気が高かったという。この梅酒は焼酎に梅の実を浸漬するのではなく、ブドウと同じく、果実を醗酵させて醸造するところに特色があった。

善平がブドウ酒と梅酒の製造を始めたのは明治二十八年の収穫からである。それを裏付ける醸造免許が次のように与えられている。

第六五七六三号

酒類製造営業免許鑑札

製造場　群馬県北甘楽郡妙義町大字諸戸村千七拾番内弐拾参番

群馬県北甘楽郡妙義町大字諸戸村七拾壱番地

乙種　小沢善平

明治二十七年十一月十七日

この頃までに農園は遂次拡大され、登記面積は五〇数町歩、境域の実際面積は一五〇町歩に及んだという。善平も谷中から妙義へ移り住んだ。七兵衛屋敷の上の一号舎が居宅となった。

醸造場は沢を上って、開墾地を区画した呼称の二三号地に設けた。現在はその場所に岩屋を利用した洞窟状の石倉が残っている。しかし、前記免許鑑札の下附を願い出た明治二十七年九月の文書に添付された醸造場の図面は、間口二間半、奥行三間半、長方形の一角が二坪欠けた建物一棟となっている。これが岩屋を意味するのか、別に建築したものかは不明である。

免許鑑札を下付された二日後、善平は直ちに「葡萄酒醸造営業願」を提出している。それによると、製造予定はブドウ果七〇〇貫を用いて七石（一二六〇リットル）、今日の常識からすればずいぶん悪い歩留りである。おそらく圧搾機などなかったのであろう。

明治二十七年の醸造は、十一月二十日より着手する旨の届書の控えが残っている。この頃、ブドウはすでに収穫を終っていたはずだ。しかし、翌二十八年十月と記入された富岡収税署宛「精葡萄酒販売高御届」なる文書の写しがあって、前年秋、七石弱の製成をみたと推察される。即ち、

精葡萄酒販売高御届

一、精葡萄酒　六石九斗四升

内　三石〇三升六合　廿八年九月迄売上高

内　八斗三升六合　流失□
内　三石〇六升八合　現在高
右廿七年醸造葡萄酒廿八年九月迄販売高及現在高全テ御届候也
明治廿八年十月　日
群馬県――――㊞
収税署宛

コピーが簡単にとれない時代の控え書きのためか、省略がある。内訳の合計が滓引きの終った清澄なワイン、つまり精葡萄酒ということなのであろう。流失が八斗もあるというのはどういうわけか。

在庫がまだかなり残っているが、この年は七石五斗の「醸造営業願」を出している。伝聞によれば、こうしてつくられた「精葡萄酒」は妙義の登山客に販売されたが、成績は上らなかった。彼らの味覚に受け入れられなかったのではない。登山客の賑う日曜日に販売を休むからであった。

何故か。小沢善平はカリフォルニアで刻苦する間、感化を受けて聖公会へ入信した。妙義に定住してからは、日曜日は仕事をせず、里人を集めて、讃美歌をうたい、にぎやかに遊び過ごすのを常としていたのである。彼のこうした宗教的振舞いは、盛名を慕って入門を請う生徒たちにも及んだ。善平は次の四項目の誓約をとったのである。

一、農業園芸等ニ関スル労働ニ付テハ一切貴殿ノ指揮ヲ受クベキコト
一、毎朝労働ニ従事スル前ニ其日ノ仕事ハ貴殿ノ指図ヲ受クベキコト
一、朝早ク起キ夕ハ早ク寝テ充分ニ身体ト精神ヲ養成スルコト

一、日曜ハキリスト礼拝ノ席ニ連リ霊魂ヲ養フコト

キリスト教は、妙義山中の極度に不便な生活を耐え忍ぶ精神の支えとして、善平の内にあった。彼が自分自身の信仰生活を周囲の人たちにも求めたのは、妙義開墾事業がそれだけ厳しかったことの現れとみるべきであって、伝道者としての意識など、多分、微塵もなかったと思われる。

さて、これまでの叙述は小沢善平の妙義移転を、いささかワインに片寄って進めたきらいがある。現実の問題として、もし四〇町歩余の農園をすべてブドウ畑としたら、経営がたちまち破綻するのは必定である。彼は谷中撰種園の種苗事業を温存させつつ、さまざまな農産加工の端緒を模索していた。そこにはブドウとワインのイメージにおさまりきれない小沢善平像がある。従来、ここは等閑に付されていた。事実、ブドウ畑は主役ではなかった。善平が最も力を入れたのは除虫菊の栽培であった。或る時期、段々に切った斜面は一面のお花畑で真白に埋まったという。その葉と花を摘んで乾燥し、臼でひいて粉にした。一号舎から七兵衛屋敷へやや下った沢に、その水車小屋があったが、いまはその跡も定かでない。段々畑の石積みは、杉林の中に往時のしるしを残している。

善平は土地の人たちにジャガイモの栽培を奨励し、「馬鈴薯先生」と綽名されていた。またこの地方の主要な農業であった養蚕のため、ロソウ（魯桑）と呼ばれる中国原産の葉の大きな桑を推奨した。そのほか、妙義一帯に見かけるアカシヤや月見草は、小沢が持ち込んで広めたものといわれている。当時、鉄道建設のブームがあって、アカシヤはレールの枕木に利用されることを、アメリカでの見聞から知っていての行動であろう。

晩年の善平は胃が悪く、長火鉢の前に坐っていることが多かった。彼自身がする仕事は、銀行へ行くこと、人夫の帳付けをすること、残りの時間は愛蔵の鉄瓶を磨いて過ごした。この鉄瓶は、南部侯に招じられた折アメリカから持ち帰ったピストルを披露したところ、たっての所望で交換した侯愛用の品、と伝えられている。

善平は妙義へ移住してからも、子供たちを連れて三度目の渡米をする希望を抱き続けていた。しかし、その夢はかなえられず、明治三十七年五月二十二日、妙義開墾場一号舎で永眠した。六四年の生涯である。長男、次男は世になく、三男開氏が一三歳で父の遺業を継いだ。

葬儀には越後高田から岩の原葡萄園の川上善兵衛がかけつけた。善兵衛の「我が師善平」への敬慕は、小沢開への支援となって以後に続く。妙義で販売するブドウ酒の原料として岩の原で醸造した赤ワインが樽詰で送られてきている。原料ブドウの品種はコンコードとチャンピオンである。また、これを基酒として、甘味葡萄酒を調合する処方箋も開宛の善兵衛の手紙に示されている。妙義では、ワインの醸造よりも梅酒の醸造が主流となっていった。

善平の戸籍には「寺末定」とある。故郷を捨ててアメリカへ渡り、キリスト教徒となった善平は、妙義の園地全体が見渡せる農場中央に張り出した小さな丘のような尾根の突端に埋葬された。いまは杉の美林におおわれてしまったその場所は、元気な頃の善平が好んで立つ地点であった。

もう一度、小沢善平の前半生に戻る。小沢匡氏の保存される文書の中に、前後の欠落した善平の手稿がある。他日、これは『撰種園開園ノ雑説』と照合しつつ解読されるべき貴重な資料と判断しているが、ここに小沢善平が維新前、ひそかに渡米した理由が明らかにされている。そのことをつけ加えておく。

善平が生糸取引に関係した仕事についていたことは、既に知られている。驚くべきことに、彼はフランスで直売を企て、慶応二年十二月十一日横浜を出港したカロライナー号に乗船し、リヨンへ赴いたのである。しかも、彼はこの出国が国禁を犯す行為と知らなかったため、翌年四月横浜へ帰着した時、船内臨検に来た武士と甲板で出会い、どこからこの船に乗ってきたのかと問われ、何気なく「佛国リオン府ニ行キ只今帰国致シタル次第」と答えてしまう。禁制破りで拉致されるところを船長の機転で助けられ、夜になってひそかに上陸し、フランスの生糸買付商アイ・ロード氏宅にかくまわれた。

　日本にいることはできないと考えた善平は、折よく米国人ベンルイートの斡旋で、日本種の茶、桑、その他の植物をカリフォルニア州で栽培する事業に種苗調達による出資をして参加した。こうして、慶応三年十二月二十一日、今回は妻子を伴い再び密出国したのであった。

　さて、小沢善平が妙義山麓に構想した一種の実験農場は、善平の存命中、撰種園の名声のもとに一応の完成をみた。しかし、匡氏は
「善平には、果せなかった一生の夢があったのです」

といった。それは、妙義の農場に実践的な農学校を建て、若者を育成することであったという。

　ここに到って卒然として悟るところがあった。善平にとって、津田仙はライバルとして存在していたのだ。

　小沢善平が谷中に種苗圃を開いた明治七年、津田仙は『農業三事』をひっさげ、革新的農業技術の指導者として華々しく登場した。奇しくも、二人はともにクリスチャンであった。しかも、西欧農業の数少ない体験者として、いわば泰西農法の伝道者としての共通項を持ちあっていた。だが、二人の活躍は次元の異なる場において、それぞれにきわだっていたため、両者にライバルの関係を指摘する説は、これまで無かった。いや、不明にして知らない。

　善平は農業の現場と結ばれた種苗の供給者として、実務における西欧農業の推進者であった。これに対して、津田仙は啓蒙家であって実務家ではなかった。明治九年一月、東京麻布本村町に開設した学農社農学校は、クラークを招聘した札幌農学校や、駒場の官立農学校より早く、近代日本における農業教育の最初の機関であった。しかも、ここに集積される情報の発信手段として、同時に、『農業雑誌』が創刊された。この雑誌は、ジョージ・ワシントンの言葉を借りて「農業人民職業中最健全、最尊貴、最有益者也」をスローガンとして掲げた。

小沢善平が学農社に無関心でなかったことは、『葡萄培養法』（明治十二年）を上梓するに当って校閲を十文字信介に請うたところからも容易に推察される。十文字は学農社農学校の生徒として学び、この頃は『農業雑誌』に執筆する学識者として知られる存在となっていた。

学農社農学校からは十文字のほか、玉利喜造、福羽逸人、池田作太郎、巖本善治、立花寛治ら、有為な人材が輩出した。しかし、駒場の農学校が整備され、外国人教師を中心とした講座の内容も充実してくると、津田仙の個人的経済負担で運営される学農社農学校の先駆的役割りは終った。

明治十七年十二月、学農社農学校は解散した。谷中撰種園の小沢の耳に、このニュースはすぐに入ってきただろう。そして、小沢の妙義登山はまさにこの年であった。時期からいえば妙義行の方が早い。しかし、農学校の生徒にあらかじめ駒場への転学をはかるなど津田にも周到な準備があったようだ。うわさは流れていたかも知れない。

小沢善平が教育者としての夢を抱いたのは、谷中時代から実務の指導を請う入門者が後を絶たなかったことに一因があろう。その中にデラウエアの普及に功績を残した雨宮竹輔や、岩の原葡萄園の川上善兵衛がいたことはすでに述べた。

おそらく、善平には、座学では津田仙に譲るとしても、西欧農業の実地修業については自分に勝る指導者はいないとの自負があったであろう。学農社農学校の解散が駒場にその座を明け渡さざるをえなくなったからだとしても、妙義には実学ともいうべき駒場とは別種の農業教育を実践する場がつくれるとの思いが、津田仙の撤退を機に、善平の胸中をいっそう熱くしたのではなかったか。

津田仙はキリスト者として安中の新島襄と極めて親交が深かった。小沢善平がこれを知らないはずはない。また、同じ群馬県下の豪農で津田仙の思想の実践者であった「共農舎」の武藤幸逸の存在も、妙義開墾を進める間、彼の意識の底にあり続けたと思われる。

余談ながら、武藤幸逸について触れておく。

武藤家は代々、群馬県山田郡龍舞村の名主役をつとめる豪農で、かたわら清酒醸造と質店を営んでいた。明治元年、幸逸が家督をついだ。一時、河野広中らと民選議院開設運動を行ったが、明治八年、政府が開いた地方官会議を傍聴し、同志と「民会議員ヲ公選スルノ議」を建議したが却下され、「政府ニ於テ陽ニハ民選議院ノ必要ヲ説キナガラ断然之ヲ決行セザル者ハ畢竟吾等人民ノ元気振ハザルニ原因セザルベカラズ若シ夫レ吾等人民ノ元気ヲ振ハシメントセバ人民ヲシテ其ノ実力ヲ養成セザルベカラズ而シテ実力養成ノ道ハ農工商業ヲ振作スルノ一途ニアルノミ」と決心した。

明治九年、榛名山麓に一大果樹園を開設しようとして移住、開墾を始めたが、地元民と紛議が起り、二年にして断念した。親交の深かった津田仙との関係は、この頃に始まったものと思われる。

明治十一年、郷里龍舞村の渡良瀬川氾濫原の湿田地帯に「共農舎」農場を設立し、耕地整理、土地改良を進めた。彼は、殖産興業期の農業政策が理想として掲げた西洋の大農式経営を夢みながらも、耕地一四町歩余は、米麦を中心に、果樹、桑、茶、養魚等を織り込んだ複合経営の、いわゆる混同農法のモデルともいうべき、和洋と農工を一体化した農場を完成させた。

ここに植栽されたブドウ、リンゴの苗木は、群馬県勧業課、津田仙の学農社、小沢善平の撰種園から入手したものであった。

ブドウ栽培は、もちろんワインを目的としており、種々の苦心があって後、明治三十年代の初めになって、ようやく醸造を開始した。

小沢善平が妙義へ入植するとき、「共農舎」はすでにその開明的な経営が斯界の注目を浴びていた。それが、もしかすると、善平の内に競争心を湧き起こさせたかも知れない。さらにいうならば、群馬という地縁につながる武藤幸逸や新島襄の背後に、小沢善平は常に津田仙の影を感じていたに違いない。そして、だからこそ津田とは方法を異にする教育者として、後事を託す若者を育てたいと願望し続けたのだ。

小沢善平は、津田仙より一〇年あとに生れ、五年早く世を去った。彼がその生涯を閉じた妙義開墾場一号舎のあとは、匡氏がその遺志を汲んで、立教大学のセミナーハウス「妙義山荘」として面目を改めた。

四囲には、善平が谷中から移植し、いまは群馬県の天然記念物に指定されている「妙義のアメリカショウナンボク」をはじめ、タラヨウジュ、その他、妙義の植生とは異質な渡来植物の樹々が、往時を証言するかのごとく木立の間に入りまじっている。

とまれ、小沢が成功したのは、ワインづくりが農村経済の活性化に希望を与えていた明治十年代の前半、洋種ブドウの栽培・醸造の企業家としてではなく、この時代の風潮にのってブドウ園を新たに開設する人たちに情報を提供する先導者としてであった。苗木の商売はその見返りとして成立したというべきであろう。津田仙の学農社農学校もまた同じ側面を持っていた。

西洋の種苗に人々の関心が集まったこの時期、皮肉なことに、西欧式農業の移植に最も熱心であった明治七年から十三年にかけての勧農政策は反省期を迎えていた。

しかし、ひとたび民間に浸透した醸造用ブドウ栽培への関心は、すぐには冷めなかった。そして、それに応える苗木商も、津田や小沢に続いて各地に現われた。それらの中では、横浜の植木商会、東京赤坂溜池の興農園、やや下って早稲田農園などの名が広く知られ、政府主導に代って輸入種苗の頒布に貢献した。農政の重点が米麦に移ったあとの果樹特産地形成は、これら民間有志の活躍に負うところが大きい。

種苗という商品の特殊性から工夫されたことであろうが、今日、流通業界で一般化したカタログによる通信販売の日本における元祖は彼らであった。

ワインづくりの異端と正統　愛知県下の埋もれた事蹟

こうした中で、ブドウ苗木の販売先を組織化して、生産されるブドウ果実を自らの手でワインにすべく醸造へ向った特異な結社があった。前篇第六章に述べた名古屋「葡萄組商会第四分社」である。

この会社については、酒文化史に造詣の深い森下肇氏が『東海近代史研究第五号』に発表した論文「明治初期のワイナー」の中で次のように述べている。


葡萄組商会は、正式名は「葡萄組商会第四分社」。荒地開墾ブドウ園設立、ビール・ワインの醸造、ブドウ苗木販売（収穫したブドウ実を買いあげる約束の上で、農村の栽培者にブドウ苗木を販売）を行った。社長は日比野泰輔というが、彼については全く不明。そのワイン志向が、官に近い処から発したのかどうか謎である。

この会社の直接資料として、明治十七年四月出版『葡萄効用論』（葡萄組第四分社　椽谷喜三郎編纂　翻刻出版人　名古屋区伝馬町七丁目九拾番　伊東昌見）が、国会図書館にある。ワイン醸造による〈実利〉を訴えた小冊子である。


この株式会社の発端は、『愛知新聞』広告（明治十五年九月二十七日）に見える。

「葡萄酒其他発明酒類及舶来酒葡萄砂糖漬仝苗木各種
右醸造及培養ナサントシ当地ニ第四分社ヲ設置ス故ニ出願中ナリ不日許可ヲ得テ速ニ開業ヲナシ之レヲ盛大
極メントス同盟有志ノ諸君ハ御来車ヲ乞フ　但御小売多少ヲ不問目下ヨリ御結約ス
名古屋伝馬五丁目　東京葡萄組商会社員　伊東昌見」

東京葡萄組商会が、名古屋へ進出して先ず社員伊東が伝馬町に事務所をかまえたようである。この〈東京葡萄組商会〉の存在自体全く判らないのであるが、日比野泰輔が『有喜世新聞』にブドウ苗木販売の広告を出している（明治十二年、同十三年）ので、日比野の東京浅草に於けるブドウ苗木販売事業を、東京葡萄組と自称したのかもしれぬ。

「自園に葡萄三年木二千本あり本年は一本平均廿五房の実を結び惣計五万房なり廿房を以て一貫目とす比重二千五百貫目あり若し葡萄酒を造らんとせらるる方には時の相場を以て売払うべく前約支度候間有志の君は来車を乞ふ但し従来苗木御需めの諸君には自園にて実を結びたる景況を御覧に可入候也
浅草区南元町十八番地　葡萄苗木販売所　日比野泰輔」（『有喜世新聞』七三六号明治十三年六月二十五日）

名古屋での開業は、前記『愛知新聞』の広告から二カ月後の明治十五年十一月であることが、『明治十七年愛知県統計書』に記されている。

「葡萄樹培養洋酒類販売　葡萄組商会第四分社　名古屋区伝馬町　明治十五年十一月開業　支店数四　資本金一四一五〇円」

第四分社の「四」の意味は何であろうか。後に日比野泰輔は、大阪北区伊勢町廿番地でブドウ結社を起した時「葡萄組商会第二分社」と称す。この創立は十九年四月以降なので、設立順にナンバーを付けたとすることは出来ない。また東京を仮に「一」名古屋を「四」大阪を「二」とするならば、「三」も何処かに存在する？

（後略）

森下氏より教示を受けた資料によって若干の考察を加えたい。

『金城新報』（明治二十年三月九日）に長文の広告が掲載されている。葡萄組商会第四分社に紛議が起り、大阪の葡萄組商会第二分社の支店として再発足する経緯を訴えたものである。おそらく日比野泰輔自身が語ったところを文章にしたのであろう。それが、はからずも日比野の経歴をおぼろげながら知る手がかりとなっている。

それによれば、日比野は、「元来、洋酒醸造に熱心し、既に去る明治九年中より其筋に向けて米酒の弊害を説き、洋酒を以って此れに替えなんと建白」したとある。彼が浅草吾妻橋界隈で、明治初期、模造洋酒づくりにかかわっていたとうかがわせるこの文章は、その後の日比野の姿を探る上で、きわめて示唆に富んでいる。

彼はいう。

「日本全国中に年々米酒五百万石を消費するものと見積り、此の米一石四円と概算するも二千万円の巨額に上り、経済上ただに不利益のみならず、人身健康を妨ぐる亦た頗る大いなり。然るに是を洋酒に換うる時は、其の醸造の失費も少なく、加うるに、葡萄樹等を培養繁殖せしむるより自ら不毛の原野を開拓し、是を有用の沃土に変化せしめ、健康を保つ事も亦た甚だ著し。欧米人民の常に米酒を捨て洋酒を用いるは、其の意蓋し経済健康の両全を得るに據る論を俟たず」

当時の独善的洋酒礼讃論の典型といってよいであろう。しかし、政府の文明開化、殖産興業といった新しい政策が庶民のレベルに下りていくと、時として、共鳴するエネルギーが、こんなかたちに増幅されることも、決して不思議ではない時代だったのである。

数年のうちに、日比野泰輔は「葡萄苗木販売所」の看板を掲げて、勧農政策に便乗する商売へ転進している。明治十二年九月二日付『有喜世新聞』（四九五号）に掲載された広告によって、それを知ることができる。

広告

夫レ葡萄ハ人ノ健康を保全スル滋養品ノ第一ニシテ平常是ヲ食スレバ悪疫流行スルモ伝染ニ罹ルノ患ナシ依テ年来刻苦シタル方法ヲ以テ左ニ掲ル苗木一本ヲ一坪ヘ植付初年ハ四五房ノ実ヲ結ヒ二年目ニ至リ同ク十四五房三年目ニハ一反歩ニ付菓実ノ代価凡百五十円（即一坪五十銭）四年目ニハ必ス三百円ノ利益ヲ得ル仍テ有志ノ諸君吾カ方法ニ倣ラヒテ培養アランコトヲ希望ス

	丈ケ	一本代価
猶太白実	三尺	金　二銭五厘
葡萄苗	六尺	五銭五厘
亜墨利加	一丈二尺	十二銭五厘
日本甲州種	六尺	二銭五厘
同二年本		
同三年本		

右定価　本以上御購求ノ諸君ヘ割引販売候也

浅草区南元町十八番地

葡萄苗木販売所　日比野泰輔

この広告と、森下論文に引用された明治十三年六月二十五日付『有喜世新聞』掲載の広告を対比すると、わずか一〇カ月ほどの間に日比野の着眼点が大きく変化したことに気づく。政府が旗を振るブドウ農業に苗木販売の商機を見てとった日比野は、商品である手許のブドウ樹二千本が生みだすブドウ果実の重みもまた予感できた。だからこそ彼は、苗木の広告に代えて、ブドウの買い手を求める予約募集を思いついたのだ。それはまた、自分が販売した苗木からやがて収穫されるであろう莫大な数量のブドウを誰が買い取るのか、思案させたに違いない。

想像するに、日比野泰輔のような時局便乗型の苗木商が取引する相手は、祝村葡萄酒会社や岩の原葡萄園の如く、ワイン醸造を目的に苗木を調達する地主、豪農と違って、数本あるいは数十本どまりの規模で、休閑地の利用を思い立った小農たちではなかったか。とすれば、醸造まで行う資力も才覚もない彼らを誘導してワイン生産を組織することは、「元来、洋酒醸造に熱心」であった日比野にとって、当然の帰結であったというべきか。

しかし、彼がなぜ名古屋を舞台に選んだのかはわからない。

再び『金城新報』（明治二十年三月九日）の広告に戻る。ここに、葡萄組商会第四分社の社長として日比野が東京から赴任したのは、明治十六年八月二十四日と明記してある。その前年、東京葡萄組商会より社員伊東昌見が派遣され第四分社が発足したが「維持の方法宜しきを得ず既に殆んど土崩瓦解の姿を現わし」、そこで経営再建のため日比野が乗り込んだらしい。この時、東京の店舗はどうしたのだろう。

『農商務省報告』（明治十九年四月十六日官報）によれば、醸造を目的としたブドウ植栽は明治十三年以降急激な増加をみせ始め、特に十六年以降の三年間はブームであったことが明白である。しかもこの植栽に参加した人員を

年度別外国種葡萄栽植本数
および累計本数の推移

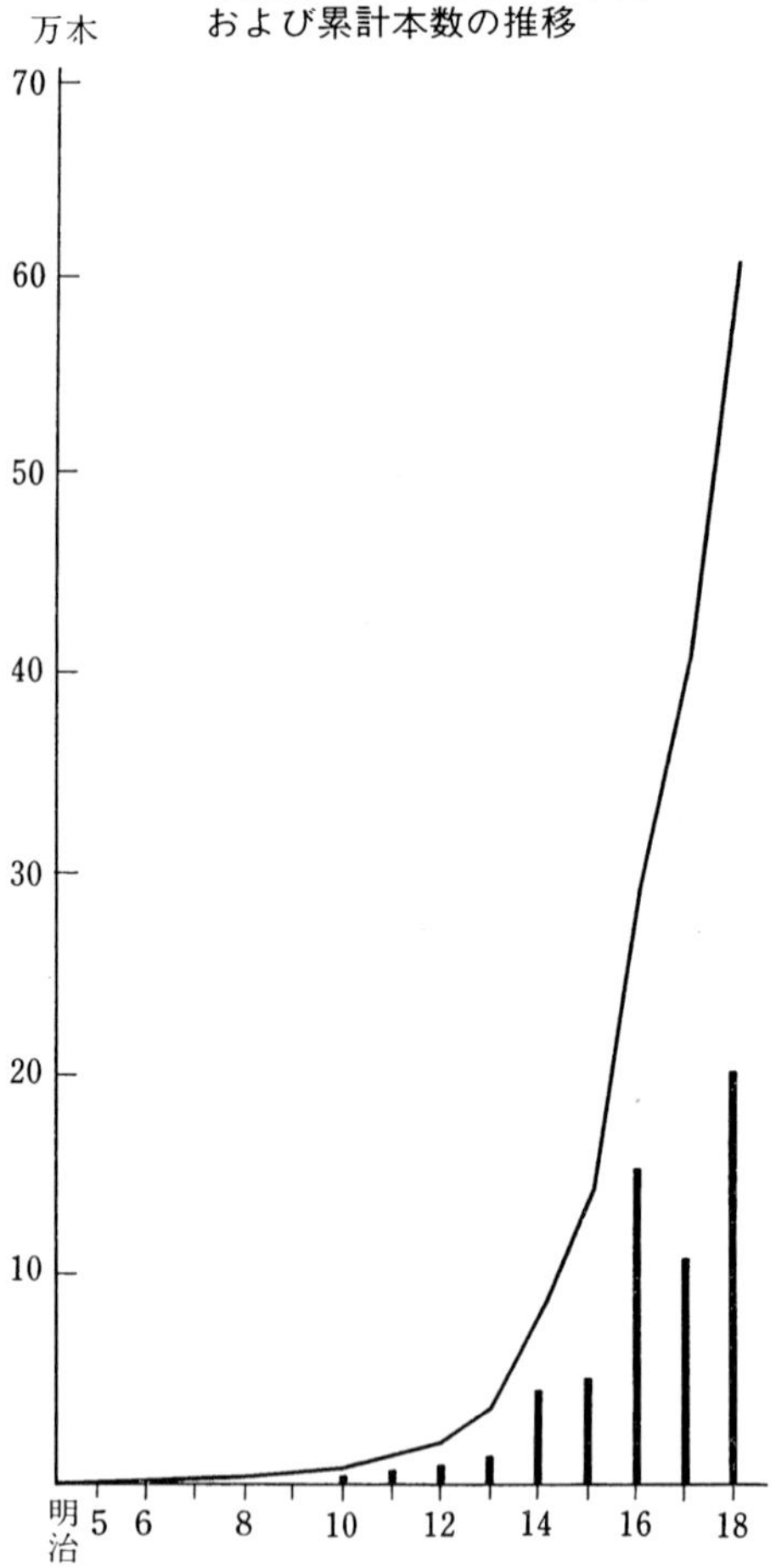

みれば、明治十八年の統計は全国で九四五人、そのうち愛知県は二六二人で、他府県を大きく引き離しての一位である。植栽本数もまた三三万本に達し全国の約半数をおさえている。

この数字に二つの要素が含まれていることは前編において既に述べた。一つはいうまでもなく日比野等の勧誘によるもので、その様子は愛知県農会が編纂した『愛知県園芸要鑑』（明治四十三年）によって窺い知ることができる。明治後期から大正にかけて、名古屋市場に生食用ブドウ産地として知られた西春日井郡西春村大字仲之郷についての記述に次のくだりがある。

仲之郷葡萄は明治十五年名古屋に葡萄酒醸造会社の設立ありて該会社より其栽培を勧誘せられ生産の果実は仝会社に売却するの約を以って十五年共同して葡萄の品種二十余を仝会社より一本六銭にて購求し何れも一反歩内外を栽培せり整枝は棚造となすものあり自然に放任するものありて一定せざりしが二、三年を経過したるに

「イサベラ」の一種結実するのみにて其他は殆ど不結実に終れり而て採取したる「イサベラ」種は醸造会社又は知多郡の盛田醸造所へ売却したり然るに結実二、三年は完熟せしも其の後は不熟の果多く一方病害甚しく前途の望なきを豫想し殆んど全園廃園に皈せしめたり

仲之郷はその後、廃園となるべき植栽地から病害に強いアメリカ系ブドウ品種カトーバを選抜し、これによって青果市場向けのブドウ産地として復活し、一時期、盛況をみたと伝えられる。現地を調査した森下肇氏によれば、ブドウ畑は大正末期に山梨のブドウに押されて消滅し、今日、葡萄組商会第四分社にまつわる史実は、全く発見されなかったとのことである。

さて、右の『愛知県園芸要鑑』の記述を考察して葡萄組商会第四分社の実像に多少とも近づいてみたい。『要鑑』には「明治十五年名古屋に葡萄酒醸造会社の設立ありて」とあるが、これは明らかに誤伝である。しかし、明治十五年、伊東昌見を代表に立てて発足準備を進めた第四分社が、ワイン原料として収穫果実の買取りを保証する契約で苗木頒布の活動を行ったことは間違いない。

一方、『明治十七年愛知県統計書』はこの会社の業種を「葡萄樹培養洋酒類販売」と記載しており、これが登記上にうたわれた営業目的であったと推察される。この「洋酒類」が「ブドウ栽培即ワイン醸造」の思想から出たものか、あるいは日比野の前歴である模造洋酒の調合屋を根としたものか、ここでにわかに判断はつきかねるが、後年、ワイン醸造場開設より早く、明治十八年八月十八日付の次の広告に述べられたところを見れば、この会社がワインに限らず洋酒全般を志向していたことがわかる。

鯱ビール　当社新醸

右本日ヨリ発売仕候且ツ白赤葡萄並ニ洋酒類多分着荷仕候間倍旧陸続御購求アランコトヲ希候也
御贈物ニ便利ノ為メ洋酒切手ヲ調製致置候間是亦御承了ヲ乞フ

八月十八日

名古屋圓町七丁目
葡萄組　第四分社
（『黄金新聞』）

この頃すでにブドウ果実の販売や、余所から仕入れた洋酒の小売りを行っていた様子が文面から読みとれる。葡萄組商会第四分社はその発足当初から、苗木販売の口実としてワイン醸造会社が早晩設立開業されると説いていたにもかかわらず、実際の酒類取扱いは模造洋酒から始まり、明治十八年にビール醸造所開設、そしてワイン醸造場の新築落成は翌十九年三月十八日まで待たねばならなかった。販売した苗木の成長に要する年月を考えれば、遅すぎるとはいえない。

その成育状況について、さきに引用した『要鑑』には、仲之郷地区の事例として整枝法がまちまちであったこと、イサベラ種以外は数年たってもほとんど結実しなかったこと、その後イサベラ種も不熟果や病害がひどくなったこと、以上三点を挙げて廃園に追いこまれたとある。要するに栽培管理の技術を全く持っていなかったための結末であった。ブドウ栽培の効用を説くに熱心で、実務の指導に剪定整枝の徹底が全く欠けていたといわざるを得ない。

しかし、栽培技術について第四分社にノウハウがなかったわけではない。「苗木御購求ノ諸君へハ培養法伝習スベシ」と次のように新聞へ広告しているのである。

「県下諸君ニテ従来植付アル葡萄樹手入方不行届ヨリ枝葉蔓延為メニ結果ノ功ヲ欠クモノ少ナカラズ斯ク貴重ナル国産物ヲ空シク無益ノ長物ニ附セシムルハ遺憾ニ堪ヘザル處タリ故ニ当社ニ於テハ目下刈込季節ニ方リ刈込御依頼ノ諸君ヘハ社員ヲ派出シ無用ノ枝蔓ヲ剪除シ十分結果ノ功ヲ奏スル様深切ニ手入致スベシ尤諸入費ハ一切不申受候」(『黄金新聞』明治十八年三月二十七日)

ここにいうところは、剪定作業の無料サーヴィスである。あるいは仲之郷の失敗が教訓となっているのかも知れない。この第四分社の興味あるところは、思いがけないところで神経の行き届いた小技を発揮するところにある。前記の「御贈物ニ便利ノ為メ洋酒切手ヲ調製」といった今日のビール券の発想がすでに実行されていたのを見ても、この発案者であるに違いない日比野泰輔なる人物の機微に通じた行動が、どこかにいかさまな臭いを漂わせながら不思議な魅力を発散しているというほかはない。

だが、この時期、彼は大きな不幸と遭遇していた。その行方について、まだ予測もつかぬまま、「鯱ビール」の創業を目前に、次の広告を出す事態となっていたのである。

今般東京芝区三田育種園ニ栽植ノ葡萄樹ニ洋名〔ヒロクセーラ〕ト称スル害虫発生セシ處葡萄樹ハ吾国将来ノ一大物産トナルベキモノニテ政府ニ於テ夙トニ注意セラルル折柄ナレバ農商務省ハ大ニ之レヲ憂慮セラレ臨時特派員ヲ発シ各府県下ノ葡萄園ヲ試験セラレ現ニ同省御用掛小野孫三郎君ハ山梨県巡視ノ上去四日当地ニ着セラルヤ直チニ当県農商課吏員ト共ニ弊社ノ園地ニ臨マレ細密試験セラレシ處弊社ニテ栽培シタル苗樹ニハ更ニ寸害ナケレドモ昨冬三田育種園ヨリ取寄セタル分ニ限リ害虫ヲ発見セリ右ハ全ク東京ヨリ苗根ニ附着シ来リタ

ルモノナレハ今ニシテ駆除セザル時ハ自然他ノ無害ナル苗ニ伝染スルノ恐アルヲ以テ該苗ハ悉皆焼却候間兼テ弊社ヨリ売捌タル中三田苗ノ混シタル分ハ試査ノ上政府ノ命ニ応ジ焼捨テ害根ヲ絶チ候様致度然ル時ハ自然御購求ノ諸君ニ於テ御失望モ可有之ニ付当秋ニ至リ弊社ヨリ更ニ純良無害ナル苗ヲ以テ今般焼却ノ苗ノ代リトシ引替一層培養方ヲ御世話可申候夫レガ為メ本日ヨリ社員三十名宛ヲ撰ビ各地ヘ派出セシメ候間此段及広告也

明治十八年六月

名古屋伝馬町七丁目

葡萄組商会第四分社

（『黄金新聞』明治十八年六月十一日）

以後のフィロキセラ被害状況については述べるまでもなかろう。懸案の葡萄酒醸造場はこうした危機の中で、翌十九年三月開業した。しかし、さきに引用した「大阪第二分社支店」としての再発足を告げる文章を借りていえば、「アナ事も愚かや十九年四月に及び社中に私意を挟む者の候ふて平地に波を暴起たしめ《ママ》」日比野は十月初旬遂に社長の職を辞したのであった。そして、二十年三月復帰するが、ブドウ畑の復興は遂に成らなかった。

今日、葡萄組第四分社なるものの存在を伝えるものは、わずかに『葡萄効用論』（明治十七年四月）一冊があるのみとなった。この薄い和本は、勧農に重点をおいた初期殖産興業政策の残響を増幅再生しようとした民間オルガナイザーの意識の実態を伝えてあますところがない。

この小冊子の奥付には、「翻刻出版人伊東昌見」とある。その伊東の名が明治二十年十二月八日付『金城新報』に意外な事件で登場する。

酒類製造犯則者　当区京町百九番戸平民薬種兼洋酒商石黒鐘二郎三十一年三月は伊藤昌見《（ママ）》が名古屋區南新町二番地に於て酒類を製造すべき酒類製造鑑札を譲り受け《（ママ）》べき積りにて免許鑑札を受ず本年九月五日頃葡萄菓実五百〇八貫三百六十目と四斗樽十四個枇杷樽一個とを当区宮町六十八番戸平民洋酒商清水市兵衛四十九年四月に交付し醸造せしむるため汁液分離方を依頼したるに付き市兵衛は自己倉庫内に於て汁液三石三斗二升を搾り右器物に入れ栓子を抜き醗酵せしめたる際本県租税官吏に発見せられ又販売の目的を以て白砂糖菩提樹花酒石酸大黄丁幾紅茶丁幾アルコールを原料として模造葡萄酒二斗余を製造し貯はへ沈澱の期を俟って居るを同様発見され当軽罪裁判所に於て此程審理の末各罰金六拾円宛に処せられ該汁液及び犯罪の具に供したる物品を没収せられたり

文面による限り、伊藤昌見《（ママ）》に犯則はなかった。けれども、この記事によって、当時、伊東が代表者となっていたと推察される葡萄組商会第四分社の、酒類製造業者としての活動は終末を迎えつつあった様子が看取できる。また、明治二十年頃の模造洋酒を扱う洋酒商の雰囲気も伝わってくる。日本の洋酒産業は、まさしく、このような出自をもって始まったのである。

勧農政策の主要な柱であった泰西農業を基盤とする農村工業振興の夢が消え去ったあとのこの時期、苦境に立たされたワイン醸造家にとって、唯一脱出の方策は甘味葡萄酒への転進であった。しかし、これとても、ブドウ農業との宿縁を背負う一群の先駆者たちには茨の道であった。身軽な模造洋酒屋が原料としたのは、樽詰の安価な輸入ワインと関税のかからない薬用アルコールだったからである。その仕事に通じていたはずの日比野らは、苗木の幹旋から深入りして、遂にフィロキセラの跳梁するブドウ畑の重荷に耐えきれなくなった。

ともあれ、葡萄組商会第四分社は、そのユニークな軌跡によって、日本のワイン産業発達史に書きとめておくべき、特異な存在であった。彼らは、殖産興業、富国強兵の語法をもって、ベンチャービジネスとしての対象をワインに置いたと考えられるからである。

この葡萄組商会第四分社の活動期、奇しくも同じ愛知県下で、最もオーソドックスに、はるかに綿密な構想のもとに、壮大な規模で事業に取り組んだ人物がいる。

尾張国知多郡小鈴ケ谷村で、代々庄屋を勤め、江戸時代中期から酒、味噌、醤油の醸造業を営んできた盛田家の第十一代当主、盛田久左衛門命祺である。『盛田命祺翁小伝』に葡萄園開設の経緯が簡明に述べられてあるので引用する。

抑も知多郡の地たる中央に官地の縦貫するあり、矮松荊蕀赭山を点綴し土地概ね荒蕪に属す、平素殖産興業を念とせるの翁は夙に之を慨し異日官に請ふて大に開拓せんことを慮り、元治年間に先ず数町歩の荒地を耘り茶園を設けて以て製茶の法を講じ爾来十数年一意研究を怠らざりしが、明治十三年親しく駿遠地方を視察するに及び、凡そ茶園の佳なるもの必ずや山林の蔚蒼たる土地に興り、薪炭に乏しき地の如きは決して得喪相償ふものにあらざることを悟るや、遂に甲州に入り葡萄の栽培を視察して大に感ずる所あり、茲に葡萄酒を醸造し以て国益を計るの勝れるに若かざるを決心し、帰来官地の拝借を請ひ同年十二月五百余町歩の使用を許可せらるに及び、直ちに甲府より技師を聘し葡萄の栽培並に醸造を掌らしめ、且つ分借規約を設けて同志と協力し終に苗樹数万株を植栽し、茲に数十町歩の官地を開墾することを得たり、翁は之が為めに寒暑を冒し寝食を忘れ督励太だ務めたりと云ふ（後略）

この『小伝』は大正五年、命祺翁二三回忌の二カ月あとに非売品として発行されている。記述に多少の過誤があるにしても編者を責めるべきではないかも知れない。気づいた点を指摘しておく。

明治十三年、葡萄栽培のため山林二〇余町歩が先ず貸下げられた。翌春、開墾が終りブドウ苗木をまさに植付ようとしている時、勧農局葡萄栽培地取調吏員桂二郎が出張してきた。このことは前編にも述べたが、結局、桂二郎が主張する醸造用ブドウ、リースリング、ピノー、ガメーの三種各五一〇〇本をドイツ、フランスから取り寄せることは実現しなかった。当時、ヨーロッパでフィロキセラが猛威を振っていたからである。

そのため、苗木は三田育種場と山梨県下より調達して、七町歩余に定植した。指導したのは「甲府の人、岩崎吉之助」と『明治前期愛知県農史』（愛知県農会編、明治三十八年）にある。山梨県側の資料に岩崎吉之助なる人物は浮んでこない。

この時期、桂二郎は農商務省農務局にあってワイン原料用ブドウの専門家として全国を巡回していた。洋種ブドウ普及のため、各県から指導要請が相次いでいた様子が『農務顛末』にみえる。こうした巡回指導の途次、彼は園地として造成を終ったばかりの盛田葡萄園に案内されたのであろう。

桂二郎が再びこのブドウ畑を訪れるのは、記録に残る限りでは、明治十六年四月、フランス人ドクロンの案内役としてであった。ドクロンはフランス農務省から派遣され、日本各地で野生ブドウの収集に従事していた。その目的はつまびらかでないが、フランスのブドウ農業に潰滅的打撃を与えたフィロキセラに抵抗性のあるブドウを育成するための「種属」のコレクションではなかったか。

この頃、殖産興業政策を推進した内務省はすでに改組され、産業分野の所管は農商務省となっていた。ドクロンが野生葡萄収集の間にワイン用ブドウの栽培地を視察した報告書が『農務顛末』に収録されている。ここにドクロンが桂二郎の助力を賞揚している文言があって、この報告書の背後が見えてくる。

西暦一八八三年（明治十六年）五月二六日横浜ニ在テ謹テ一書ヲ
西郷中将閣下ニ呈ス　余曩ニ三十有五日ノ光陰ヲ費ヤシ日本ノ南方及ビ中央ニ位スル所ノ地三百有余里ヲ歴巡シ漸ク今時帰濱シ其間取調ベタル概略ヲ今特ニ進デ　閣下ニ告グルコトヲ得ルモノハ誠ニ余ノ幸栄ナリ　而シテ　閣下嚮ニ余ガ該地方ヲ巡視スルガ為メニ　閣下統轄シ玉フ所ノ官吏ヲシテ壮年且ツ多才ナル桂君ヲシテ誘導セシメラレタリ　君ハ誠ニ余ノ此擧ニ於テハ甚ダ貴重ナリシ　君ハ余ノ側ニ在リテ経歴シタル所ノ各県令其他彼ト我ノ間ニ生ズル関係ヲ調理セシヲ以テ余ヲシテ甚ダ之ヲ容易ナラシメタリ　是レ実ニ　閣下厚意ノ賜物ナリ

（中略）

閣下今回余ニ於テ誠ニ懇切ナル厚意ヲ以テ殊遇ヲ蒙リ為メニ余ノ本国共和政府ヨリ命ゼラレタル所ノ責任ヲ容（ママ）易ク盡スヲ得セシメシモノハ独リ余ノ感喜ニ止マラズ余ノ本国政府ノ余ガ長官モマタ　閣下厚意ノ盡セル所将ニ感銘スルナルベシ　此ノ故ニ余モマタ聊カナリ共日本ノ農業ヲ益センガ為メ今回巡歴シタル所ノ県令ノ依頼ニ因リテ該業栽培者ノ為メニ適当ノ土質、肥腴、耕作剪定病害等其他該業ニ要用ナル所ノ大略ヲ講シタリ　若シ幸ニシテ実益ヲ与スルコトアラバ余ノ喜何カ如カン

報告書は時の農商務卿西郷従道に宛てたものである。この巡歴に際して、桂二郎が案内したブドウ産地は

兵庫県　播州葡萄園
京都府　聚楽葡萄園
愛知県　盛田葡萄園
山梨県　勧業試験場他

であった。

報告書にはこれら四カ所の概況と、それぞれについて観察したドクロンの意見が述べられている。この中でドクロンが最も好意的に記述しているのは盛田葡萄園である。明治十六年という時点でフランス人にある種の感銘を与えるブドウ畑が形成されつつあったことは明記しておかなければならない。

愛知県下葡萄栽培ノ景況並ニ意見

愛知県管轄ノ植物試験園ニ於テ近年米仏及ビ本邦種乃チ山梨県ノ苗種ヲ栽培シタリ而シテ園中ノ土質ハ善良ニシテ手入レモ亦タ能ク行キ届キタルヲ以テ余ハ充分ノ好結果ヲ得ベキヲ信ズルナリ而シテ愛知県内ニ於テ最モ人ヲシテ注意感覚ヲ惹起セシムルモノハ森田《（ママ）》氏が開カレタル葡萄園是レナリ氏ハ該地方中最有名ナル旧家ニシテ当時盛大ナル日本酒ノ製造場ヲ所持シ其資材ハ富饒ニシテ篤実ナル美志ヲ懐ケリ就中其善行美志ノ称スベキハ己ノ資産ヲ不マズシテ国家有益ノ事業ニ消費シ殊ニ近辺ノ小民ヲシテ其生数ヲ得セシムルヲ以テ楽シトス蓋シ氏ノ該園ヲ開クニ当テヤ氏ハ必ズ以為ラク米ハ日本人民食事ノ元素ナレバ猥リニ之ヲ消費スルトキハ遅速ハ知ラズト雖モ何レノ日カ其價騰貴シテ貧窮者ハ非常ノ困難ヲ来スベク必ズヤ時ヲ以テ之ヲ貯蓄セザルベカラズ果タシテ此ノ理ヲ了解スルトキハ之ヲ酒類ニ醸成スルノ不可ニシテ乃チ此葡萄ヲ以テ之ニ換フルノ便ナルヲ悟

リ且ツ己レガ地方土質ノ充分沃ナルヲ信ジ加フルニ該業ハ日本在来ノ葡萄モアリ又欧米種モ亦タ既ニ栽培セシ経験アルヲ以テ見レバ益々各国ノ葡萄ヲ栽培セバ美良ナル欧州ノ酒ノ如キモノヲ得ザルノ理ナシ之ニ添フルニ堅忍不抜ノ精神ヲ以テセバ何事カナラザラントノ志想ヲ懐キシナルベシ而シテ此精神志想ヲ以テ政府ヨリ名古屋ヲ離ル十三里ニシテ同県下小鈴谷村ナル海岸ニ沿ヒ最モ栽培ニ適当ナル小山ノ払下ヲ受ケ以テ一園ヲ開キタリ而シテ氏ノ志ハ爰ニ止マラズ目今又他ニ政府ヨリ土地ヲ借リテ非常ナル大園ヲ開設センコトヲ組織中ナリト初メ氏ノ該園ヲ開クトキノ費用ハ甚ダ巨大ナリ而シテ氏ハ自費ヲ以テ道路ヲ開キ又ハ栽植シタル樹ノ枯死シタル等夥多ノ困難アリシモ氏ハ聊カモ屈撓セズ益々之ニ盡力セリ是以テ該園ハ当今余程好景気ヲ現ハシタリ実ニ氏ハ愛知県ノ為メニハ精神アルノ愛国者ニシテ一般此業ニ取リテハ氏ノ如キハ政府ニ於テモ余程賞与セラレテ可ナルモノナラン故ニ余ハ氏ノ事業ニ就テハ惣テ政府ヨリ土地ヲ貸スノミナラズ充分ナル扶助ヲ加ヘテ可ナルモノト信ゼリ

他の園地についてはブドウの成育状況や管理について批判的な言及があるのに、盛田葡萄園には全くそれがない。この点については、ここが苗木を植てまだ三年目に入ったばかりの、しかも新梢が伸びている時期の未成園であり、他の三カ所は種々の問題が露呈している成園であることに留意すべきであろう。

これから二年後、嘱望されたこのブドウ園はフィロキセラによって蹂躙された。その直前、明治十八年四月、ワイン醸造場建築の指導者として、山梨県勧業試験場の大藤松五郎が招かれた。ようやく成園となったブドウの秋の仕込みに間に合わせるためである。フィロキセラが発見されたのは六月七日であった。

今日、整備された南知多道路を南下しつつ、小鈴谷の標識に導かれて、小さな山をいくつも重ねてつなげた丘陵地帯へ分け入っていくと、ここに殖産興業期の壮大な夢の舞台があったとは、誰しも直ちに納得はできまい。

しかし、知る人もまれになったこの葡萄園について、大量の古文書が盛田家に残されていた。それらは常滑市に昭和五十九年開館した鈴渓資料館に収蔵され、その概要は『盛田家文書目録』の下巻、分類項目「経営」のうちの「葡萄園」によって知ることができる。その数は五〇〇点に及び、その中には、

（倅吉之助につき書状）
　明治十五年三月廿四日
　岩崎新三郎→盛田久左衛門
（農商務省御用掛桂治《ママ》郎・仏人ドクロン野生葡萄調査につき書状）
　明治十六年四月廿六日
（フィロキセラ虫予防方法につき書状）
　明治十八年六月七日
　東京谷中清水町撰種園小沢善平→盛田久左衛門
荒無地開墾葡萄栽培醸酒利益予算
（開墾初年より十年迄借用金高・返償金高など内訳）
　年不詳
　〔以上一冊一通同封、封筒ウハ書に「予算書　岩崎氏迄送ル　大藤松五郎」とあり〕
（葡萄園・葡萄醸造につき書状）

一月廿七日
愛知県会計課木原清香→盛田久左衛門

などの史料があり、今後の研究が待たれる。

この頃、日本全土に広がった醸造用ブドウ栽培の気運に、小沢善平や大藤松五郎は有形無形の寄与をしつつある大きな存在であったことが、容易に推察される。こうした先駆的指導者の中で、ドクロンの報告書にも見られるように、各地の運動を横断的に掌握していた最大の情報通は桂二郎であった。いや、彼自身が情報の発信源として機能していた。

ドクロンが「多才ナル桂君」とことさらに言及したのは、桂二郎が洋行帰りの単なる語学に通じた案内人としてではなく、この時すでに独自の著作『葡萄栽培新書』（明治十五年十一月）を世に問うていた気鋭の技術官僚として、ドクロンもその力量を認める存在であった証左と読める。彼はフランス、ドイツに学ぶ農学者として、パリで遭遇した土屋竜憲に印象を残している。帰朝後、その修得した知識を集約して上梓した『葡萄栽培新書』は、「荒地ヲ開墾シ大園ヲ開設シ其結果ヲシテ酒ヲ醸シ得ルニ至ルノ順次大略ヲ示スノミ」としながらも、技術的興味において今日なお読むに耐える内容である。

彼は、明治十六年八月、農務局から播州葡萄園へ配属となり、さらに程なく、開拓使札幌官園へ転じた。ここでワイン醸造の任に当り、後に醸造所の払下げを受け、「花菱葡萄酒醸造場」と称して経営したが成功しなかった。また、恵比寿麦酒を創業したが、これも馬越恭平にゆだねる結果となった。これらは前編においてすでに述べたところであるが、国産ワインの黎明期、技術指導の第一人者として自他ともに許した前半生と、事業家として野心を果し得なかった後半生は、一つの個性が放つ光彩のあまりにも大きな落差を感じないではいられない。

万里孤影　藤田葡萄園行実

開拓使のワイン事業とならんで、ワイン国産化の最初期、雪深い北国にあって先駆的な業績をあげた藤田葡萄園もまた、桂二郎が放射する新知識に吸引されるところがあった。

藤田葡萄園の事蹟は『大日本洋酒缶詰沿革史』に記載されているほかは、郷土史誌『鷹岡城』（初版明治二十八年）、川上善兵衛『葡萄提要』（明治四十一年）によってわずかに片鱗をうかがい知るに留まっていたが、昭和六十二年、一族の藤田本太郎氏によって『弘前・藤田葡萄園』が出版された。現今、リンゴ産地として知られる弘前一帯において、リンゴ導入より早く、洋種ブドウをもって地方産業を振起しようとした藤田家の苦闘の始終が、ここに開示されている。

清酒「白藤」醸造元高嶋屋の六代目藤田半左衛門が実弟音三郎とともにワイン醸造に着手したのは明治八年であった。その前年、弘前で語学の私塾「陶化学舎」を開き、かたわら宣教師として伝道を行っていたフランス人アーサー・アリヴェ（Arthur Arivet）の指導を受け、この地方に従来より栽培されていた「白葡萄」を原料として「郷土の特産物」をつくろうとする意図からであった。

藤田本太郎氏の考証によれば、「白葡萄」は徳川時代に山梨から東北地方へ流出した甲州種であるとのこと。寒冷な気候と、おそらく、剪定などの栽培管理を知らず、放任のまま未熟に終るため着色しなかったのであろう。

アリヴェはボルドー出身であったが、明治八年秋の試醸を終えると、東京へ引き上げてしまったため、醸造用ブドウの栽培まで指導する余裕はなかったと思われる。勘案するに、アリヴェの役割りは藤田半左衛門がワイン事業に着手する踏切り板にすぎなかった。そして、ここから藤田葡萄園の波乱に満ちた歴史が始まるのである。

その詳細は『弘前・藤田葡萄園』につまびらかであるが、ワインづくりが国策であった頃の余韻が、地方にあって先祖の遺訓「世人生活豊かなれば安逸なり、安逸より惰怠に流れ、遂に家産を破るに至るもの間々見る所也、余財あらば地方の物産となる可き事業を興起す可し」を服膺する素封家の強烈な使命感と共鳴しあう様子は、国産ワイン草創期のエネルギーのありかと、その放出の有様を追う本稿において、是非とも書き留めておかなければならない。

以下に『弘前・藤田葡萄園』五三頁より六二頁までに述べられた葡萄園開設前後の事情を引用する。長文をいとわず紹介するのは、これまでに語ってきた日本各地のワインづくりが、国家の構想する「富国」という磁場の中で、一つの連環を保っている事実が如実に示されているからである。

(3)　ワイン業の夜明け

桂二郎の来弘　明治八年に始めたぶどう酒の醸造は、難航を重ねていた。アリヴェが去ってからも、醸法の研究を積み、必要な器具・器械や参考書なども求めて、いろいろ手をつくすのだが、アルコール分が弱くて、どうしてもヨーロッパ産のようなワインにはならない。ついに明治十五年になって、県庁に請願して県勧業課七等属平井臣親の出張を乞い、その指導をうけることになった。

さて、平井がいうには、本県に産するぶどうは糖分が少ないので、到底良酒をつくることは出来ない。欧州ぶどうの優良種を栽培して原料とするのが、良酒を製する最上の方法だと説いた。これは、適切な指導・助言

藤田葡萄園『鷹岡城』より

であった。また、この年はぶどう関係の権威者が相ついで来県した。藤田家に伝わる『葡萄酒醸造及葡萄園開設の来歴』から、その関係を引く。

同(明治)十五年ニ至リ本県庁ニ請ヒ県官平井臣親氏ノ出張ニヨリ醸法ノ教授ヲ承得スル所アリ同氏云ヘラク本県従来ノ葡萄顆実ハ糖分僅少ニシテ到底良酒ヲ製出スルノ資料トナスニ足ラス宜シク欧州葡萄ノ良種ヲ栽培シテ之レカ原料ニ充ツルノ優レルニ若カスト特ニ又タ当時農商務省農務局長田中芳男殿地方巡回ニ際シ説示セラルルニ該業ニ熱心ナルハ桂二郎氏ナリ氏ハ則今札幌ニ居ルヲ以テ往テ請得セラルヘシト其年十二月桂平井ノ両氏相携ヘテ来弘シ地方葡萄栽培有志数十名ヲ拙宅ニ招集セラレ葡萄栽培ノ事業ハ国家ヲ富饒ナラシムルノ一端ヨリ説キ起シ欧州栽培醸造ノ例証ヲ擧ケ所説周到ニシテ其演説数時間ニ渉レリ

田中芳男は当時農務局長の要職にあり、ぶどう酒醸造の実況を検分のために地方を巡回していた。藤田家を訪ねたのは十一月五日で、この時桂二郎を推輓したのである。この人は長州閥から出て後年首相を歴任した桂太郎の実弟で、この時農商務省御用掛、後に札幌の葡萄酒醸造所で栽培と醸造の技術主任となる。

とにかく田中芳男の口ききで、桂二郎が弘前へ来ることになった。これは、本県ぶどう事業の発展に一時期を画する出来事であった。来弘した桂は、弘前滞在中藤田家に宿泊する。六代目半左衛門自筆の日程表が残っている。

明治十五年十二月廿七日夕
農商務省御用掛　桂二郎殿
青森県七等属　平井臣親殿
拙宅着　大多雪御両人とも馬乗
　其帽子《ミノボウシ》着異形ナリ
廿八日　内ニ居平井氏壱人外出
大吹雪　大道寺環被參
廿九日　内ニ居
三十日　前同
三十一日　弘前葡萄栽培有志者拙宅へ相招桂氏栽培演説
十六年一月一日

大道寺繁禎殿宅へ両氏被招予も相伴
二日　中津軽郡吏并葡萄栽培有志者より酔月楼へ両氏被招余も相伴
　　　此日写真
三日　㊥へ被招
四日　有志者
　　　木村重通へ両氏被招予も相伴
五日　葡萄酒并ブランデー調合
六日　朝両氏出発
往復十一日

十二月二十七日から、十泊十一日の滞在であった。青森からは、恐らく雪の中を乗馬で来たのであろう。「大多雪御両人とも馬乗」とある。青弘間の鉄道は、まだ開通（明治二七・一二から）していない。「廿七日内に居」とあるのは、藤田家で実地指導などをしていたものと思われる。質疑応答を重ねたメモ類が沢山残っている。桂の滞在中のクライマックスは、暮三十一日のぶどう栽培についての演説であった。この日、藤田家へ集った葡萄栽培有志は、数十名といわれる。参会者の氏名の記録がないのは残念だが、菊池楯衛・外崎嘉七・楠美冬次郎ら洋種果樹栽培の先覚者は、みな顔を揃えたに違いない。前に述べたように、菊池はすでに十数種に及ぶ洋種ぶどうを植栽していた。楠美も十三年から、自分の宅地にぶどうを植えている。他にもいたであろう。また、これからぶどうの栽培をしようという者も、いたことと思われる。

桂はこのような人びとを前にして、ぶどう栽培がいかに国益にかなうかを説き、欧州における栽培醸造の実例をあげて、数時間にわたって熱弁を振るった。洋種果樹栽培が一種のブームを呼んでいた当時でもあり、ぶどう栽培についての認識を大いに深めさせた、桂の演説であった。

元日に大道寺繁禎《しげよし》が、桂・平井の両氏を招いた。大道寺は旧藩家老で、当時第五十九国立銀行（明治十一年創立）の頭取をしており、弘前随一の名士であった。この招待は儀礼的なものであろう。二日には、中津軽郡役所の官吏とぶどう栽培有志の招宴があった。会場の酔月楼（当時本町、いまの料亭中三の前身）は、弘前を代表する料亭である。「此日写真」というのは、宴会場での写真ではなく、その前か後に写真館で撮影したもので、現存するその写真を見ると、桂・平井両氏と藤田家の四人が写っている。半左衛門以外の藤田家三人は、作業着姿で、手に瓶や試験管のような醸造器具を持ち、傍には酒樽などもならべている。三日に招待された㊥とは、半左衛門の弟音三郎方である。四日の木村重通という人はよくわからないが、ぶどう栽培家の一人だろうか。五日に実技指導をした両氏は六日、弘前を離れた。ぶどう栽培ならびにぶどう酒醸造の権威桂二郎が、初訪問の弘前で受けた手厚いもてなしの様子は、ぶどう事業にかけた当時の人びとの熱気が伝わって来るようであった。

桂の実地指導　桂の滞在は、かなりの長逗留となった。その間、実地指導を含んで各般にわたったことは、「五日葡萄酒并ブランデー調合」とあることや、残されたメモの量によってもうかがうことが出来る。メモは半紙一八枚に毛筆で、びっしりと書きとめられている。そのほとんどは醸造の技術的なことなので割愛するが、一つだけぶどうの品種について参考になるメモがある。

一、寒地ニ適ス種類　酒ニモ適ス
赤「ピノーノアル《仏語》」十四年札幌テ栽培　赤「ガメーノアル《仏語》」
白「シャスラー《仏語》」　白「リキスリング《独語》」
○「ムスカット　アルキサンドル」手前ニ有干葡萄

「ピノーノアル」以下四種のぶどうは、いずれも欧州種の、特に醸造用としては最高のものばかりであった。また、早熟という点でも、これら四品種は共通点を持っていた。弘前が寒地であることを考えると、早熟は必須の条件で、桂はそのことを念頭において指導したものと思われる。なおメモの末尾に、ぶどうの王様ともいうべき「ムスカット　アレキサンドル」がつけ加えられているが、これはむろん醸造用品種でもないし、寒地に適した品種でもないから、何かの話のついでに出たのをメモしたものであろう。ただその下に、判読困難だが「手前ニ有干葡萄」とも読める注があるのが気になるところで、ひょっとしたらマスカットの一本くらい、既に試培していたのであろうか。

(4)　洋種ぶどう園の開設

第一号園を開く　さて、六代目半左衛門はこれまでの経緯を勘案して、次の結論に達した。すなわち、洋酒ぶどうの大栽培を行い、それを原料としてぶどう酒の醸造を行うのが最良の方法であると。そこで明治十六年四月、自宅裏に接続した中津軽郡豊田村大字外崎字富岡に、反別三町歩の地を開いて洋種ぶどうを植え、これを「藤田葡萄園」の第一号園としたのである。

『弘前市史』は「弘前の藤田半左衛門他二名が札幌官園から苗木を下して云々」と書いているが、このほかに東京の三田育種場からも、苗木を取寄せている。その各々の数量などについては、はっきりしない。他二名が誰かもわからない。この時取寄せた品種は、欧州種の「プレコース・マラングル」「ブラック・ハンブルグ」「シャスラー・ド・フォンテンブロー」そのほか数種類であった。

ぶどうの仕立方は、積雪の関係もあって株づくりを採用した。この仕立方は、後々まで一貫して変らなかった。棚造りは試験的に実施したことがあったけれども、積雪地には不適当と判定して、これは採用しなかった。こうして、本格的な洋種ぶどう園はスタートした。三年後には、一応若干でも果実の採取が見込めるから、これを使ってぶどう酒の仕込みを始める見通しがついたのである。

ドクロンとの出会い　明治十六年七月、桂が再び来弘した。この頃政府は、お傭い外人アンリ・ドクロン（仏人）に、わが国の野生ぶどうの調査をさせていた。桂はこの時ドクロンの国内巡回の案内をして、青森県へ来たのである。桂・ドクロンそれに桂に随行した平井の三人は、七月七日藤田家に一泊した。宿泊届を左にあげておく。

宿泊御届

一、佛国人　　　　ドクロン

但し旅行免状所持罷在候

一、農商務省御用掛　　　　桂　二郎

一、本県七等属　　　　平井臣親

右者山野生葡萄種類為取調出張私方醸造葡萄酒一覧之為昨七日止宿仕本日秋田県江向出発仕候此段御届申上候也

明治十六年七月八日

中津軽郡弘前松前町七拾五番地
藤田久次郎

弘前警察署　御中

ドクロンは菊地楯衛を案内人として、県内から野生ぶどう十三種を採集して帰ったが、その中から優良種は発見されなかったようである（『青森りんご発達史』）。ドクロンは去るに当ってお世辞たっぷりの次のような一書を残している。

西暦一八八三年七月八日、弘前に於て一書を余の親友藤田君に残す。余今般当地方巡回の途次貴宅に余の親友桂君と共に投宿し、実に種々厚情なる待遇を蒙り謝するに辞なし。

余は君の親友すなわち南方に寓する森田《ママ》氏の如く君が葡萄を栽植し、他日其果実を以て醸酒に供する時は国家に対し大なる利益あることに速に着目したるを祝するなり。

貴国に於ては山野に生ずる葡萄に充分なる保護を加え培養し醸酒に供する時は、必ず五、六年間を待たずして中等位の葡萄酒を醸し得且夫れよりして漸次仏国上等酒の如きを醸製なし得るは余の既に今日より確信する所なり。

抑も日本国は余の生国に次ぎ全世界中余の最も親愛する所なり。（下略）

仏国農務省葡萄取調員　ハンリイ・ドクロン

訳者は不明だが、訳文も余り上手とはいえない。

新潟・函館見学旅行　ドクロンとの出会いは、これで終ったわけではなかった。この後ドクロン、桂の調査の旅に随行して、半左衛門と次男和次郎が東北各県から北海道へ渡航することになるのである。一行は七月八日弘前を立ち、途中大館に一泊して九日久保田（秋田）に着いた。半左衛門と和次郎の旅は、本当はここで終るはずだった。秋田まで来たのは儀礼的な意味の同行で、ここでかれらを見送って帰弘するつもりだったからである。ところが、桂の方から新潟県庁試験場を見学した方がよいとすすめられ、そのうえ青森県庁へ電報を打って、平井の新潟出張の許可を取ってくれたりしたものだから、半左衛門も断り切れなくなってしまった。かくて、平井を加えて新潟へと旅立つことになったのである。

新潟へは、土崎港からの船便が便利であった。しかし船便は天候によっては、欠航という宿命がある。この時も秋田に到着後、船待ちすること八日間、ようやく十七日に土崎港を出発して、翌日午前九時新潟の土を踏んだ。意外の長旅で旅費も使い果たして、秋田滞在中に一五〇円、新潟に着いてから一〇〇円を、いずれも電報為替で久次郎から送らせた。新潟では県産業課の細野清二郎という人の世話で、ぶどうの栽培やぶどう酒醸造を見学したほか、新潟居住のイタリア人と会見して、その国の様子を聞いたりなどしている。しかし、そのほかこれといった収穫もないうえ、七日間に及ぶ滞在中特にすることもなく、「一日も早く帰宅したく、実に大退屈している」と久次郎宛の手紙に、心中を述懐している。

七月二十四日、ようやく新潟を発ち北海道へ向かう。函館着が何日かはっきりしないが、二十六日は同地に宿泊している。北海道では函館近郊の七重試験場を見学後、二十七日函館を出立して翌日青森港へ帰着した。久次郎宛の電報に「ゴ　ゼ　ンロクジ　アンチヤク」とある。後日桂宛に出した礼状には

二啓　七重試験場拝見仕リ候処フランケンタール一等ニ繁茂致其外之種類モ成育実ニ見事ニ御座候葡萄酒醸造処貯蓄場蒸留場悉拝見存大慶仕候此段御礼奉申上候

と述べている。桂とは函館で別れたのであろう。

＊

藤田半左衛門は、この年の秋、弟音三郎、長男久次郎を札幌の桂二郎のもとへ醸造技術修得のため派遣した。半左衛門は二人に調査すべき次の十九カ条を示している。これによって、アリヴェ以後の暗中模索が漫然としたものでなく、問題点をかなりよく捉えていることがわかる。すでにして半左衛門は、来るべき醸造に備え、不退転の決意でのぞもうとしていた。まったくの白紙でワインづくりを学びにフランスへ渡った土屋、高野の頃と比較すれば、わずか六年の歳月が経過しただけとは思えぬほどの豊富な予備知識が、雪深い弘前においてさえ獲得されていることに驚かざるをえない。即ち、

一　葡萄ニ有含葡萄酸リンゴ酸区別
一　葡萄ノ磄（ママ）分計法
一　葡萄ノ種類ニ寄成熟之見方出発ノ折申付候ケ条

桂二郎『大日本麥酒株式会社三十年史』より

一　醸造温度貯蔵温度
一　醸蔵建築法　貯蔵建築法
一　醸蔵、カーヘルヲ以温度与フル法
一　醸樽洗方并貯方貯酒樽洗方貯方
一　貯樽ニ用ヘル本品産地　鉄輪製造処穿鑿（せんさく）
一　醸造方手配使用人数積
一　蒸酒方法並竈《カマド》建築法
一　蒸酒器運転圧搾器之運転法
一　コム管ヲ以テ酒造付臭《クサキ》気取法
一　葡萄酒へ火当スル法右へ用イル器械穿鑿之事
一　葡萄園位置土質方位実地ニ付テ能々研究可致事
一　栽培手配使用人夫積り
一　剪定法植付間隔ノ間尺
一　肥料但貯置并手配
〇　栽培用諸器械
〇　醸造用諸器械

藤田葡萄園はワイン醸造にむけて着々準備を進めた。明治十七年、醸造場と貯蔵用の地下石穴蔵を新築、この地下貯蔵庫は明治三十七年までに二度増設して四八坪の広さとなった。醸造場は五間四方の土蔵造りであった。

ブドウ畑もまた三次にわたる園地開拓によって合計一〇町歩余となった。この間、明治十九年に発生したフィロキセラ虫害による壊滅的状況をくぐり抜けて、ブラック・ハンブルグ（別名フランケンターラー、トゥロリンガー）やシャスラーなど、ヨーロッパ系品種の密植栽培に成功したことは、高く評価されなければならない。

「既ニ植付後三年ヲ経過シテ成木シタル多数ヲ焼棄シタル為メ本園ノ享ケタル損害ハ多大ナルノミナラス多数ノ同業者ハ何レモ栽培ノ容易ナラサルヲ想ヒ葡萄栽培ヲ断念スルニ至レルニ際シ独リ初念ヲ貫徹セント一層不撓不屈ノ精神ヲ発揮セシハ自分ナカラ万里孤客ノ感ナキニアラサリキ」（『藤田葡萄園沿革』）

フィロキセラに襲われる以前、弘前一帯には、すでにかなりのブドウ園が存在していた。後にリンゴ栽培の先覚者として名をなす菊地楯術、外崎嘉七、楠美冬次郎をはじめとする多数の人たちが、勧業寮によって各県へ配布された舶来果樹に刺激されて、藤田葡萄園より早く、洋種ブドウの栽培に成功していたのである。その彼らは、フィロキセラを契機にリンゴへ転換していった。

彼らは果樹農業に踏み留まることによって、「余業」を勧奨した初期勧農政策の実践者として、首尾を完結した。だが、その他の地域では、荒廃したブドウ畑の一部が、からくも、フィロキセラ耐性のアメリカ系品種によって復活するに留まった。以後、地場の生食用途へ仕向けられ、細々と続けられたブドウ栽培が、デラウエアやキャンベル・アーリーによって食用ブドウの大産地を形成していくには、これからまだかなりの年月を必要とする。

ワイン醸造を目指したブドウ栽培は、こうして一気に終熄の時を迎えた。それは、フィロキセラの惨劇が招来したものの如くみえる。しかし、この時期、ワインづくりはもはや国策ではなくなっていた。明治殖産興業期の国家的事業の一つとして、興隆の気運にあるとみえた国産ワインのあっけない挫折の、それが本当の理由であった。

こうした状況の中で、藤田半左衛門が「万里孤客」の感慨を抱きつつ不撓不屈の精神を維持し続けて、遂に「独リ初念ヲ貫徹」したのは、ほかでもない、その起業の初志が「お国のため」ではなく、先に述べた如く、祖父藤田閑夕《かんせき》（四代目半左衛門）の遺訓「余財あらば地方の物産となる可き事業を興起す可し」に発しているからに相違ない。

六代目半左衛門は、フィロキセラ禍を克服すると、明治二十四年、事業拡大のため第二号園を開いた。彼はその園内に左の文字を刻んだ石碑を建てた。

「功成於艱難　敗在於安逸」

五　余燼

勧農政策の遺産

明治維新という国家の大変革は、日本に新しい事物が一斉に芽生える千載一遇の機会となった。徳川幕藩体制に代わる統治システムの権威が確立するまでのわずか二〇年ほどの間、「文明開化」のスローガンは試行錯誤をおそれぬ気風を社会に漂わせた。

それが「富国強兵」へ比重を移すつかの間の解放感に満ちた時代であったにせよ、人々の心に「自助努力」の精神をたぎらせるには充分であった。中村正直（敬宇）のベストセラー『西国立志篇』は、スマイルズの説く思想「天は自ら助くる者を助く」が人々に感銘を与えた、とみるのは皮相的であろう。自らの内にある思いを託して、共感しあう言葉を求める読者層が醸成されつつあった明治最初期の世相の反映として、それは版を重ねたのであった。

時代は動いていた。政治のありようが激しく変わっていく中で、文化もまた渾沌をくぐりぬける一時期にあった。そして、日本のワインが誕生したのは、文字通りの「御一新」を誰もが実感していた、まさにそういう世の中においてであった。

官であれ民であれ、これにかかわった人たちの放出したエネルギーの厖大さは、今日の常識で測れる域をはるかに超えるものであった。にもかかわらず、その痕跡はわずかに残るのみである。テーブルワインの市場がようやく形成され始める昭和四十年代後半まで、約百年、国産ワインの系譜はその大部分が廃絶し、風化していった。

日本のワインに「殖産興業」の夢をかけた草創期の事情を述べるこの多分に恣意的な論攷の終章を、名づけて「余燼」とする理由は二つある。

一つは、明治前期勧農政策の主流にあった「ワイン振興」が挫折したあと、一世紀後の国産ワイン復興へ、いくつかの火種を残した、その埋れ火のありかを語るという意味であり、もう一つは、これまでに述べた事柄のほかに語り尽せなかった部分のあることを、他日の覚えに書き残しておく、という意味である。

明治前期に誕生したワインと昭和後期に勃興したワインは、前者の素直な発展として後者があるとは誰しも思っていないであろう。端的にいえば、大方は日本におけるワイン産業のプレヒストリーが明治期にあったことすら知らない。しかし、両者の間には密接なつながりがあり、すでに指摘したように、もし前者の遺産を甘味葡萄酒が利用し、維持していなければ、いわゆるワインブームに乗って急激な発展を遂げることは不可能であったはずだ。

それにもかかわらず、両者の間に断絶を見るのは、ワインを土着の産物として農業の上に構築する思想が、甘味葡萄酒によって換骨奪胎されてしまったからである。もともと、わが国で創成された甘味葡萄酒は国産ワインと出自を全く異にするものであった。それはスペイン、イタリア、フランスから樽詰で輸入したワインを基酒として、アルコールと砂糖、タンニン、酸、香料などを調合してつくる模造酒であった。その模造の原型は、居留地の外人がアペリティーフに飲んでいたデュボネやサン・ラファエルである。

これらの酒の特徴はキナ皮にある。この場合に限らず、模造洋酒の香味は漢方薬に頼ることが多く、薬種問屋と洋酒の結びつきは、こういう事情から始まったものであった。

甘味葡萄酒は、それを調合する者にとって、原料とするワインがいかなるブドウ畑に由来するかは問題とするに足らない。当時の表現を借りれば「香竄苦味ノ薬剤」を用いることによって、独特の味わいを賦与し得たからである。そこで、これら模造アペリティーフを「香竄葡萄酒」と呼び、滋養強壮をうたって大成功をおさめた。

甘味葡萄酒が人気を博すと、皮肉なことに、国産ワインは一層苦境に立たされた。甘味のないテーブルワインであるが故に、これを受け入れる人は少なかった。揺籃期の国産ワインのあらかたは、その基盤である勧農政策に乗ったブドウ畑が、松方デフレ政策と追い討ちをかけたフィロキセラによって息の根を止められた挙句、甘味葡萄酒に席捲された。

こうした中で、甘味葡萄酒へ姿を変えて生きのびた少数の国産ワインがあった。輸入ワインを使う場合と違って、ここではブドウからワインを醸造する自前の技術が温存された。

一方、フィロセキラで荒廃したブドウ畑から復活したのは、この害虫に耐性のあるアメリカ系品種のデラウエア、キャンベル・アーリー、コンコード、ナイヤガラ、カトーバ、アジロンダックなどであった。しかし、これらのブドウを引受けるはずの醸造家の多くは、もはやワインをつくる資力も意欲も失っていた。

その結果、ワインをつくる目的で導入されたこれらの外来ブドウは、テーブルグレープとして各地の青果市場へ販路を求めていった。このことが、それまで山梨県勝沼を中心とする狭い地域の特産品であった生食用ブドウの産

ブドウ生産高推移（トン）

大正 5(年)	18,700
10	23,600
昭和元	40,700
5	55,000
10	69,400
平成元	275,100

地を、日本全国へ拡散する端緒となった。

ブドウ生産におけるこの構造的変化は、日本在来のブドウ、甲州種の産地山梨県でも例外ではなかった。統計によれば、明治四十二年の山梨県ブドウ生産数量四四万九六二四貫（一六九〇トン）のうち外来種は在来種の三倍強にあたる三四万七六四三貫（一三〇〇トン）に達している。在来のブドウ甲州種は一〇万貫余（三八〇トン）しかない。この傾向はさらに続き、大正五年には甲州種一七万七〇〇六貫（六六〇トン）に対し外来種は六一万〇九三六貫（二二九〇トン）、実に七八パーセントが殖産興業期に導入された品種で占められた。

これを全国的に見ると、新産地の抬頭は一層目覚しく、昭和三年、ブドウ生産額一位の座は大阪府が山梨県にとって代った。要約すれば、日本のブドウ農業は、ワインを目的に導入した外来品種が生食市場向けに用途転換したことによって、全国的規模で一大飛躍を遂げたのであった。その経過を大まかな数字で追ってみると、上表の通りである。ちなみに、外国種が導入される以前のブドウ生産量は、主産地山梨県で、明治六年、『山梨県理事概表』によればわずか四三トンであった。他にほとんど産地がなかったことを考えれば、これが日本全国の生産量の大部分を占めていたと推測される。信じ難い数字である。しかし、ブドウ栽培が大いに奨励され、しかもフィロキセラがまだ及んでいなかった明治二十三年から二十五年まで三カ年間の山梨県における平均ブドウ生産量を『山梨鑑』によって計算すると一七七トンであることから、ブドウ農業が特産品として知られながら、いかに小さな規模であったかが理解されよう。そして現今のブドウ生産量は全国で約三〇万トンである。このうち山梨県に偏在する甲州種は約一万六〇〇〇トンに達している。

このようにブドウ農業それ自体は、ワイン生産が初期の目的を果さぬまま挫折した後も、フィロキセラの惨害を乗り越えて発展した。甘味葡萄酒が国産ブドウに原料を大転換するのは、日本が軍事国家となっていくなかで、バルクワインの輸入が困難になっていく昭和十二年以降のことである。国産ワインが再び脚光をあびる昭和四十年代、そこにブドウ畑が大きく広がっていたことの意義は大きい。

祝村葡萄酒会社のその後

さて、日本におけるワインの誕生とその揺籃期について、前編の拾遺を書き綴ってきたが、語るべき事柄はなお尽きない。しかし、埋れかけていた殖産興業期のワイン史に、ある程度の輪郭は与えられたであろう。その細部に踏み込めば際限がない。以下に、書き残したことの所在を、いくつか述べておくに留めたい。

すでにかなりの紙数をつかって祝村葡萄酒会社と、それに関わった人たちの行実について触れたが、依然として書ききれていない。その辺について、もう一度繰り返す。

まず、この会社の設立前後の事情が明解でない。釈然としないのである。前にも指摘したことであるが、会社設立と留学生派遣は、順序が逆なのではあるまいか。高野正誠、土屋竜憲両名が留学生に選ばれるまでの経緯も、当事者の発言を慎重に追っていくと、殖産興業の旗がうち振られていた時代、それに呼応していく祝村の豪農たちの開明性と内在するエネルギーの高さを、それほど評価してよいものか、ためらわれてくる。

これまでは、二人が渡航に先立って会社に入れた盟約書に、「今般有志ノ輩葡萄酒醸造会社設立相成候ニ付……私共両人選擧洋行」とあり、誓約書には「社中之特撰ヲ以仏国へ致渡航」とあるところから、会社が彼らの派遣を決めたと信じられてきた。

しかし、祝村葡萄酒会社が経営不振によって解散した後、それぞれに独立した二人は、土屋が自醸の「甲斐産葡萄酒」の発売広告に、「時に県下の有志者相謀りて一会社を創立し伝習生を海外に航せしめて葡萄酒製造の法を学ばしむべきの議を起すものあり同意者頗る多く遂に伝習生二名を撰擧し」云々と述べ、高野もまた「鷹印葡萄酒」の発売に、「本品の醸造者高野正誠は明治初年醸造練習生として県の選抜を受け時の内務大書記官前田正名氏に従ひ仏国に留学すること多年斯道の奥義を窮めて帰朝し」云々と宣伝した。

「鷹印」の文章は誇大で、前田正名を内務大書記官とするなどは笑止千万というほかはない。こういう荒唐無稽さが、すべての記述の信憑性を疑わせてしまうが、土屋と高野の文章を並べてみると、祝村の豪農層が自発的に結社し、その上で、事業着手に必要な技術導入のため二人を海外に派遣したとは到底考えられない。

これを裏付けるとみられる記述が、『東八代郡誌』（大正二年）にある。郡内事業家列伝中の雨宮彦兵衛の項から引用する。

「明治九年の頃、時の大藏卿佐野常民氏・県令藤村紫朗氏の勸告に基き、県内有志者と謀りて、葡萄酒醸造会社を創設し、土屋竜憲・高野正誠両氏を佛国に派遣し、その術を修得せしむ。両氏帰朝し、ここに我帝国に於て始めて葡萄酒を醸造するに至りしなり」

この『郡誌』は編纂者のほかに、郡内各村より材料蒐集委員をあげて資料の充実をはかっている。祝村の委員は土屋保喬、早川重平、土屋竜憲である。雨宮彦兵衛は明治二十七年に没したが、その居宅跡、通称芝原にはいまも松の老大木が残っている。道をへだてた向い側のブドウ畑の地下に、竜憲セラーと呼ばれる煉瓦積みの地下蔵があり立派な石の階段が地上に通じて、かつて階上に醸造場があったことを容易に想像させる。

その敷地は祝村葡萄酒会社発足時、雨宮彦兵衛と貸借契約を結んだ清酒藏のあった場所とされている。そのため、竜憲セラーが祝村葡萄酒会社の遺構と誤解されやすいが、この煉瓦積みの地下蔵を構築するには、煉瓦をアーチ型に積む技術をもった職人と材料の煉瓦がなければならない。それは中央線の笹子トンネルが開通した明治三十六年以降のことである。ここに使用された煉瓦はトンネル工事の余剰資材を利用したものと地元では語り伝えられている。

この竜憲セラーの西側、彦兵衛居宅の南側に土屋保喬の屋敷があった。更にその南隣りは祝村葡萄酒会社設立発起人の一人、志村市兵衛の屋敷であった。道には津田仙が持ちこんだ神樹の並木が続いていたという。つまり、土屋保喬は場所的にも人間的にも祝村葡萄酒会社の核心に最も近く位置していた。その彼と土屋竜憲が異を唱えなかった、というより、彼らもまた歴史を振り返って大局を見る眼が三〇有余年のうちに備わったというべきかも知れないが、祝村葡萄酒会社を構想したのは殖産興業政策を推進する為政者の側であったと、この『郡誌』は語っているのである。要するに、研修生を留学させる方針が藤村紫朗の周辺で先にかたまり、それを実現するために、会社を設立させられたのであろう。

もしそうでないなら、在方の有力者に強烈なイニシアチブをとる人物がいて、それが誰であったか後世まで鮮明に見えているはずだ。だが、その姿はない。祝村葡萄酒会社は、ブドウ産地の土着資本が農村固有の工業を自己実現したモデルケースのように見えながら、その実、主体性はきわめて希薄だったように思われてならない。

たしかに社長はいた。とはいえ、ただ単に「葡萄酒醸造会社」と称した発足当初は、祝村の戸長雨宮彦兵衛と資産家内田作右衛門が連名で仮社長をつとめるというものであった。これは、自らも株主となった県令藤村紫朗をはじめ、出資者に名を連らねた栗原信近、若尾逸平ら、県実業界の有力者たちへの遠慮ではなかったか。フランスへ派遣した二人が帰って来るまで、会社は休眠して待つだけであったから、社名も社長をすべて仮であることに、なんの不便も不思議もなかった。あえて言えば、こうした姿こそ、この会社の成立が祝村地主豪農層の情熱や執念に発したものでなかったことを示しているのではないか。

以上は、独断と偏見をおそれずに、祝村葡萄酒会社を従来と異なる視点で捉えておこうとする試みである。そして、何故そうするのかといえば、明治十四年以降、松方デフレ政策のもと、押し寄せる農村不況の中で、祝村葡萄酒会社が衰弱し、行き詰まっていく過程を、今後、もし分析しようとするならば、この会社を支える主人公が不在であったことが、一つの重要な鍵であると思うからである。

なお、念のためにつけ加えておくが、この『郡誌』を根拠に異説を立てることにはかなりの勇気がいる。なぜなら、葡萄酒の項に、次のようなとんでもない記述があって、先に述べた材料蒐集委員の存在がたちまち希薄になってしまうのである。

「葡萄酒は明治十年、祝村の人宮崎市左衛門村内の有志と謀り、葡萄酒醸造会社を設け醸造したるを始めとす。然るに熟練を欠きたるためか、良品を製出する能はず。故に同社は該法研究のため土屋竜憲・高野正成《ママ》の二名を仏国に留学せしむ」

祝村葡萄酒会社の経営については、上野晴朗氏の労作『山梨のワイン発達史』に興味ある資料が数多く開示されている。それらに依拠して上野氏は明治十五年頃には「会社の内部にずいぶんと複雑な空気が醸成されていたことを感ずる」と、会社の崩壊が不況という経済的な外因ばかりでなく、組織の中からも起っていたことを指摘する。その具体例として、同書は栃木県の粕田村の葡萄酒会社をあげて、次のように述べている。

「明治十五年三月、祝村葡萄酒会社社長雨宮彦兵衛は、同会社の株主で、興業社社長の高野積成とともに栃木県芳賀郡粕田村に別記のようなぶどう会社を創立した。発企人は一四名で、地元栃木県三名、東京七名、長

野二名、山梨二名という顔ぶれも興味深い」（後略）

上野氏は、雨宮彦兵衛と高野積成が土屋竜憲を引抜いてこの会社に連れていってしまったため祝村葡萄酒会社の株主たちの物議をかもすことになり、「これが祝村会社を早期に解散せしめてしまう引き金になっていた」と解説している。

右に引用した文中の「別記のようなぶどう酒会社」は、山梨県立中央図書館の「甲州文庫」に収蔵された『葡萄酒会社規則並予算』という小冊子が全貌を伝えている。これを精読する限り、雨宮彦兵衛、高野積成の二人が、この会社設立の仕掛人であることはわからない。発起人として名を連ねるのは東京浅草北富坂町の戸田忠友を筆頭に一五名、雨宮、高野はその一〇番目と一一番目にあって、長野県佐久郡岩村田の三名、現地粕田村の二名より後に位置している。

雨宮彦兵衛と高野積成がこの会社の発起人に加わるまでの経緯は何もわかっていない。状況としては、祝村葡萄酒会社の活動が、留学生の帰国した明治十二年から始まり、翌十三年まで活況を呈する中で、正式な役員が選任され、明治十四年一月、株券が発行された。世にいう「大日本山梨葡萄酒会社」の社名は、ここにはじめて登場する。しかし、社印は「山梨県葡萄酒会社印」、券面の役員名に添えた社名は単に「葡萄酒会社」である。そして、この株券に名前を並べるのは、社長雨宮広光、副社長初鹿野市右衛門、支配人網野次郎右衛門、いずれも村外の有力者である。

もっとも、このことにはあまりこだわらないほうがよいのかも知れない。この会社の役員は社長雨宮広光のほか、取締役として初鹿野市右衛門、土屋勝右衛門、内田作右衛門、雨宮彦兵衛の四名が選任されていて、随時副社長を名乗っていたらしい。けれども、相対的な力関係において祝村土着資本は劣勢といわねばならなかった。

雨宮広光は一宮村下矢作（現一宮町）に生れ、明治十二年、興商銀行の前身である貸附会社を日川村で創立し、祝村葡萄酒会社へ金融面から深い関係を持っていた。株券に名を連ねる新経営陣は葡萄酒醸造という新しい事業に投資する株主の利益代表というおもむきがあった。国産ワインに地域の農工振興の夢をかけた祝村の人たちとは意識が違う。特に高野正誠の悲憤慷慨は激しかった。

この雨宮広光と藤村紫朗の間に山梨県勧業試験場付属葡萄酒醸造場の払下げが企てられていた。しかもそれは、祝村葡萄酒会社が経営不振から活動を停止していた明治十七年のことである。県令藤村紫朗が農商務卿西郷従道に上申した「葡萄酒醸造所払下ケ及資本拝借金並ニ同事業ニ使用セシ委托金棄損ノ義上申」なる書面が『農務顛末』に収載されている。長文のその内容を要約すれば、詫間憲久に貸付けた醸造資金がコゲつき、これを挽回するため追加資金を更に国から仰いで県営で継続、いよいよ窮地に追い込まれ、事態収拾のため葡萄酒醸造会社社長雨宮広光が申し出た五一六八円で払下げ、収支差損一万九四九一円余を損金として処理させてほしい、というものである。

これが藤村県政の華々しく展開したワイン興業政策の結末であった。実務上の処理がどのようになされたかは不明である。すでに大久保利通の主導のもとに進められた殖産興業政策は、松方正義によって収束されつつあった。明治十三年十一月、官営事業の払下概則が制定され、鉱山や工場の民営移管が明治十七年には一段と活発であった。藤村紫朗はこれを好機とみて、懸案の葡萄酒醸造場負債整理を工場払下げの美名のもとに遂行しようとした。しかもその払下げ先は休業して経営破綻に瀕した祝村葡萄酒会社である。いや、正確にいえば、社長たる雨宮広光個人である。上申書に曰く「海外ニ生徒ヲ派遣シ以テ此業ヲ起立スルカ如キ篤志ノ会社」の社長である。

このように、山梨県における国産ワイン発祥の歴史は、詫間憲久、勧業試験場附属葡萄酒醸造場、そして祝村葡萄酒会社と、それぞれに個別の顛末を持ちながら、それらが固く結びあって一つの起承転結を構成している。この細部を読み解く仕事はまだ終っていない。祝村葡萄酒会社解散前後から輩出する後継のワイン会社設立の動きは、藤村県政と時を同じくしたワイン醸造業の揺籃期が内包した問題とあわせて考察しなければなるまい。日本のワイン史が編年史的に事象を羅列するだけに留まらぬよう、あえて付言しておく。

国産ワインの揺籃時代に登場する人物の中では大藤松五郎の経歴がほとんどわかっていない。小沢善平がリオンへ密航する以前の事情も不明な点が多い。手稿に所謂「甲州屋事件」との係りをにおわせる個所がある。この手稿は、アメリカ滞在中の小沢を知る上でも貴重な資料であるが、本稿ではほとんどとり上げていない。なお、この資料によれば小沢善平の帰国は明治六年十月である。それを『撰種園開園ノ雑説』では、なぜ明治七年としたのであろう。そう書く小沢の気持のあり方に興味を感じる。

更なるワイン史発掘へ

常滑市の鈴渓資料館に収蔵された盛田家文書の一部である葡萄園関係の厖大な資料は、今後、殖産興業期の「樹芸」勧奨がいかに推進されたか、その具体的な例証として精細な研究が待たれる。この大規模な開墾事業とほぼ時を同じくして零細な農家のブドウ栽培を組織した葡萄組第四分社が、なぜ愛知県下で活躍したのか、ブドウ農業に対する地方ごとの気風のようなものが作用しているのだろうか。例えば、山形、長野、大阪、岡山が新興産地として抬頭してくるのは、気候、土壌、といった自然的条件においてまさっていたからなのか、あるいは栽培に取り組んだ人たちの気風が適していたのか。従来は前者に偏った判断を下してきた。事実は違うかも知れない。

産地形成の原点は、畢竟、そこに執念を貫くリーダーがいるか、いないかに尽きる。そういう意味で、葡萄組第四分社の伊東昌見、日比野泰輔は、その土地の気風に合ったリーダーであったといえるだろう。惜むらくは、彼らが栽培者として地域に埋没する実践的指導者ではなかったことが、フィロキセラの惨害から再起する力を組合員に与えられずに終る結果となった。なお、本稿には引用しなかったが、明治十八年四月七日付『東海新聞』第二六七四号付録として日比野泰輔の「葡萄栽培セザル可ラズ」と題する全段二頁に及ぶ論説が発行されている。葡萄組第四分社関係の資料として逸するわけにはいかない。

葡萄組第四分社の実態が多少なりとも明らかになったのは、全く新聞資料に依拠している。同様に、山梨県下のワイン関係事蹟の解明にも、官の側の記録に対応する民の側の記録として、当然のことながら、新聞資料の点検は欠かせなかった。

地元甲府には、明治五年七月に創刊された『峡中新聞』(甲府新聞と改称される明治六年四月まで月刊）から今日の『山梨日日新聞』に到る地方紙として有数の歴史を誇る新聞社が活動している。

だが、第二次大戦中、甲府空襲によって初期に発行された新聞の多くは焼失し、現在、県内で閲覧できるものは県立中央図書館のマイクロフィルムに限られている。残念なことに、これには多くの欠号があり、しかも、ワイン史に係る史実を渉猟する上で、最も重要かつ興味のある時期、殖産興業政策が地方農村へ浸透しつつあった頃の、明治十年二月一日から十三年六月十六日まで、および明治十三年七月十八日から十六年八月三一日までが無い。本稿はこうした資料不備の上に成り立っている。

更に付言すれば、本来、ワイン史は生産と消費、ブドウ農業と食文化、技術と法制、といった両側面から構築されるべきものであるが、新聞資料はブドウ栽培とワイン醸造に関するものしか収集していない。ここにも、本稿は多くのものを残している。

＊

さて、草創期日本ワイン史の外伝として、もう一つ書き止めておきたい。前編第四章に述べた薩摩藩英国留学生長沢鼎の生涯についてである。

ニューヨーク市から北へおよそ八〇キロ、ワシントンヴィルという町に、観光ワイナリーとして合衆国最古の「ブラザーフッド・ワイナリー」がある。一八三九年創業、その古色蒼然とした地下トンネルのカーヴは北米大陸では最大級のものである。

このワイナリーの名は、一見、トーマス・レイク・ハリスの主宰する「新生社」にちなんだものと思われやすい。しかし、このワイナリーの創業者はフランス移民ジーン・ジャクウであってハリスではない。ハリスの宗教的生活共同体"Brotherhood of the New Life"(「新生社」)が最初にワインを醸造したのは、同じハドソン・ヴァレーではあるが、ハドソン河の対岸、ワシントンヴィルから北東へ約八〇キロ離れたアメニアのコロニーであった。

一八六七年、ハリスはこのコロニーを五大湖の一つエリーの湖畔の町ブロクトンに移した。より大きなワイナリーを建設するためであった。しかし、おそらく、ブドウ栽培を成功させることが困難だったのであろう。八年後、彼らはここを閉じて、カリフォルニア州ソノマへ移住した。サンタ・ローザ市に近い入植地ファウンティン・グローヴで、一八八〇年代の初めまでに彼らは一六〇ヘクタールのブドウ畑をつくり上げた。

この開拓が成功したのは、長沢と協力者ハイド博士の努力によるものであった。ピノ・ノアール、カベルネ・ソーヴィニヨン、ジンファンデル、リースリングが主たる栽培品種であった。醸造も始まって、そのワインは高い評価を受けた。ところが、ハリスの説くユートピア思想が自由恋愛のスキャンダルに巻きこまれ、彼はイギリスへ去り、後事は長沢に託されることとなった。一八九二年(明治二十五年)のことである。

以後、長沢はファウンティン・グローヴ・ワイナリーの事業を発展させ、一九〇六年、ハリスの死によってオーナーとなった。彼はブドウ栽培の学識経験者として、またワイン鑑定家として今もその名を知られている。当時、醸造するワインも高い名声を得ていた。だが、一九二〇年一月、禁酒法が施行されて、ワイナリーは閉鎖された。長沢は再開の日を待ちつづけながらブドウ畑の維持に努める。そして一九三三年十二月、解禁の時はきた。しかし、翌年、彼は夢を果さずに永眠した。

ファウンティン・グローヴ・ワイナリーはその後、昔日の名声を得られぬまま、転々と所有者を替え、最後は大手のワインメーカー、ポール・マッソン社の傘下に入ったが、一九五一年、その歴史を閉じた。

むすび

日本にワインが誕生した時代、世はあげて文明開化をうたっていた。もし、そういう風潮が社会になかったとしたら、果して異文化のワインが事業の対象として人々に関心を呼びおこし得ただろうか。ブドウ農業というワイン生産の基盤がほとんど皆無に等しい状況の中で、山ブドウから始まった未熟なワインづくりに、保育器の役割りを果したのは、殖産興業政策であった。

この、ゆりかごの時代をいつまでとするか、産業史における殖産興業期はいつまでだったのか、という議論にここで深入りするつもりはない。素朴に、その政策が機能していた期間と考えておこう。

しかし、殖産興業政策とはいったい何であったのか、そのことだけは明確にしておかねばなるまい。結果としてわれわれが見るのは、資本主義のもとにある欧米の近代工業を移植して、急速に資本主義経済社会を実現したことであった。その過程で、特に松方デフレによって、農業の底辺を支えていた農民は窮貧化していった。この事実を抜きにしてワイン史を語ることは許されない。

本論攷は、こうした殖産興業政策の全貌からすれば、きわめて特異な一側面をとりあげたにすぎない。しかもそれは、試行錯誤を繰り返したこの政策のうちにあって、ほんの一時期、農業の未来に明るい希望を高々と掲げたものであった。そして、その希望に自己の人生を投入した幾人かの人たちが、日本のワインの歴史の最初の何頁かを遺してくれた。

明治十五年、開拓使廃止。明治十八年、工部省廃省。勧業政策はすでに流れを変えていた。しかし、果樹農業とその延長線上にある農産製造業に従事した人たちの心情的惰性は、かなり長く尾をひいた。

川上善兵衛が「岩の原葡萄園」の開墾に着手するのは、その余韻の中であった。この時、日本のワインは、まさに揺籃の時代を終え、苦節の時代へ入ろうとしていたのである。

資料編

独逸『農事図解』葡萄栽培法より

農業雜誌
明治十年
第二十九號
假橋架設の法
桑樹培養法
農業化學
甲州葡萄の說
薔薇挿木の法
三月十五日發兌
每月二号出版
東京麻布學農社

"Agriculture is the most healthful, most useful, and most noble employment of man."--Washington.

農者人民職業中最健全最尊貴而最有益者也

錄華聖頓之語

弊社ニて雑誌を編集し之を世上ニ頒布せんとするハ社友會同廣く泰西の農書を講究し普く本邦の農業を折衷し新法を摘譯し良法を考案し世の農家の裨益を謀らんと欲すれバなり世若し新術良法及び農具等の新發明あらバ一書遞送の煩を厭はず速ニ當社迄御報知玉ハらん事を請ふ

稟告

一代價ハ毎號五錢を以て定價とす一ヶ年分二十四冊の代價ハ當府の内外ニ依て左の如く確定す

東京府内一ヶ年分前金配達賃共　一圓十錢

東京府外一ヶ年分前金郵送税共　一圓二十錢

但し右の通前金拂無之分ハ定價を以て計算し且つ別段配達税を申受け候昨明治九年發兌二十四冊一度に御購求の仁へハ是又右割合を以て速ニ御届ケ可申上候

東京麻布新堀町二番地西

學農社中敬白

農業雑誌第貳拾九號

假《かり》橋《はし》架《かけ》設《かた》の説

農《のう》ニ利《り》ありて又《ま》た兵《へい》ニ利《り》あり農ニ又た兵ニ實ニ偉《い》大の利益を與ふるの良法あり即ち吾輩ら今爰ニ畧述せんと欲する處の假橋架設の方法是なり此法は昨一千八百七十六年合衆國政府にて百年祭の萬國大博覧會を執行したる節排《はい》出したる物品の一ニして眞《しんに》ニ頗ふる良好且つ簡便の名譽を得たる處

明治十年三月十五日發

の法方なれは今や茲に掲けて以て讀者の一覧に供ふ

揷秧《たうへ》時方《ま》さに至らんとする四五月の交《ころ》梅天朦《もう》々として連朝の陰雨に河流の汎《みづ》濫《まさり》し橋梁等の墜《た》落するに當てや之か架け替へと忽にすへからさるは農家の務《つと》めなり敵軍橋を撤《てつ》却《きやく》し去り或は兵《へい》火《くは》に罹《かゝ》りて行路斷絶する等の時には迅《すみやか》に之か架け替へをなして蹤《あと》を尋ね北《にぐ》るを逐ふは兵家の要《かなめ》たり指を屈すれは最早梅天陰雨の又も例の如く我か穀物妨害する時機の至らんとするは僅々三數月を剩《あ》餘《ま》すのみ而して今や眼を一轉すれは我國西南の兵事は日に警《けい》報《はう》を傳ふる事益甚しきを加ふ嗟《あ》呼此の假橋を容《よう》易《ゐ》架設するの方法を實際に施すへきの場合は是の如く夫れ夥多にして且逼《せま》れり目下安んぞ之を講せすしてかならんや此の假橋を架設する方法の要旨は極て廉價なる物品を使用し

迅速《すみやか》に竣功《できあがり》し得ると何れの土地にても實に容易に需用し得べき些少《きしやう》の木材を以て其堅固にして能く重量の物貨を安全に運《はこ》搬《び》し得るの利益に在り而して其之を架設するの方法を畧述すのは即ち左の如し

此の假橋を架設するには三四人の人足を使用して一挺《ちやう》の斧《をの》と鋸《のこぎり》に數尋の縄か或は鎖《くさり》さへあれは僅に一時か二時の間に右の圖の如く忽ち堅固なる結《けつ》構《こう》をなし得べし而して其の木材を幾多も又立するには縄を使用するとも又鎖を以て之か用に供するも格別に差違は無き者なれ共若し縄を使用する時は可成的《なるたけ》結目を堅固ならしむべし是其の縄の性質は往來の繁多なるに從ひ其重量《おもみ》の為めに追々弛《ゆる》み易きの物なれはなり又鎖を以て之か用に供する時は充分堅固ならざる為めに處々に頭の大な

る鐵製の留め釘を打ち付け置《お》くべし然れとも若し其の釘の頭《かし》者《ら》の方が曲りなどしたる時ハ決して用に立《た》ゝぬ物なり○橋板の置き方ハ尋常一般《はん》の仕方にて板の一枚〳〵の両端《はし》に頭大なる長釘を打付くるを良しとす而して又た何時にても自由に之を離《は》め外《は》づしの出來る樣に製《こし》らへ置べし

嗟呼農家の子弟よ淫雨大に我が農事の障《さ》碍《はり》を爲すと言ふ程に至らざるも梅《さみ》霖《だれ》秋雨の時候に至り野水橋無ふして人自ら困るの日に際し諸君が直に此の方法を使用して以て那《の》を東西し得るの利益を實驗しおは諸君か他日丁年を竢《まち》て事に兵役に服し一旦事あるの日《ひ》用《おもむち》奇逐北《にぐるをおふ》の機に當ても其の便答を得るも亦ゝ些少ならざるべし然ふは理《い》時《ま》西南肥薩の地に在て硝烟《しやうえん》彈雨の間に奔走するの諸君ぞ其の山河跋渉《ふみわたる》の際に此の方法を使用し

なは其の經驗の成果は啻《たゞ》に今時兵馬錚々《さう〳〵》の日にのみ止らずして諸君が他日兵事に組するの期《き》満ち歸去來鍬《くは》を故山《こさん》の田に擔《にな》ふの日に當ても尚は之を便用し得るの利益は言ふを竢《ま》たすして識るを得べし

我輩は本月初旬刊行の東京日々新聞雑報欄《らん》内に電信局技術家岡崎某氏か戰地に便用する爲の竹にて製作したる至極手輕な傳信機の柱を工夫し之を局長へ差し出せしに實に至便有益の物なれとも尚ほ調製して追々に彼地へ送致せらるゝ云々と記載せしを今まや吾輩が上文に縷《ろう》述し來りし此の假橋の方法をも(政府の御都合わ吾輩之を知らざれとも)序手の事に斗らひ齎《もた》らせて蚤《はや》くも實地に就いて試用しなは吾輩は其の鴻利洪益の實に人意の表に出づべきを信する也

桑樹培養實驗説

靜岡縣　田方　宜和

桑を殖《ふや》すにも挿木《さしき》壓條《とりき》實生《みまき》の三法あり挿木實生等に依て得ゝる桑樹は十五年やと保つべし但し實生も其種類の變換《へんくわん》する事ある者なれば壓條を行つて二十五年は保ち得べき桑樹と培養するの利あるには如かざるなり

壓條とは春の芽《め》の二三寸ょ延たる時土際より出《いて》たる枝を地に偃せ置き之を十月の頃に伐て植《う》え込《こ》むの方法あり之を偃《ふ》せる時い其《そ》の本《もと》へ肥《こやし》をそべし其曲目《まげめ》の下面《した》の皮を爪《つめ》ょて少しむき置《お》くは好きものあり余曾て養蠶秘錄と云へる書を見しょ桑の取木《とりき》は隨分好《よ》き桑を見立《みた》て植《う》えて三年目位ょなるを春ょ至り晴天の時《とた》地より一尺ほと上にて切《き》るべし切株よ里若芽多く出る者あれバ之に度々《たびく》肥科《こやし》を施《や》り翌年の春彼《か》の枝を七寸はと宛

間《ま》を置《お》き若芽一本つゝ残し其餘はかき取り彼枝の葉《は》つきのところを少しばかり爪にて皮をむき疵《きず》をつけ残《のこ》したる若《わか》芽《め》を皆上に立《た》て押附々深く埋め踏《ふみ》附て地を堅くしめおくべし其年の十月頃には疵を附て埋めし若芽のところより根を多《おほ》く出すなり云々斯くして其翌《よく》年《とし》の春に至りなバ其根を堀《ほ》り上げ撞《しゆ》木《もく》の如く一本つゝに切離し外に植《う》ゑ替《か》へ是に下糞など追々施用すべし此枝一本にて八九本の桑樹を得るものなりとありさり桑樹を植《う》うる時その下に大根の葉等を入れ置くを利ありとす又た冬肥を為《な》すに望み下肥の内へ米糠《ぬか》一《ひと》握《つかみ》余入れて少々つゞ懸け置く時は繭《まゆ》になりて其目方は同じき者なれども糸にして目方の重き者なり

前にも述べし如く挿《さし》木《き》と實《み》生《まき》とも壓《とり》條《き》の如く好《よ》からぬ者なれ

四

ども若《も》し此二法を行はんと欲する時ハ挿木《さしき》なれハ入梅の頃七八分餘の丸さなる枝を宜《よろ》しとす種の蒔《まき》付も亦た同時よろし扨《さ》て此種を蒔《まき》付るよハ先つ苗地を仕《し》立《た》て小便又ハ荏油渣《えのあぶらかす》類を肥《こやし》となし實《み》の中部《なかほど》の者のみを取りて水へ入れ篩囊《のう》にて掬《すく》ひ灰をまぶし蒔きて土をば僅《わず》か懸くるを要す日覆《おゝひ》よハ草にても懸《か》け置くべし麥からを切りふる者も亦たよろし十四五日を經て發生する者なり但し先《さき》に高《たか》くなるは俗よ所謂《いはゆる》男木《をき》と云ふて益《えき》なき者なれハ間《ま》引くへし水肥ハ度々施すへし地味ハ軟和《やはらか》よして晝頃より日陰になるところよろし

斯《かく》て桑苗の二尺四五寸に成長したる時ハ之を別《べつ》地《ち》よ移《うつ》し植え土《つち》際《ぎは》より三寸位上にて刈切るへし但《たゞ》し動《うご》かぬ様よ足の大指と次れ指にて確《しか》と桑の根《ね》元《もと》を挾《はさ》み最《い》とよく切れる鎌《かま》よて成る丈け

平《たいら》に刈るべし此切《きり》口《くち》は駒の爪の如くにし日向に為《な》すを利ありとす蓋《けだ》し之を切りたる時には其疵口より汁《しる》の出るものにして五日を經て乾《かは》く者も三四日には乾《かは》きた木の精《せい》を失はぬ者あり

農業化學　窒《ちつ》素《そ》燐《りん》酸《さん》ポッタースの説

炭《たん》素《そ》酸《さん》素《そ》水素等の如き諸元素を初めとしマグネーシヤありシリカしなり硫《りう》酸《さん》酸《さん》化《くは》鐵《てつ》コロリンソーダ酸化マグネシヤあり石灰なり其の植物の生育に必用なるに至つては皆な各々《をの〱》相同《おな》し然《さ》り作ふ炭酸二元素の如きは全く大氣中より吸《きう》收《しう》せられマグネシヤシリカ其他の諸物は偏へに地中より資《と》らるゝもあらゆる耕地に於て可なりに存在し居る者なれは復た窒《ちつ》素《そ》燐《りん》酸《さん》ポッタース等の如く最も密《みつ》に農家の注意を要《よう》とせさるなり請《こ》ふ余をして有用なる此三品の説を綴《つゞ》らしめよ

窒素《ちつそ》

窒素とハ香もなく色もなく味ひもなく所《いは》謂《ゆる》瓦《が》斯《す》状の一物を指す語なり佛語《フランスゴ》にハ之を「ナイトロジン」と云ひ拉典語《ラテンゴ》にて之を「ナイトリユム」と云ふ此ハ殆《ほと》んど大氣五分の四に居るの元素にして啻《たゞ》に各種植物の元質となる而已ならず猶ほ其の植物體《たい》内の各部に必用ある者なり

視《み》よ植物の生長すのや根《ね》莖《くき》より枝《えだ》葉《は》に至のまて皆な此窒素を其體《たい》内各部の最も細《さい》微《び》なる部内に含《がん》有《いう》せさるハなきを又試《こゝろみ》に此元素の植物體内に在る者を以て自他の元素の其植物の體内に在る者に較《くら》へ見に其量ハ甚た寡少なるも其生長を補《たす》くるの功驗如何に至つてハ徒に其量の多寡を以て論し難きを覺ふへし實に木質中に於て此元素の少分を缺《けつ》乏する時ハ他の元素

の其體内に在る者は實に功用を失ふ迄至るあり
ボーシンゴルトなる人あり曾て此元素の植物に有用なるを驗《ため》さんとして充分高度の温氣を以て乾《かは》燥《か》したる諸種の菜穀を各々一千斤宛分《ぶん》析《せき》したる事あり其表ハ左の如し

小麥	二三
同稈	四
大麥	一七
同稈	三
燕麥	二二
同稈	四
豌豆	四二
同莖葉	二三
馬鈴薯	一五
甜菜	一七
蕪菁	一七
乾シタル紅花苜蓿	二一

諸種菜穀の窒素を含有せるは斯の如くある者なれとも其生長の度と其體内に含有する處の水分の多少とに依ては其含む所の窒素に各々多少の差あれとも讀者よろしく此理由を知らずんばある可らず
夫れ斯《かく》の如く要用ある窒素を植物の體中に導《みちび》き來るの理は元《も》と如何なる者ぞと尋ぬるに其源と稱すへきハ僅に二物に過ぎ

ず一を「アンモニア」と云ひ一を硝《しやう》酸と云ふ蓋し動植諸物の腐《ふ》化するか又ハ火を以て之を焼《や》く時に其動植諸物の髄中に含める窒素分が遊離《り》し去る恰《あたか》も瓦斯状の「アンモニヤ」又ハ硝酸酸素五窒素一を含む者の状となりて氣中に漂《へう》遊するや雨能く之を凝縮《ぎやうしゆく》せしめ之を地面上に導下し來るに依る一体「アンモニア」は非常に水にて溶《よう》解《かい》し易き者なれバ雨天の度毎にも雨水に溶化して地表に降るなり夏月雨《あめ》少《すく》な候偶《たまた》ま驟《にわか》雨又ハ雷雨等の降り來る時草木の最《い》と勢よく繁《はん》茂《も》するハ皆な此雨水が多分の「アンモニア」を導下し來ると又た其雨水中なる酸素分の功を為すとに依る者なり田に引き糞《こ》溺《え》と和する等に長流水雨水及び汚穢物《けがれもの》等を洗ひさる水を好《よし》とするも皆な此窒素を含める「アンモニア」分の多きに依る者なれバ田畦を耕して筭外の大利を得んと欲するにも能

く其地を耕《かう》耘《うん》して地中に多量の「アンモニア」を含有せしめ尚は且つ動植諸物の腐化せる者等都て窒素を多分に含有する者を肥料《こやし》と爲すべき也

燐《りん》酸《さん》

燐酸とは重《お》もに人畜鳥獸の骨類中に含む者にして諸種禾穀の爲には必用欠《か》く可らさるの養料なり然《しか》れ共此物は圓《まろ》き小《こ》石《いし》や又は堅實《かたき》なる土塊《つちくれ》の中に抱緊《はうきん》せらるゝを以て窒素等の如く風雨に導下し來られさる者なれは之を得るとを勉《つと》むるは農家の要務なり英國邊の農夫等は早くより此物の良肥物さるを知り去か故に歐州諸邦の古戰場に埋《うづも》れる骸骨《がいこつ》まても搜索《さうさく》せりと云ふ俗に地味と枯《か》らせしなと云ふも多分此の肥料の

各々一千磅《ポンド》中に含む處の燐酸表

小麥（六度分折の平均）	四九八
玉蜀黍	五〇一

大麦（二度分析平均）	四九〇
燕麦（穀とも）	一四九
蕎麦	五〇〇
蠶豆	三五七
乾草	一二〇
苜蓿	六三
馬鈴薯	一一三
甜菜	六〇
牛乳	二一七
骨	三九〇
瘦肉	三〇〇

使用を怠るに依る者あり其果して菜穀《やさいこくもつ》に必用なるを左表に依て知るを得べし將たボッタースの說とは即ち左の如し

「ボッタース」は灰類及び海鳥糞中に含有せる者にして其功用を論ずる時は燐酸の次に位する者なれども仍《やは》り窒素に類似せる植物生長の度に依りて其量に小變化あるも南アメリカ諸邦の多く煙草を作る地及びコンチカット邊の馬鈴薯を培養する土地の以前より枯瘦《や》せしと云ふも皆な此ボッタ

各々一千斤中含む所のボッタース

小麦（六度分析の平均）	二三七
王蜀黍	二五〇
大麦	二二〇
燕麦（穀共）	一二三
蕎麦	八七
蠶豆	四六二

を變《へん》せんと爲るにも非ざるなり然れども只々佳良の葡萄酒を醸造せんが爲めに培養せんとする種類には稍々《やゝ》此の法の適せさる所あるを覺ゆるなり

甲州にて葡萄を培養する法方を熟察《よくみるに》するに先つ人体の高さに格棚《ぶたうだな》を架し一本の株より生したる蔓《つる》をして悉とく之を這《は》いしめ恰《あたか》も屋根の如くなして其の枝葉は葱《さう》々凡そ三十坪の地面を覆《おゝ》ひたり夏時より秋季に至るの間は大麥小麥等の穀類を以て其の棚《たな》陰《かげ》の地に作り既にして其の收納の終りたる後ちも雑草又茸々として其の場所を占《し》め地面も陰《いん》鬱《うつ》蒼て十分の温氣を受くることなきを以て葡萄樹の根は常に盛に其の榮養を資《と》ると能はす又た或は其の棚陰に茶を植え付けたる處あり或は其の周圍《めぐり》に桑を培養したる所ありて桑の枝葉も鬱《うつ》葱《さう》として格《た》棚《な》の

九

上に秀て大氣の流通に自由ならす且つ温氣の融《ゆう》透《とう》にも便ならす是れ則ち疾病の憂《うれへ》を常に免れざる由縁なり然られ則ち葡萄を培養するに日本の舊法を捨てゝ尙は他に採《と》るへき良法あるや曰く之れあり凡そ温暖國にして地味の肥《ひ》饒《じやう》ある處にては食膳に供す可き葡萄の種類を培養するにも他の作物を以て能く之きと同地に共作し大ひに利する處あれ共今予の主《しゆ》唱《ちやう》する培養の法は此の種類の葡萄を作るにも適すへく又殊に佳良の葡萄酒を製すへき種類に施用する共其の能く適應するや亦何ろ之に比する者あらん其の法たるや新に創《さう》始《し》しさる者に非す唯ゝ古來より最も著《ちよ》明《めい》の葡萄園にて實《た》試《め》したる經《けい》驗《けん》と例言とに據《よ》り當今に至りて學術の改良を經て始めて完備《び》と成りたるの法にして葡萄の收穫に多れを加へ尙且其の實

を好美なら令むるの良法なり佳良の葡萄酒を製釀せんとするの目的を以て新に葡萄園を開かんと爲る時は必らず用ひさる可からさるの良法なり

予は亦甲府に至り宅間氏山田氏の居寓を訪《と》ひたるに諸氏は其の近《きん》傍《ばう》に培養したる葡萄野生の葡萄より釀造したる葡萄酒を以て予を饗《もて》待せり予は先つ諸氏の此の葡萄酒を製したるの勞を讃《さん》美《び》し併《あは》せて此の種類の葡萄にては通常の飲料を製することとを得ると雖も以て佳良の葡萄酒を釀造すると能はさることを證せり又た諸氏は此の葡萄の實皮を蒸溜《じやうりう》して燒酎《しやうちう》を製したり若し諸氏の倘ほ之を精製することを勉めなは果して頗る佳美の飲料を製することを得べき也

蓋し是れ等製造の未た今日に有りて振《しん》起《き》せさるは實に日本勸

十

業の一大欠典と云ふへき者にして早くも之れを盛に興起するの事業に着手せんことを之れ偏に日本人民の爲めに希望する所なり又た彼の諸氏の既に製したる造方を以て推すに若し良種の葡萄を撰らみ之れを適宜《てきぎ》に培養して以て葡萄酒を製したらんには必らず良好なる美酒を得へきは之れ予か疑ひを容《い》れざる所なり曩《さき》に予はドクトル、モリール氏の周旋《ちうせん》に據《よ》り北潟《きたがた》にある同氏の園中に於て試みに予の主張する葡萄樹の若干種を植付けたり然るに初め此の葡萄樹の當地へ運輸《はこび》せられしや其の時節實に之を栽《う》ゆるに適應したるに非らざりしかとも尙は之れを根分となし或ひは挿《さし》木となして鄭重《ていちやう》に植付けたるに皆能く生長し一つとして枯《か》槁《れ》たるものなかりし是を以て其の種類の繁殖《はんしよく》することの容易《たやす》きや又た瞭然《りやう》たり故に予は日本國に於て葡萄培養の師範《しはん》場を開き良種の葡萄を撰擇《せんたく》して盛に之を培養し以てこれを酒に醸製したらんには其の風味の佳良なること人身の健康を保全する性とに至りては一歩も佛國《フランス》産に讓《ゆづ》らざる良品を製出することを得べき事を信ず日本人民よ希はくは從來耕耘せざる今荒蕪《くはうぶ》に屬《ぞく》する地を開墾《かいこん》して之れか培養を試みんことを予は先づ眞正の葡萄園を起《おこ》し大ひに良種の葡萄を培養して以て後來日本全州に普《あまね》く此の良種を繁《はん》殖《しよく》せしめんことを勉《つと》めんとす若し有志者の戮《あはせ》レ力《ちからを》尽《つくし》レ意《いを》以て此の事を補佐《ほさ》すること有之大ひに勸業の路を進め實に日本國の繁榮に影響《えいきやう》を及ぼすや疑ふ可からざる也

「東京タイムス投書」

薔薇《はう》を挿木する法

薔薇は挿《さし》木にて能く繁《はん》殖《しよく》する者なれは婦人小童にも容易に爲

し得る業にして之を作り利潤《じゆん》を得んとする人には良好の種類を撰ミ挿木せるころ眞に面白き生業なれ元來黠黴は雅《が》客《かく》俗人の差別なく愛《あい》翫《ぐはん》する故を以て古今内外に通して盛んに行はるゝ者也挿木の法は鉢《はち》又は箱に砂を入れ充分に水を灌《そゝ》ぎ其内に挿すを良しとす挿枝を二三寸の長さに鋏《はさみ》にて切り而して其兩端《はし》共斜《なゝ》めに利刀にて削《けづ》り平滑《なめらか》ならしめ一二寸隔《へだて》に幾本も並べて挿すべし而して日々水を灌ぎ大抵《てい》十日乃至《ないち》廿日にて根を生ず然る時は之を鉢又は地面に移《うへ》植《かへ》すへし其挿木の好き時節は三四月の頃なれとも華氏《パーレンヘー》寒《かん》暖《だん》計《けい》七十度以下なれは春秋何時にても繁《はん》殖《しよく》する者也時候暖かなる時は嫩《わか》枝《えだ》を挿し水を多く灌くべし

社長　津田仙

編輯兼印務　十文字信介

葡萄組第四分社
椽善喜三郎編纂

葡萄効用論

明治十七年四月五日御届
同　四月出版

葡萄効用論

夫レ我邦ハ天與ノ良田ニ富ミ米穀ヲ産スル極メテ多シ然リト雖モ我邦古来ヨリ醸酒ニ消費スル米穀ノ高ハ莫大ニシテ嘗テ我カ政府ノ調査セシ所ニ據レハ其石高無慮五百万石余ナリト而シテ此ノ價格ヲ平均一石五円(当時相場)トナストキハ其原價貳千五百万圓トス此米穀ヲ消費スルヿヲ止メ之レニ換フルニ葡萄酒ヲ以テシタランニハ則チ内國人民糧穀《リヤウコク》ノ外ニ此五百万石余ノ剰餘《ジヨウヨ》ヲ生セン此ノ剰餘《アマリ》ヲ輸出スルニ於テハ

更ニ米穀欠乏《ケツボウ》ヲ告ル憂モナク又國家富《フ》饒《ニヤウ》ヲ致ス一端ナラスヤ蓋シ聞ク米ノ収穫《シユウカク》《トレダカ》ハ一反歩ノ地ニ係平均玄米《クロマイ》貳石ニシテ之ヲ酒ニ醸《カモ》シタル量モ亦漸ク三石ナリト加フルニ米ハ水田ニ産スルヲ以テ地質肥沃ナルモ水利不便ナレハ其収穫ヲ望ムベカラス然ルニ葡萄樹ノ如キハ湿《シツ》《シメリ》地《チ》《ヂ》ヲ除《ノゾク》クノ外ハ如何ナル磽确《カウカク》《石オホキヤセタル》ノ地ニ於ケルモ之ヲ培植スレハ一反歩ノ地ニ係平均葡萄酒二石以上ヲ醸スヘキ果實ヲ得ヘシ故ニ五百万石ノ葡萄酒ヲ得ルニハ貳拾五万町歩ノ地ヲ要ス

夫レ貳拾五万町歩ノ地大ナラサルニ非レ𪜈[illegible]
各府縣ニ於テ分擔《ブンタン》セシメハ其地ヲ得ルヤ決シ
テ難キニ非ス此ノ貳拾五万町歩ノ地ニ葡萄ヲ
栽培シテ醸酒ノ用ニ供シ數年ヲ出スシテ五石
万石ノ葡萄酒ヲ得ルニ至ラハ米酒ハ自カラ廢
止ニ至ラン米酒廢止セハ米穀ニ殆ト五百万石
ノ剰餘ヲ生セン其剰餘ヲ輸出スルニ於テハ決
シテ内國人民糧穀ノ欠乏ヲ憂ヘス輸出入ヲ平
均シ莫大ノ國益ヲ致ス豈良策ニアラスヤ世ノ
山野或ハ荒地《アレチ》ヲ開墾《カイコン》スル者ヲ見ルニ徒《イタヅラ》ニ縦逨

ノ旧套《キユウトウ》ヲ株守《シユウシユウ》《マモリ》シ力《ツト》メテ稲田トナサント欲ス故ニ水利ノ不便ナル処ハ度外ニ置キ或ハ溝渠《コウキヨ》《ミゾホリ》ヲ開鑿《カイサク》《ヒラキウガツ》シテ莫大ノ貨賊ヲ浪費《ロウヒ》《ムダヅカイ》シ其得《トク》終ニ其失《シツ》ヲ償《ツグナ》フニ足ラサルモノアリ豈浩歎《コウタン》スヘキニアラスヤ若シ葡萄樹ノ栽培ニ従事セハ前ニ述ベルカ如ク必スシモ肥沃ノ地ヲ撰ハス又水利ヲ要セスシテ其利益ハ則チ稲田ニ倍蓰セン人或ハ余輩カ二十五万町歩ノ地ニ葡萄ヲ植ユルトキハ米穀五百万石ノ剰餘ヲ生セント言ヘルヲ聞キ漫《ミダリ》ニ大言ヲ吐ク者トセン然レ𪜈余輩ハ決シテ

架空《ガクウ》《ムナシキ》ノ説ヲナスモノニ非ス社長日比野義輔常
テ東京谷中ノ撰種園主人ヲ訪ヒ談葡萄栽培ノ
事ニ及ヒ其方法ヲ説クヿ極メテ精密ニシテ且
ツ懇《ネンゴロ》ニ其圃《ホ》《ブドウバタ》ノ実況《ジツキヤウ》《ジッサイノアリサマ》ヲ示セリ同人ノ目撃《モクゲキ》《ヨクミル》セシ所
ニ據レハ該年《ソノトシ》三月中ニ挿木《サジキ》シタル葡萄苗ニモ
隨分結菓シタルモノアリシカ是レハ篭外ニ置
キ其前年三月中ニ接木《ツギキ》シタルモノニハ四房乃
至六房ノ果實ヲ結ヒタリ今其一房ニ結ビタタ
ル果實ノ量目《メカタ》ヲ四百四十目トナシ之ヲ一反歩
ノ地ニ三百本植付ケタルモノトセハ其量目《メカタ》百

三十二貫目ニシテ是レヨリ搾扠《サクシユウ》《シボリタス》スル液汁ハ一石三斗二升ニ至ルヘシ又接木セシヨリ三年目ニ至ルモノ、結菓ヲ見ルニ其房數簇《スコブ》ル多ク一株ニ五十一房アリ是レハ結果ノ多キカ為メニ其量目モ從テ減スレ圧其中等ノモノハ四五十目ニシテ最モ大ナルモノハ百目ニ過《ス》グルモノアルヲ以テ是ヲ平均五十目トセハ一株ニ二貫五百五十目壱反歩ニ七百六十五貫目ノ收獲《シユウカク》高《トレダカ》ニ至ル可シ然リ而シテ之ヲ以テ酒ヲ釀サバ七石六斗五升ヲ得ルノ割合ナリ然レ圧地質季候《キコウ》及ヒ肥糞ノ多寡培養ノ良否ニヨリ多少ノ出来不出来アリ故ニ此半数即チ三石八斗二升五合ヲ得ルトスルモ一反歩ニ三石ノ酒ヲ得ヘキ米ニ比較スレハ其損益復《マ》タ多辨ヲ要セスシテ明ナリ然レ氏人或ハ云ハン葡萄樹ノ如キハ莫大ノ肥糞ヲ用ヒ且ツ棚モ丈夫ニ造ラサルヲ得ス然ル中ハ稲田ニ水利ヲ設クルト比較スレハ其費用果シテ孰レカ多キヤ未ダ之ヲ知ルヘカラサルナリト然レ氏葡萄實ノ質タル糖分ヲ以テ其上部ヲ白《シ》ムルモノナレハ肥糞ノ含《ガン》有スル暗《アン》

謨尼亜《モニア》質ノ如キハ大ニ糖分ヲ害スルモノナリ故ニ過量ノ肥糞ヲ施スハ却テ害アリ然ラハ則チ何ノ莫大ノ肥糞ヲ要スルヿアランヤ又棚ノ作方モ敢テ多額ノ費用ヲ要セス又葡萄園ノ作業ハ一人ニテ馬一頭ヲ使用スレハ五町歩ヨリ七町歩迄ノ地ヲ耕耘スルヲ得ヘシ其業ノ易キ此ノ如ク其利ノ厚キヿ彼ノ如シ世ノ有志者苟モ心ヲ傾ケ今ヨリ大ニ葡萄ヲ栽培シ以テ酒ヲ醸シ其業大ニ盛ナルニ至ラハ只葡萄酒ノ輸入ヲ防グノミナラス我國固有ノ良産タル米穀ノ

剰餘ヲ輸出シ年々數千万圓ノ外貨《ガイコクノカ子》ヲ輸入スルニ至ランニ亦何ゾ正金ノ溢出《シツ》ヲ憂ヘンヤ世ニ菓實樹多シト雖モ葡萄ヲ以テ最第一ノ滋養品《カラダノヤシナイニナルモ》ト云フ丁ハ我國人民中未タ了知セザルモノアランカ泰西《セエヨヲ》ノ大医某氏ノ演説ヲ聞クニ欧米各國ハ素ヨリ亜細亜中ニモ亦該菓《ソノクダモノ》ニ滋養分ノ多キヲ知リ得ルヨリ専ラ培粮ニ従事勉勵スル丁年ヲ積メリト善哉《ヨイカナ》果實中其用最モ多ク其利最モ厚キモノハ葡萄樹ノ右ニ出ルモノナシ酒トナリ菓子トナリ又食用ノ一助トナル酒トナシタ

ルモノハ人身ノ健康ヲ助ケ葡萄酒ト称スル術ハ絶食シタル病人ニ用ヒテ飢ヘス渇セス其妙能実ニ驚ク可キニ非スヤ思フニ上帝《ゴッド》仁慈ノ厚キ此妙薬ヲ人間社會ニ降シ以テ我々ノ飢渇病痾ノ煩悩ヲ脱セシムルナルヘシ聖書《バイブル》多ク譬ヲ此称ニ寓シ耶蘇《ヤソ》基督《キリスト》亦自ラ真葡萄樹ト称ス是レ全ク上帝ノ殊造ニ出ツ推シテ知ルヘキノミ又或ル西哲《セエチツ》ノ説ニ據レハ葡萄樹ハ世ノ開明ニ伴ハルヽ供人ナリト宜ナル哉言ヤ今ヤ我邦人文日ニ進ミ開明月ニ加ハリ殖産興業ノ道年ニ起

リ殆ント其底止《トヾマル》スル所ヲ知ラス豈又狭カラス
ヤ然リ而シテ近歳葡萄樹ノ大ニ世人ノ信認ヲ
得テ漸次各地方ニ栽培増殖セルヲ見レハ實ニ
西人ノ我ヲ欺カサルヲ証スルニ足レリ
彼ノ葡萄ヲ栽培セル欧州地方ニ於テモ昔ハ他
ノ耕作ニ適セサル荒蕪《アレタル》ノ地多カリシカ輓今《バンキン》場
所ノ方位及ヒ氣候等ヲ察シ其葡萄ニ適應セル
ヲ知リ之ヲ開墾シテ盛ニ此業ヲ興セシヨリ今
日ニ至ッテハ其利益ヲ得ルノ夥多《タクサン》ナルニ從ヒ
地價モ亦驟《トミ》ニ騰貴シ壱町歩ニ付四千法《フランク》一法ハ我カ凡

ソ弐拾銭余當ル内外ノ高價ニ至リシナリ若シ葡萄栽培微ツセハ蓋シ一町十法ノ價ヲモ有セサルヘシ之ニ因テ之ヲ觀ルニ我邦ノ如キハ荒蕪ニシテ他ノ耕作ニ適セス其他能ク葡萄ニ適應シ且ツ運送ノ便アル地尠《スクナ》シトセサレハ廣ク之ヲ開墾シ以テ葡萄ヲ栽培スルニ於テハ其鴻利《オーイナルモヲケ》ヲ得ル期シテ待ツヘキナリ顧ミルニ佛國ノ如キハサル山《サン》嶽《ガク》谿《コク》谷《ヤ》至ル所葡萄園ナラサルナク毎年葡萄ヨリ收入スル金額ハ八億万円ニ出ツト宜ベナル哉同國物産ノ多ク葡萄ヨリ生スルヲ又以テ

同國富強ノ一班ヲ知ルニ足ルヘシ
曽テ聞ク外國ヨリ我國ヘ輸入スル葡萄酒ノ量數ハ明治十三年度輸入統計表ニ據レハ樽入拾万三千二百五十七ガロン一ガロンハ我ノ二升五合強邦瓶入二万壱千七百七十六打《ダース》一打ハ十二瓶此價合計金九万九千〇九拾二円二十四銭ノ巨額ナリト其後ハ年々増スアルモ決シテ減スルコトナキハ明ケシ之ニ依テ之レヲ見レハ葡萄樹ヲ栽植シテ最モ急務トナスヘキハ何ゾ葡萄酒ヲ以テ米酒ニ代用スヘキモ急ナリト雖モ我邦因襲《シュウ》ノ久シキ今

二八

遠カニ采酒ヲ廢絶《ハイゼツ》《ナグスル》セントスルモ到底《トウテイ》《ツマリ》言フベクシテ行フヘカラサルハ勿論ナリ輸出入平均ヲ失スル今日ニ於テハ先ツ焦眉《ミウビ》《ノシアタツテ》ノ急タル三千七百余石輸ニモ示セシナミ度ノ輸入高ナリノ善良葡萄酒ヲ釀製シ外國ヨリ輸入スル葡萄酒ヲ防《ボウ》遏《フセギトヾタル》セハ年計十万余円ノ金貨濫出《ランシツ》ヲ防止シ而シテ右内國人民ノ飲料ニ充ラ漸次采酒ヲ廢スモ未タ必スシモ遲シト云フ可ラス世ノ有志者ハ幸ニ茲ニ注目スル所アリテ目前ノ小利ヲ射ラス專ラ利ヲ永遠ニ期シ勉メテ輸出入ノ平均ヲ保持シ真ノ愛

國者タランヿヲ請ハントス
近時西洋培粮學者ノ輿論ニ據レハ危ソ葡萄樹ハ山脈アル地ハ熟レノ風土ヲ問ハス能ク生育繁殖スト嗚呼華ナル哉我國人ヨ我邦山脈ハ東ハ遠ク北海道ニ起リ延ヒテ西國九州ニ及フ大概好適地《ブドウニヨイトチ》ナラサルハナシ斯ル有益ナル植物ヲ培養センニハ前陳ノ如ク強チ膏田沃土《ナンデモヨクデキルトチ》ヲ要スルニ非ラス專ラ荒蕪不毛《ナンニモデキナイアレチ》ノ地或ハ水利ニ乏シキ丘陵《キウリヤウ》山腹《コヤマ》等ニ最モ適當繁茂スルハ其性ナレハ有志者幸ヒニ其有益ナルヿヲ了解シ憤発

汲《きう》々トシテ此一大國產ヲ興サハ荒蕪未墾ノ土地モ化《カウヰル》シテ良田義圃《ヨキハタ》トナリ磽确不毛ノ地モ変シテ沃地トナサハ東洋ノ佛國タルヿ蓋シ遠キニ非ラサルヘシ尚一身上ニトリテモ國恩ハ幾分カヲ報シ安全ニ生計ヲ營ミ得ルヿ期シテ俟ツヘキ而已社長日比野泰輔累《ルイ》年實地經驗セシ其計筭ヲ擧グルニ苗木壱本ヲ一坪ノ地ニ植付初年ハ四五房ヲ結ヒ二年目ニハ十四五房三年目ニ至リテ五六十房ヲ結菓スヘシ若シ下作《シタサク》ヲ為サントナラハ三年目迄ハ四季共ニ障《サハリ》ナク四

年目ニハ春夏ノ両作ヲ好マス秋冬ニ作ヲ嫌《キラ》ハズシテ一株ノ葉實百四五十房夫レヨリ逐年幹《キ》枝蔓《ノビル》延スルニ随ヒ葉モ亦是レニ準《ジュン》ジテ増殖ス故ニ五年末トナルヨリ壹丈歩ノ木ヲ六丈歩ニ分配ス所シテ西洋種ハ十年ヲ以テ期トス但シ十年以上ハ其用ヲナサヾルニハ非ラス外國ニハ随分六七十年ノ老木モアリ去レニ老木ヲ手入ニテ培養スルヨリモ十年頃ニシテ若木仍テ培養ニ戻セハ其費用モ又テ少ナカルヘシニ従事セント欲スル諸《ショ》君ハ社長日比野兼輔カ年研《ケン》究《キウ》シタル方法ヲ施《ホドコ》サハ五年目ニ至リテ壹本ヨリ三百五十房壹房五十目ト見積リ壹丈歩

壹万七千五百石此量八百七十五貫目ノ收穫ナリ然ルトキハ之ヲ以テ酒ヲ釀サハ壹貫目ニ付液汁壹升ヲ得ルノ計算ニシテ此酒八石七斗五升則チ一升代價五十錢ト位キ總額《ソウガク》《ソウダカ》金四百三十七円五十錢ナリ然レモ年ニヨリ出來不出來アルヲ以テ此半數ヲ得ルモ四石三斗七升五合此價二百十八円七十五錢ナリ江湖《ゴウコ》《ケン》ノ諸君試ニ看《ミ》ヨ内國米穀酒釀《コメガサケツクル》ノ為ニ費耗《ヒコウ》《ナクナル》スル年々數百万石ニ至ラン今此時ニ當リ佳良《ヨキ》ノ葡萄酒ヲ釀製《コシラヘ》シ以テ米穀ノ消費《ツイヘ》ヲ減省《ヘラシハブク》セハ一ハ以テ米穀ノ剰餘ヲ

輸出シ却《カヘツ》テ誤《ガイ》酒ノ輸入ヲ防クノ利アリ一ハ以テ米酒ノ如ク人身健康上危害ナクシテ葡萄ノ美酒ニ飽キ上下一般《ウエシクイチヨウニ》嗜《シ》好《コウ》《スキコノミ》ヲ同フシ却テ健康ヲ保全シ得テ富國強兵ノ基タランヿ蓋シ難キニ非サルナリ果シテ然ラハ吾々人民ノ幸福モ又幾莫《イクバク》《ドレホド》ゾ実ニ利害得失霄壌《シヨウジヤウ》《テンチ》ノ差《チガヒ》アリ乞フ有志熱心ノ諸君《ミナサン》ハ幸ニ此擧《キヨ》ヲ賛成《サンセイ》アランヿヲ切《セツ》ニ企《キ》《コヒ》望《ボウ》《子ガウ》スルノミ

葡萄組第四分社

社員　橡谷《トチヤ》喜三郎謹白

葡萄栽培《サイバイ》《バイヨウ》心得

一西洋葡萄ハ其種類千五百余種アレハ之ヲ栽《サイ》植《シヨク》セシトスルニハ其地ニ適應《テキヲウ》《カナウ》スル所ノ類ヲ撰《エラ》ブヲ要ス

一西洋葡萄ハ壱反歩ニ付三百本栽植《シヨク》ス

但シ初年ヨリ五年迄五年目ヨリ壱反歩ヲ六反ニ分施《ワケル》スベシ

一壱反歩ニ付肥料金四圓五拾銭ノ計筭ナリ

但シ下肥ノ料ハ寒中両度寒明一度都合三度干鰯《ホシカ》油粕《カス》等ヲ壱本ニ付壱合五タ宛ヲ以テ適度トス多量ナレハ反テ害アリ能ク注意スヘシ

一壱反歩ニ付人夫壱人

但シ季節《キセツ》ニ依ル
其他ハ適宜《テキギ》ナリ

一　西洋葡萄ハ日本種ヨリ凡ソ二ヶ年前ニ結菓《ミヲムスブ》ス
従テ實ノ熟方モ二週間斗早シ
但シ其種類多キ故或ハ早熟モアリ又晩熟《バンゴク》
モアリ惣日本種ニ比スレハ大抵早熟ナリ

一　三年木 四年木平均収穫《シユウカク》計筭
○壹本ノ樹ヨリ菓實平均五拾房ヲ得ルト
見做シ一房五十目ト位キ此量貳貫五百目
ナリ五貫目壹円ト見做シ則チ壹本ニ付金
五拾銭ナリ然ルトキハ壹反歩ニ付七百五拾
貫此代金百五十円ナリ此一班ヲ見テモ
其利益鴻大《オホヒナ》ナルヿ推シテ知ルベキナリ

一　醸造《ジヨウゾウ》計筭
○壹貫目ニ付液汁壹升五合ヲ得ル法方ニ
シテ壹反歩七百五拾貫(三年目)壹升代價金

五拾銭ト置キ惣額金五百六拾二円五十銭ナリ
五六七八九十年ト逐年幹枝蔓延スルニ従ヒ菓モ又之ニ准《ジュン》シテ増加スヘシ

當社培養葡萄樹名目

(第一号)ヨング、アメリカ　紫《ムラサキ》色大果大房ニシテ米國ノ産ナリ品位上等ニシテ生食及ヒ醸酒ニ適ス房ノ大ナルモノハ一房ノ量目九十目ヨリ二百四五十目ニ至ル

(第二号)リテア　帯《タヒ》黄《ヲウ》《キミヲモツ》白色ニシテ中果中房生食用トスルモ善シ又醸酒ニモ適ス米國産ニシテ上等ノ葡萄ナリ

第三号リデナ白色ニシテ其大サ果房共ニ中ナリ甘味多ク専ラ生食用ニ供スルヲ常トス米國産ニシテ上品ノ葡萄ナリ

第四号イサベラ

暗紫《アンシ》色《ムラサキニクロミヲモツイロ》大果中房ニシテ米國ノ産ナリ品位中等ニシテ樹《キ》ノ性強ク従テ風土ノ如何地味ノ善《ヨシ》悪《アシ》ニ拘《カヽハ》ラス何レノ土地ニモ適應スルヲ以テ山間原野林ヲ開キ手廣ク培植シテ物産トナスニハ最モ要用ノ葡萄ナリ且ツ収獲ノ量常ニ多ク其上生ニテ食スヘク又酒ニ造ルヘシ能ク熟スルトキハ果肉《カニク》溶解《ヨウカイ》《クダモノニクトケテ》

シテ汁液《ジユウエキ》《シル》多ク且ツ甘味ニ富ム去レ𪜈少シク奇臭アリ故ニ或ハ之ヲ好マザル人アリト雖モ酒ニ醸セハ其奇臭《キシユウ》《クサミ》全ク発散《ナクナリ》シテ更ラニ障ナシ尤モ其酒ハ上品トハ言フヘカラス

尚他ニ五六種アレ𪜈茲ニ畧ス詳細ヲ知ランㇳ欲スル諸君ハ當社ヘ来談ヲ乞フ

葡萄効用論　葡萄栽培心得　葡萄樹名目、大尾

當社培養葡萄苗一覧

(一)ヨングアメリカ
(二)リデナ
(三)リデア
(四)イサベラ
(五)ドシベラ
(六)マデラ
(七)ミウスボラ
(八)リスリング
(九)サンピータ
(十)ボルドブレラン
(十一)ハートフヲートブロリフイック
(十二)大紅
(十三)アレキサンドリヤ
(十四)ハルテーノアール
(十五)ピノーグリー
(十六)ボルドウノアール
(十七)シチウアン

(十八)コツタキユヴエール　(十九)ピノーノアール

(廿)プッチーリスリンク　(廿一)ハルテーグリー

(廿二)メスリエルノアール

(廿三)シヤラードフオンテンブロー

(廿四)メスリユルブランク

(廿五)ブラウクジンフサンデル

(廿六)ホワヰトスウサートウオーター

(廿七)ピノーノアールアチーブ

(廿八)アラモン　(廿九)コンコード

翻刻
出板人

名古屋區傳馬町七丁目九拾番邸
伊東昌見

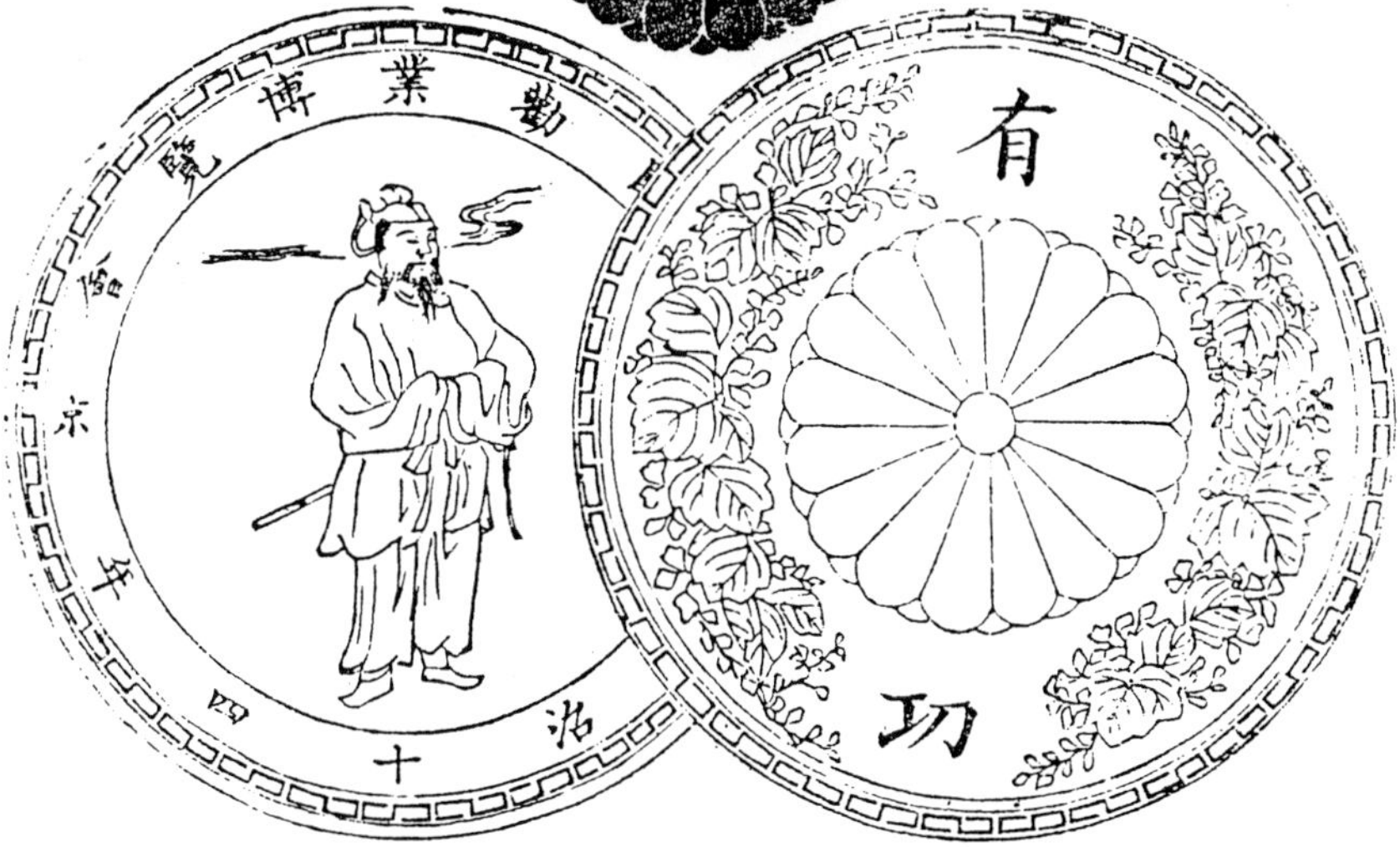

第二回內國勸業博覽會賞牌

撰種園開園ノ雜說

禁賣買

葡萄栽培

夙ニ外國葡萄ノ良種ヲ移殖シ接挿及屈條切枝等善ク法ニ適ヒ以テ栽培家ニ裨益ヲ與フ其有功嘉賞スベシ

東京府下中谷清水町小澤善平

撰種園開園ノ雑説

抑モ余カ創メテ園ヲ開キシハ去ル明治七年ノ春ニシテ爾後年ヲ閲スル爰ニ八歳ニ及ヒ遂ニ實地現在ノ植物モ三万三千六百有餘本ヲ產出スルニ至リタリ今左ニ余カ開園ノ微意ヲ略陳シ其由來ヲ詳カニセン

余ヤ曾テ内外萬國ノ諸植物ヲ我ニ移植セハ其國ヲ益スル蓋シ淺少ニアラサルヘシト信シ彼ノ外國ニ航シ其實地ヲ歴撿スルヿ六星霜聊カ自得スル所アルニ至リタレハ之レヨリ同志依テ以テ大擧セハ當ニ一身一家ヲ利スルニ止マラス又大ニ邦國ヲ益スルニ足ラント尙ホ大ニ勉ムル所アリキ茲ニ聊カ外國ニ於テ經歴セシ所ノ事蹟ヲ述ンニ米國金山州ナツパ郡カリストカ村ニ於テポルタンサ氏ノ大園ヲ托サレ萬國ノ菓木用材穀類野菜等ヲ栽培試植スルヿ滿二ケ年ニ及ヒシニ會マ當園ノ典物トナリシカハ余ノ望モ空クナリ遺憾ナカラ退身スルニ至リ

タリ然シテ農業上ノ事タル彼此長短大小ノ別アレハ苟モ相平均セサレハ之ヲ我ニ施スモ決シテ其功ナカルヘシ故ニ彼ノ長ヲ取リ短ヲ捨テ其中庸ヲ得サル可ラス然ルモ其之レヲ得ンニハ學術ヨリセサル可ラスト思考シタレ圧奈何セン余ヤ元來微力ニシテ學資ニ供ス可キノ資金ナキテ由テ晝ハ終日樵夫ヲ業トシ營々憩ハス夜ニ入リ始メテ休憩スルヲ得ルノ時間ヲ以テ同村ノ植物學士レ、氏ノ門ヲ叩キ就學セシニ同氏モ余カ志ヲ嘉ミシ丁寧懇切ニ教諭ヲ垂レラレシヲ以テ余カ望モ達スルノ緒ニ就キ殆ント五ケ月ニシテ尋常一般ノ通語ヲ習得シタリ此時ニ方リ同氏ノ言ニ學術ノ結果ヲ見ルハ數年ニシテ實ニ難キモノナレハ寧ロ實地ノ結果ヲ得ルノ速カナルニ及カス余ハ幼時ヨリ植物學ニ從事シ來リタレ圧兎角學術ヨリモ實地ノ方宜シキ樣ナリ勿論學術實地ト兼有スルハ此上モナキヿナレト此ハ容易ノ事ニアラス

二

一方ニ偏セハ寧ロ實地ノ方其功ヲ納ムル速カナリ去頃人アリ代言人トナラント欲シ學資ヲ借リテ業ヲ脩メ大學者トナリシカ曾テ借用シタル資金ノ爲メニ訴訟ヲ蒙ムリ終ニ禁獄セラレシヿアリ社會ニ向テ萬般ノ道理テ説キ後人ヲ誘導スルノ大學者ニシテ學弊尙ホ此ノ如シ况ンヤ一國ニ棲息シ或ハ一郡村內ニ安シ居リ纔カニ一二ノ村落ヲ目撃セシ者ノ如キニ於テハ其弊亦奈何ソヤ是余カ實地ノ結果ヲ優レリトスル由縁ナリト懇々説明セラレタリ是ニ於テ余モ大ニ曉ル所アリ曾テ横濱ニ在テ米人ヨリ葡萄酒ヲ送ラレシ時ヨリ我國ニテモ葡萄酒ヲ釀造セハ必ス一大產物トナラント思考シ余カ鄕里甲斐ノ地ニ歸リ屢々釀造ヲ試ミシモ功ヲ奏サヽリシヿノ念頭ニ浮ヒシカハ同氏ニ其術ヲ尋子シニ同氏ノ答ニ其術タル敢テ難キニアラス今ヨリ實地ノ業ニ就カント決心セシナソハ余カ朋友ニ佛人ニシテスラムト云フ者アリ

三

頗ル葡萄酒ノ釀造法ニ長スレハ之レニ就テ其奥ヲ極ムヘシトテ直ニ紹介狀ヲ寄セラレタレハ之レヨリスラム氏ニ就キ葡萄ノ品質ヨリ栽培釀酒ノ法ニ至ル迄盡ク實地ニ研究シタルヿ二星霜其後聊カ試釀テ爲スモ毎ニ美酒ヲ釀シ得タリ之レ實ニ同氏カ薫陶其ノ宜キヲ得タルノ恩澤ト云フヘシ然シテ己ニ退場ノ期ニモ達シタルカ今暫時滯留シテ事業ノ助ヲ爲スヘシト同氏ノ厚意ヲ得タレハ又此ニ滯留シ尚ホ業ヲ脩ムルニ決シ爾後他ニ余カ希望スル事業等ノ視察旁各村ヲ經歴セシトキノ如キモ厚ク同氏ノ周旋ニ預リ費用等一切同氏ノ惠與スル所トナリ實ニ非常ノ恩惠ヲ蒙ムリタレハ日夜其恩ニ報セント心掛ケシニ横濱在留ノ外國人ト事故ヲ生シ裁判ヲ仰クニ至リタレハスラム氏カ恩ニ報ユルノ期ナクシテ歸航ナシタルハ尤モ遺憾ノ事ナリ是實ニ明治七年即開園ノ時ナリキ

斯クテ明治七年ノ春開園栽培ニ着手シタルハ高輪及ヒ現今ノ撰種園ニシテ二ヶ處ノ面積合計二万有餘坪ナリシカ海外ニ於テ大園ヲ耕シ來リシ法ニ慣レシ爲メ農具ハ勿論牛馬等ノ全備セサリシニ因リ充分ノ功ヲ奏スル能ハスシテ資金ヲ蕩盡スルニ至リタリ依テ方向ヲ轉シ現時ノ一園ニ頼リ我カ風土季候ニ相應スヘキ善良ノ植物ヲ精撰シ之ヲ内國ニ販賣シ其賃金ヲ以テ自家ヲ保有セント決シ園ヲ號シテ撰種園トナシ廣ク諸植物ヲ内國ニ販賣シタリ然ルニ幸ニ諸彦ノ愛顧ヲ蒙リ連年倍蓰ノ種苗ヲ各地ニ送出スルニ至リ實ニ雀躍ノ至リニ堪ヘサルナリ然リト雖𪜈未タ全ク余カ憂愁ヲ醫スルニ足ラサルモノアリ何ソヤ一二ノ培養者アリテ葡萄栽培ヲ難スル是ナリ抑モ是等ハ未タ葡萄ノ性質ヲ審カニセスシテ漫ニ栽培スルノ致ス所ナレ𪜈亦以テ葡萄培養上進歩ノ前途ニ多少ノ障碍タラサルナキヲ得ス故ニ少シク其理

五.

由テ陳述シ斯ル障碍ヲ除カントス

抑モ葡萄ハ暖地ニ適スルモノアリ或ハ寒地ニ應スルモノアリ又ハ寒暖ヲ問ハス能ク成熟スルモノアリ或ハ粘土質ニ適スルモ輕土ニ適セサルアリ或ハ植土質ノ地ニ適スモ小石混合ノ異地ニ倘ホ能ク適スルモノアリ又ハ濕地ニ能ク繁茂スルモ其果實ハ必ス下品ヲ産出スル等ノ理アリ且肥糞ヲ要スル類ヲ瘠土ニ植エ之レヲ要セサルモノヲ肥土ニ植ウルアリ又刈込法ニ至リテモ其種類ニヨリ長短ノ別アリテ頗ル結果ノ良否ヲ呈スルモノニシテ或ハ降雨ノ屢々アル國ノ法ヲ施シ或ハ夏月ノ間降雨ノ更ニナキ國ノ法ヲ以テスルアリ夫ノ葡萄ノ如キハ耕地ノ上面ヘ夏月中根ヲ分出ナスモノヲ斯ノ如キ生呑活發ノコナレハ葡萄培養者タルモノハ斯ル事ニハ最モ注意セサル可ラス委曲ハ拙著葡萄培養法續篇ニ詳論シタルヲ以テ茲ニ略シヌ去レハ一二ノ培養者タ

六

ル者ノ如キハ其培養ノ原則ニ背キシ所アルヲ以テ自ラ失敗ヲ招キシモノニシテ決シテ葡萄ノ罪ニアラサルナリ是等ヲ詳知セント欲スレハ大日本農會報告第一號ヨリ福羽先生ノ證明セラレシモノアレハ拙著培養法地味並地位ノ部ト參觀セハ自ラ明了ナラン

夫レ斯ノ如ク余カ葡萄ノ栽培蕃殖ノ論ヲ爲スモ抑モ亦故アルナリ今ヤ海外萬國ト隣交ノ道大ニ開ケ彼我相通シ互ニ有無ヲ交通スルノ秋ニ於テハ苟シモ損益ヲ論シ得失ヲ議セサレハ輸入益ス其權ヲ擅ニシテ輸出愈々其勢ヲ亡フニ至ラン現ニ我國ノ如キ輸入ノ超過毎ニ輸出ニ倍蓰スルニ至リシハ素ヨリ彼ト開明進歩ノ度ヲ異ニシ其力ノ平均セサルニ因ルト雖モ啻ニ勢ノ然ラシムル所トシテ之ヲ放擲スルハ抑モ亦國家ノ經濟ヲ意トセサルモノト云ハン歟此義ニ就テハ余モ宿論アリ曾テ屢々發論セシ如ク我國固有ノ酒類ハ其質ヲ米ニ仰クヲ以テ

年々醸酒ニ消費スル米員少ナクモ正貨四千万圓ニ上ルヘシ然ルヲ他物ヲ以テ之ニ代用スルヲ得ハ詰リ此四千万圓ノ米員ヲ節シ得可ク此米員ヲ以テ輸出ニ供セハ亦若干ノ利益ヲ得ルニ至ラン然ルモ之ニ代用スルモノナケレハ又奈何トモス可ラスト雖𪜈葡萄ノ如キハ能ク米ニ代用シテ酒類ヲ醸造シ得ルノミナラス米穀ノ如ク水利上田ヲ要スルニモアラス如何ナル地ニテモ其品類ヲ撰ミテ栽培スルヲ得ルハ現ニ山間ノ地ニ在リテ成熟スル果實ヨリ美酒ヲ醸スヲ見テモ知ルヘキナリ斯ル品アル以上ハ空餘ノ地ヲ撰ミ之カ栽培ヲ増殖シ稍ク米穀ニ代用スルニ至ラハ豈ニ國益ノ一助ナラスヤ是レ余カ葡萄蕃殖ノ論アル由縁ナリ

西語ニ曰ク凡ソ食物ハ皆毒物ナリト味アル哉言ヤ夫レ米ハ人生ヲ養フ良性ヲ有スルモノナルモ倘ホ量ヲ過レハ病害ヲ醸スコアリ葡萄ノ

八

如キモ人体ヲ強壯ナラシムルノ性ヲ有スレ𪜈供用ノ方法ニ因リテハ亦大害ヲ爲スヿアリ故ニ葡萄ノ果實ヲ生食スル人ニ一言セント欲ス仰モ葡萄果ハ生食乾製釀酒其他百般ノ用ニ供シ得ルモ種類ニ因リテ應不應アルハ已ニ拙著ニモ記載シ併テ人身ノ強壯液タル所以ヲモ論シタリ併シ供用ノ方法ニ至テハ未タ論及セサリシカハ爰ニ掲ケテ參考ニ供セントス

夫レ葡萄ノ果實ハ常ニ人ノ生食スルモノナレド不熟ノモノヲ食セサル以上ハ何程多量ニ食スルモ更ニ害アルナシ又生食ニ供用ス可カラサル種類ヲ食スルモ差シテ害アルヿナシ是レ實ニ同果ノ強壯液タルヲ證スヘキナリ然リト雖𪜈種子ニ至リテハ如何ナル種類ヲ問ハス決シテ食ス可ラス此種子ハ人身中ニ入レハ則チ盲腸炎ト云フ病根ヲ爲シ右腹ノ下部ニ疼痛テ發スヘシ又供用ノ應不應ハ敢テ害ナキモ其美

味ヲ撰ムニ要アレハ聊カ記載セン本邦ノ土産葡萄ノ如キハ慣習ニ依ルカ生食ニ供シテ佳ナリト人ノ稱スル所ナリ是レ蓋シ如何ニモ美味ニシテ全ク害ナケレハ最上ノモノトナスモ敢テ妨ケナシト雖モ其種子ヲ吐キ出サンニ生肉ト種子ノ間ニ酸澁ヲ含有スルヿ多クシテ口中ヲ害スル甚シキヲ如何セシヤ又醸酒用ニ供スモ全ク相應シタリト云ヒ難シ而シテ彼ノ外國葡萄ニ於ルモ亦然リ酸澁甚シクシテ且生肉ト種子ト分離シ難キモノアリ或ハ醸酒用ニ可ナラサルモ生食ニ供用シテ可ナルアリ或ハ生食ナスモ小房小實ニシテ美味ナキヲ以テ不可ナルモ醸酒ニ供シテ全ク美酒ヲ醸シ得ルアリ或ハ無種子ナルモノ等アレハ是亦左ニ一斑ヲ附記ス可シ

「ホワイトナツポレヲン」白色ノ大房大實ナルモノニシテ生食ニ最モ佳ナルモノナルモ未タ本邦ニ於テ十全ノ結果ヲ見ル能ハス

「リデア」白色ノ中房中實東京ノ風土ニテハ八月上旬ニ熟シ生食ニ供シテ甚タ佳ナルモノナリ但シ種子生肉外皮等ノ分離全ク宜シ

變種「リデア」此ハ弊園ニ於テ前ノ種子生中ヨリ發見ナシタルモノニテ其形色ハ變リナシト雖ドモ房實ドモ最モ大ナルヲ以テ變種ノ名稱セリ生食ニ供シテ皮薄ク種子ト肉トノ分離ヨク最モ甘美ナルモノナリ

「ホワイトモシケート」大美ノモノナレドモ未タ充分ノ良果ヲ結ヒシヿナシ故ニ暖國ニ於テ試植ヲ望ム

「モシケートアレキザンドル」此ハ豫メ前ニ同シ

「マサトニー」青白色ノ卵子形ニテ房實ドモ大サ中等ナリ肉ハ種子ト分離ヨク十分熟セハ柔ニシテ且美味ナリ

「ハードフオルド、ブロリフイック」濃紫色ニシテ房實ドモ最モ大ナリ但シ甚タシキモノハ三百目餘ニ至リ百目前後ノ房ヲ垂ルヽハ常ノヿニ

十一

テ收獲ノ量甚タ多ク且全國其風土ノ如何ヲ問ハス全ク結果ノ宜シキハ現ニ新潟縣下三條及ヒ島根愛知兩縣下等ノ通信ヲ見ルモ明カナリ最モ當府下ニ於テ栽培上頗ル理論ニ長セシ人ノ園圃ニ培植セシモノハ三年以前ニ充分ノ結果ヲ見シ以來前年及ヒ本年モ其結果ハ甚タ不量ナルアリ是等ハ如何ナル原因ニ是レ因ルカハ拙著葡萄培養法續篇ニ細述シアレハ參考アルヘシ此種ハ本邦ノ一產物ヲ起ス一端トモナルヘキ良種ナラン歟然シテ生食ニ供シテ最モ美且種子ト肉皮ノ分離ヨク種子及皮ヲ吐クニ口中ヲ害スルコ少ナク又乾製トナスモ黒色アルノミニテ其乾キ方ヨク生實ヲ以テ永ク新鮮ノ有機ニ貯フルコヲ得可ク且釀酒ニ供セハ最モ多ク醱酵力ヲ含有セリ但シ第二回內國勸業博覽會ニ於テ諸人ノ讃美ヲ蒙ムリシ酒即チ是ナリ然シテ其褒文ノ寫ハ左ノ如シ

葡萄酒「ハードフヲルド、ブロリフイツク」
嚢ニ在米ノ日研究セシ所ノ醸法ヲ實施シテ善ク需用ニ適スルノ飲料ヲ製出ス頗ル嘉スヘシ

清國産白色中房中粒ノ一種アリ名稱不詳ノモノナレ𪜈東京ノ風土ニテハ八月中旬ニ熟シテ結果モ甚タ多ク培養最モ易クシテ生食ニ供スルモ美ナリ但シ其他ノ供用方ハ未詳

「メルキマツタ」赤紫色ノ大實ナルモノニテ「イサベラ」ニヨク似タリト雖モ「イサベラ」ヨリ収獲ノ量少ナシ然シテ其外見ハ「イサベラ」ニ比スレハ赤味ヲ含ミアルヲ以テ美ナレ𪜈生食ニ供シテ佳トナシ難キモノナリ

「コンコード」及ヒ「イサベラ」「ブロードス、ブラク」等ノ如キ葉裏ニ白キ糸毛ノ如キモノヲ有スル種族凡廿餘種アルモ何レモ善良ノ性質ヲ有スルモノ迚ハ更ニナキカ如シ最モ其内種類ニヨレハ風土季候ニ因リ多量ノ結果ヲ呈スルヲ以テ惡性ト雖𪜈捨サルヲ佳トス

「テイロル」一種ノ如キハ善良ノ質ヲ有スレ𪜈結果ノ有様ヲ視ルニ産地ノ外國ニ於テハ十全ノ良果ヲ呈セサルモ本邦ニ於テハ如何ト種々ノ培養ヲ試ムルモ未タ良果ヲ結ハサルアリ是等ノ原因ハ宜シク知了セサル可ラス是レ拙著葡萄培養法第三圖ニ示スカ如クナレハ培養者ノ注意ニヨリ其品類ヲ撰拔シ苗ヲ仕立ルヿ肝要ナリ又有名ナル佛國産ノ「カメー」及ヒ「ピノウ」等ノ良種ノ如キモ未タ本邦ニ於テ十全ノ結果ヲ結ヒタルヲ見聞セサルハ何ソヤ培養法ノ開ケシ日尚ホ淺キヲ以テ未タ充分適應ノ場所ヲ發見セサルニ由ルナラン己ニ適應ノ場所ヲ發見スルニ至レハ佛國盛植ノ右ニ出ルモ亦知ル可カラサルナリ

「ヨングアメリカ」濃紫色ノ大美ナルモノナリ此ハ佛國産ノモノナルガ米國ヘ移植シテ數十年ヲ經タルト聞ク嘗テ余斯ル善良ナル葡萄ヲ我國ヘ蕃殖セシメント試植セシカ如何セン熟度ニ至リテ實ノ破レル憂ヲ來タス一種ノ病害ヲ蒙リタリ蓋シ本邦固有ノ土産葡萄ノ祟ル寄生植物ノ害ヲ受易キモノナリ尤モ生食ニ供セハ口中ニ入リ生肉ノ破レル味ハ美ニシテ又他ニ索ム可カラス且乾製及ヒ醸酒トモ三様ニ相應セリ

前述ノ如ク良質ノモノニテモ結果セサルモノアリ或ハ種々ノ事故アルアリ又悪性ナルモ結果ノ多キモノアレハ良種ニ近キモノニシテ結果ノ多キモノヲ撰植ナス可シ但シ其類ニヨリテ長短ノ刈込法及ヒ偃曲ノ方ニ依リテ頗ル結果ノ多少ヲ來フモノナレハ培養者ノ最モ注意ス可キコトナリ是等ハ己ニ拙著ニモ細論ナシタレハ茲ニ贅セサルモ本

年内國勸業博覽會ヘ毎種類ノ性質ニ隨テ其方法ヲ示シ出品ナシ辱ク
モ其賞ヲ賜ヒタルヲ以テ未タ其儘同場内ニ存シアレハ有志者ハ宜ク
一見シテ其理由ヲ知了アルヘシ
前數項ノ陳述ヲ爲スモ畢竟スルニ葡萄培養ヲ諸君ニ奨勵シ全國ノ利
益ヲ謀ルニ外ナラサレハ今左ニ余カ園内ニ現在スル葡萄樹ヨリ得ル
所ノ概算表ヲ掲ケ其益アル所ヲ詳カニス可シ

十六

斯ノ如キ概算ヲ見或ハ其利益ノ洪大ナルヲ怪シムモノアルベシト雖ドモ實ニ本年ノ如キハ葡萄果實ノ價意外ニ貴クアリシヲ以テナリ且苟クモ此培養ニ實地從事スルモノニ於テハ更ニ疑ナキヤ明カナリ故ニ各地方有志ノ諸君宜シク自ラ悟ル所アリ斯ル國家ノ一大產物ヲ無用視セス自家一己ニ其苗木ノ蕃殖ヲ謀リ我カ一身ヲ利スルノミナラス一國ノ富強ヲ圖ルニ孜々タラレンヿヲ私カニ望ム所ナリ是レ不文ヲ省ミス前件數條ノ陳述アル所以ナリ故ニ弊園ノ種類ヲ所望アル諸君ハ郵報ニ從ヒ發送時期ニ至レハ無代價ニテ蔓穗共ニ進呈ス可シ是余カ國ニ報ユル一微意ノミ諸君幸ニ諒焉

舶来果樹要覧

東京

大日本農會三田育種場

明治十七年七月刊行

例言

歐米諸邦の人は大に果實を賞美し唯之を生食するのみならず或は之を以て食品を製造し又貯蓄して四時の飲饌に供し穀肉菜蔬と齊しく日常暫くも缺く可からざる者とす故に彼の農家は必ず果樹を栽植し其培養繁殖より製造貯蓄の方法に至る迄率ね之を研究して遺す所なく殊に果實學を修むる者の如きは能く學理と實驗に徴して其道を講明し年々種子を播下して新種の繁殖を謀るに至れり現に英國に於ては苹果の種類千五百種に過ぎ佛國にては梨子の種類千餘種に近しと云ふ他の果樹に於けるも亦其種類の多き推測すべし彼邦人の力を果實に竭す以て見るべし隨て其良種の多き知るへきなり本邦古來果實を賞美し之を栽培するもの甚た多く適地に於て各名產を出し固より其品類に乏しからず殊に柑橘柹實の如き往々其美を海外に誇るに足るべきものあり然れとも固より海外諸邦に產する品類の多き本邦に類品あるも其品位遠く之に及ざるもの或は全く邦產なく特り他邦に產するの美果も亦多し例へば歐洲產の葡萄は其品位佳良にして生食と釀酒に適し歐米洲の苹果は形狀偉大味美にして極めて久存に耐へ洋種の梨子は形狀自ら異なり甘美にして

内種と趣味を異にし清國歐米の桃子味甘美にして内產に優るもの多く又櫻桃の果大にして食用に佳なる者あり其他黎檬の酸液を榨るべき阿利襪の良油を得べき等枚擧に遑あらす豈に之を傳へて邦内に繁殖せざるを得べけんや是を以て曩に農務局に於て育種場を置かれ清國及び歐米諸邦より良種の果樹を傳へ大に之を繁殖して各地に頒布する事を謀られしが今又其事業を本會に委托ありしを以て更に本場を設け愈〻其繁殖に注意を加へ良種を撰んで之を各地に擴充せんを務めんとす

一本場に栽植する所清國及び歐米諸邦より舶載の果樹其品類數十種に及び其種類の多き數百種に過ぎたり今之れを漿果、仁果、核果、乾果に大別し每品に就き各〻其性質効用の要領を掲け併せて培養繁殖の概法を賑し次に每品の種類を列載し每種に就きて一〻其舶載國名、原產地名、所用、品位、熟期、果形、果色、果味、樹性等を略記す但し其未た詳ならさるものは之を欠き他日の補訂を竢つ且つ其最も著明なる良種及び尋常の栽培に適する者數種の圖畫を挿入し一目して其形狀を知らしむ

一每品中其種類極めて多し例へば葡萄の中にても生食、乾藏、釀造等各〻其所用に應じて種類の宜しきを異にするものあり且つ其樹性強健にして能く寒地に適する

あり又磽地にあらざれば栽植し難きものあり苹果梨子の如きも生食、貯藏、市鬻、調理等其所用に應じて各其種類の宜しきを異にす故に栽培家は預め其種類を撰定することと最も肝要なりとす

一毎種に就き記する所の略解は從來實驗する所を主として記入すれとも往々歐米諸國の果實書に就きて其要を摘錄するもの又多し生食と記するは製造を待たず飮饌に供し或は茶酒に媒して生食するに宜しきものなり釀酒ハ釀造して酒を製すべきものを指す調理は各樣に調理し或は製造すべきものなり市鬻とは外觀の美麗にして形狀大小の宜しきに稱ひ市上の販鬻に適せるもの又貯藏して極めて久存に耐ゆへきものなり極めて久存に耐ゆる種類は往々貯藏と記するものあり必ず一樣に貝種と稱すべからず品位は歐米人の品評に從ふものの多し熟期は春分より夏至に至るを春とし夏至より秋分に至るを夏とし秋分より冬至に至るを秋とし冬至より春分に至るを冬とす往々冬月より春月或は夏月に至ると記するものハ貯蓄の期限にして苹果梨子の中極めて晩熟にして往々貯蓄して明年の春夏に至る迄貯存に耐ゆべきものゝ熟期を示すなり然れども風土季候の異りある一概に之を以て標準となすべ

からず爰に唯其一般を示すのみ覧者之を諒せよ

一毎品の名稱は和漢名及ひ譯名或は音譯名を礎として下に英、佛、獨の三語を併記し並に其樹性と自然科目を載せ毎種は音譯を以て其種名を擧げ下に原語を記し上に數號を施こし購求者をして直ちに其數號を以て購求し得べきの便を謀りてなり例へば葡萄の種類中一號より百號に至り又苹果中一號より百八號に至るが如し

一凡て邦語は全假字を以て之を記し洋語を音譯するものは片假字を以て記し之を分つ原語を載するものは必ず其右傍に片假字を以て音を附す

明治十七年六月　編者識

目次

漿果類

仁果類

核果類

漿果類

○葡萄《ぶだう》 Grape《グレープ》（英） Raisans《レイザン》（佛） Weinstock《ヴァインストック》（獨）

落葉攀登木本
葡萄科

葡萄は其果の鮮麗にして味の甘美なるを以て古來最も人の注意を促すものなり其生育に適應する土地に於て之を栽植し其培養に注意せば美果を結ばしむるを得べし現今歐米諸邦に於ては大に之れか栽培を務む殊に佛蘭西を盛なりとす歐洲種の者は味殊に上品にして良種多し米國原産の者は品位之に亞げとも能く寒地に適應するを以て栽培に益あり良種も亦少ゝらす此果は生食、乾藏の外葡萄酒「シャンパン」酒の名「シェリー」酒の名「ブランデー」酒の名等の美酒を釀すべく其所用頗る多し生食すれば漿《しる》多く味極めて甘ふして炎暑の渇を消し清涼解熱の効あり葡萄酒は味美にして人身を保養し兼て藥用の効あり之を以て穀酒に代ゆれは大に醉害を減省するを得べし其浩益謂ふべからす歐米諸邦に於てハ之を以て美酒を釀し他國に輸出す其量の大なる實に驚くべし葡萄は生食、乾藏、釀酒等其所用に應して自から種類の宜しきを異にする者にして其品類を細別すれは數百種に及へり栽植地は高燥なる石灰質の地又石礫多き土地に能く適せり濕地は宜しからす移植《うはかへ》は十一月下旬より四月中旬迄は何時にても妨なし殊に二月下旬より三月中旬を宜しとす十一月中旬より三月中旬迄に枝を剪定《きりこむ》べし但し嚴寒の時は悪し肥料には厩肥及ひ石灰を用ふ三月中旬扦插《さしき》して宜し又壓條《とりき》にて繁殖すべし或は三月中旬葡萄及ひ山葡萄を砧木として之に接けば早く結果す

葡萄の果穗《ふさ》、顆粒《つぶ》の形狀大小は本文毎條の下に述ふると雖とも其語意の盡さゝる所あらんを恐る依て左に略圖を掲けて之を示すべし

漿果類　葡萄

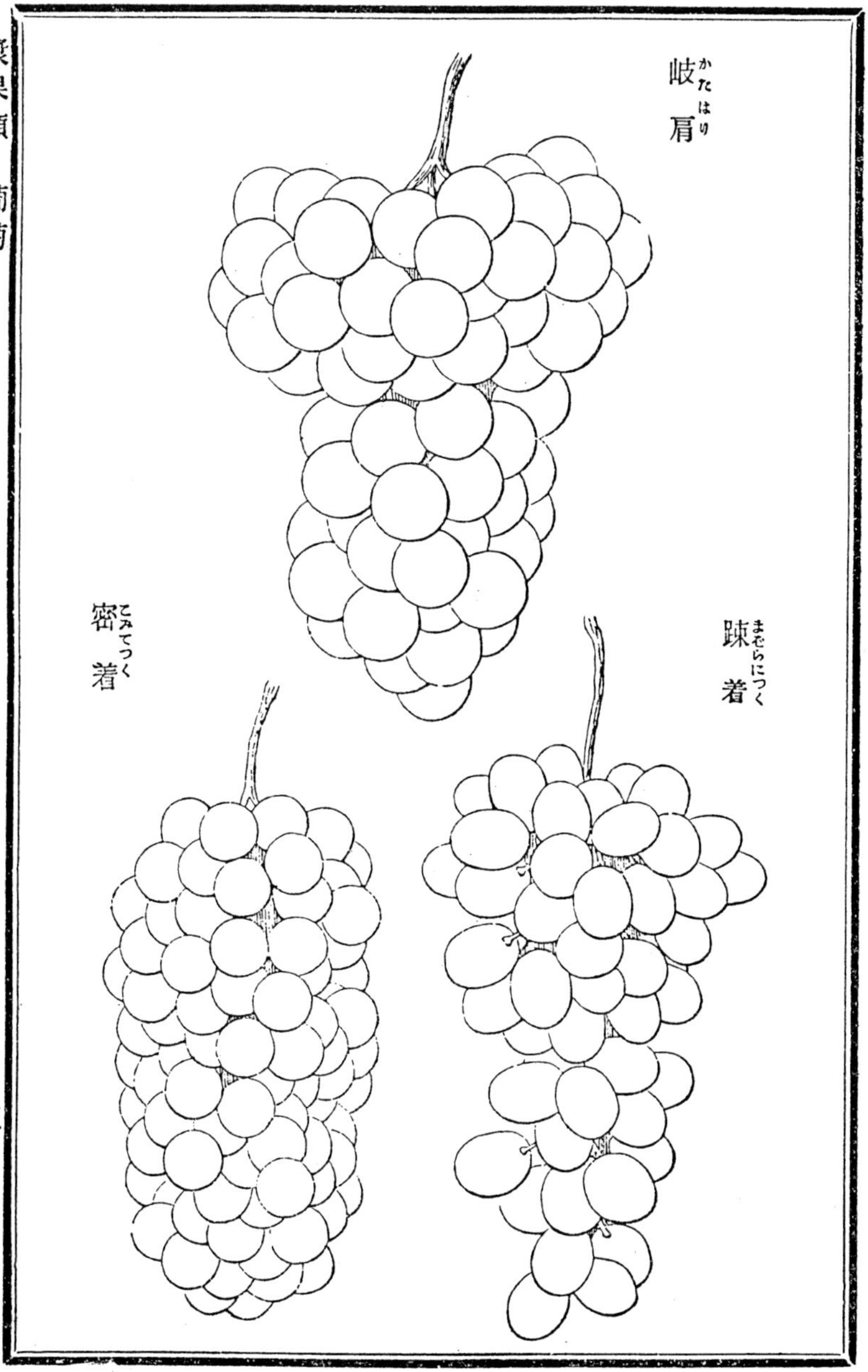

三

漿果類　葡萄

小圓《まるこつぶ》

中圓《まるちうつぶ》

大圓《まるたはつぶ》

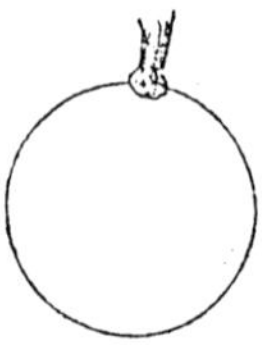

最大圓《まるさくたはつぶ》

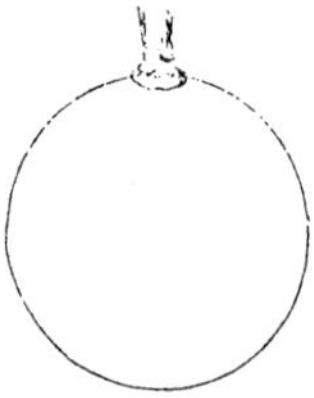

大卵形《たまごなりたはつぶ》

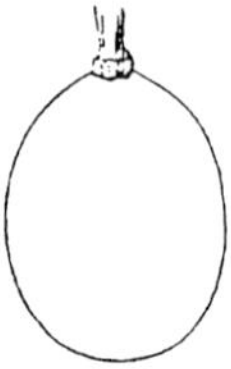

最大卵形《たまごなりさくたはつぶ》

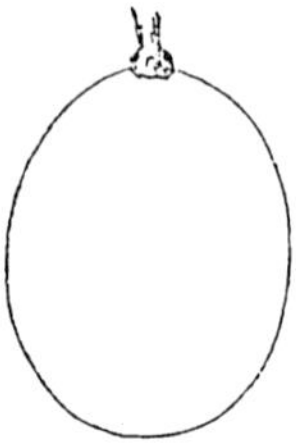

四

第一號　アンナ　(Anna.)

米國種にして樹性極めて強く寒地に適す果穂大きく岐肩あり果粒も亦大きくして疎らに着き黄白色にして薄く白粉を被むる肉質緊密にして甘味多し熟期は秋月とす品位中等なり醸酒用に供すへし

第二號　アラモン　(Aramon.)

佛國より舶來する所にして果穂長く尖り中粒にして圓く深紫黒色にして肉緊密漿多く味佳なり葡萄酒の氣あり秋月成熟す醸酒に用ふへし品位中等なり

第三號　ブラッキ、マラガ　(Black Malaga.)

歐洲種にして米國より舶來する所なり皮厚く紫黒色肉緊り味甘美なり乾藏し或ハ生食に供す

第四號　ブラッキ、ボルガンデー　(Black Burgandy.)　又單に「ボルガンデー」と稱す

佛國種なり果穂小にして密着し中粒にして圓く深紫色にして漿多く味佳なり生食並に醸酒に適す秋月成熟せり品位上品なり

第五號　ブラッキ、ジンフヰンデル　(Black Zinfindel.)　又單に「ジンフヰンデル」と稱す

佛國種なり果穂大にして岐肩あり粒ハ中等にして圓く深紫色にして微酸を帯び醸酒並に生食に宜し上品とす樹性强健にして至て豐産なり

第六號　ブラッキ、シントピーターース　(Black St.Peters.)　又單に「サン、ピーター」と稱す

漿果類　葡萄

六

葡萄第五號　ブラッキ、ジンフ井ンデル

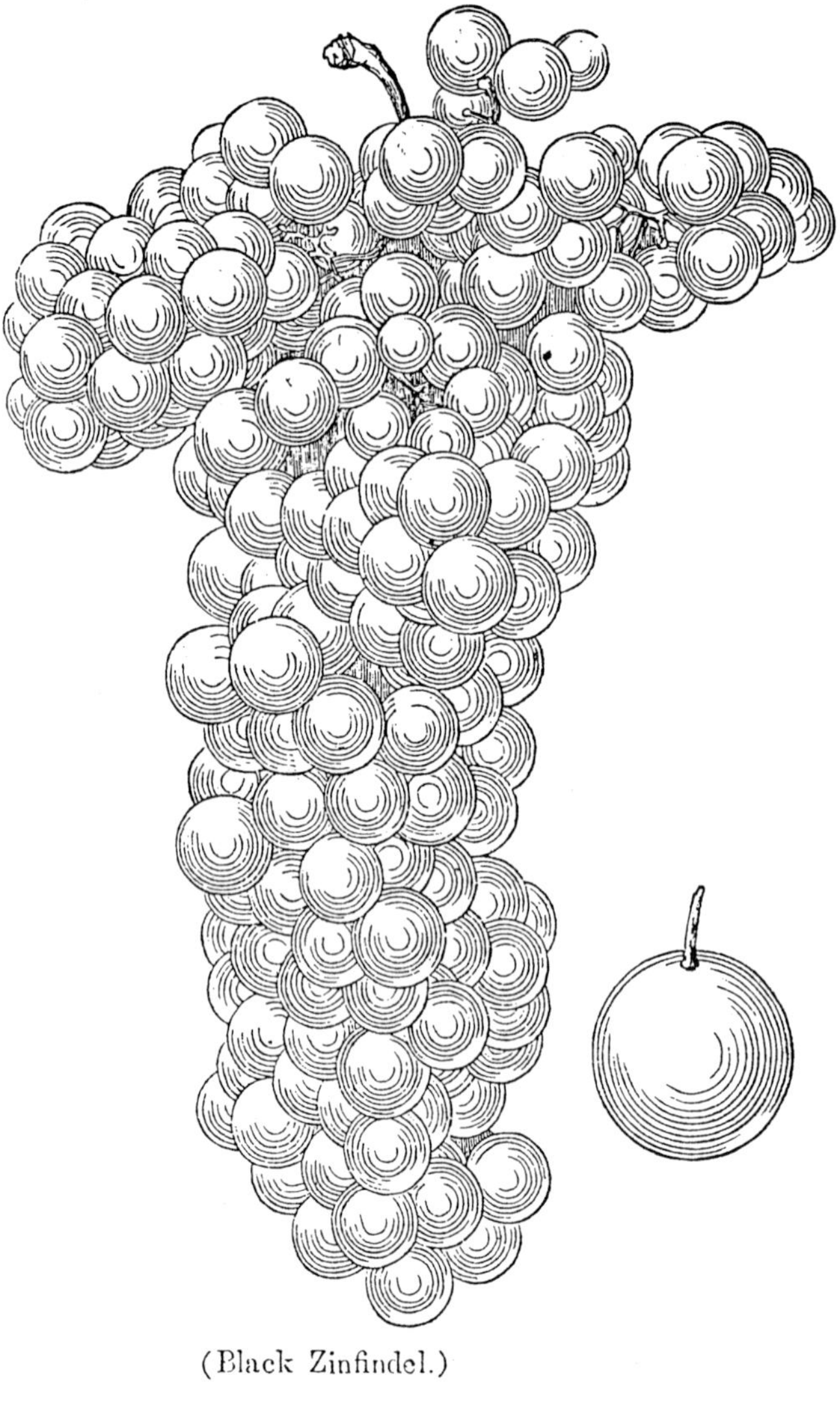

自然形

(Black Zinfindel.)

佛國種にして樹性豐產なり果穗大きく或は岐肩あり果粒は大きく稍〻卵形をなし疎着す皮强く紫黑色にして薄く白粉を被むる肉質柔かく漿多くして味甘美なり

第七號　ブラッキ、マルボイス　(Black Malvoise.)

佛國種にして紫黑色に青色を帶ぶ釀酒並に生食に用ふべし

第八號　ブラッキ、ハンボルグ　(Black Hamburgh.)

獨逸原產にして較〻暖地に適す果穗最大岐肩あり粒も亦最大にして圓く卵形を帶ぶ皮較〻厚く始め紫褐色にして後紫黑色に變じ秋月熟す味極めて甘美生食に宜し生食用黑葡萄中の最上なる者とす

第九號　ブラッキ、ロンバルデー　(Black Lombardy.)

以太利の原產にして暖地に適す極めて豐產なり果穗大にして長く岐肩あり顆粒大きく較〻卵圓にして皮薄く熟すれは深黑色となり味甚だ甘美なり葉は較〻小にして顆粒の熟する頃には紫色に變す生食並に釀酒ふ適す上品なり秋月熟す極めて豐產なり

第十號　ブラッキ、マスカット　(Black Muscat.)

米國より舶來する所なり

第十一號　ブラッキ、コリンス　(Black Corinth.)　一名「ブラッキ、ザント」(Black Zante.)
又「ザント、カルラント」(Zante Currant.)
と稱す

漿果類　葡萄

八

葡萄第八號　ブラッキ、ハンボルグ

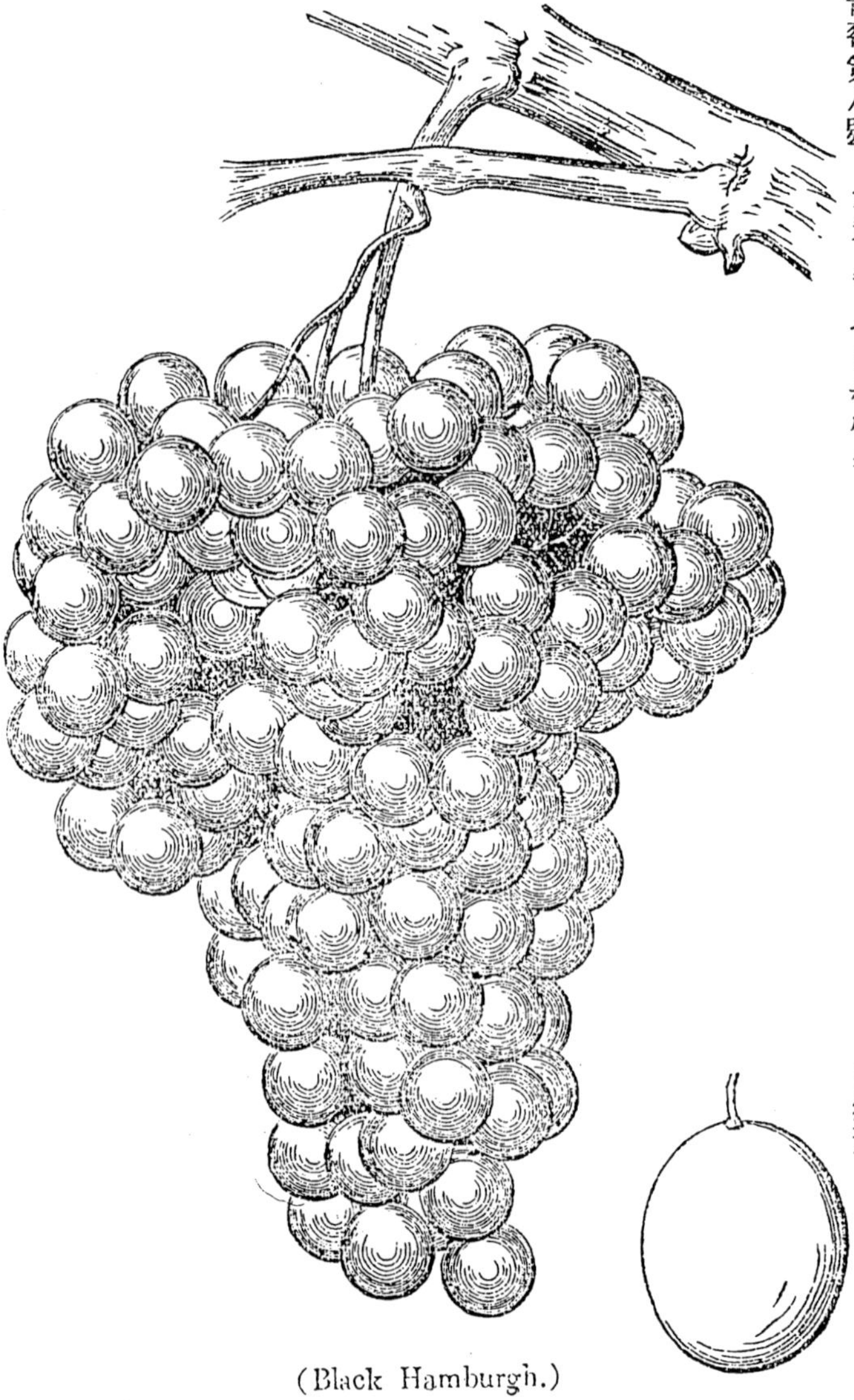

自然形

(Black Hamburgh.)

希臘國ザントの原產にして米國より舶來する所なり顆粒圓く小さくして紫黑色となり味甘して乾藏並に生食に宜し中品とす

第十二號　ブラッキ、ジユウライ　(Black July.)

佛國原產にして米國より舶來する所なり顆粒小にして密着し熟して青黑色肉柔かく漿多くして葡萄酒の香氣あり醸酒に適す樹性强健なり

第十三號　ボルダウ、ブラン　(Bordeaux Blanc.)

佛國原產なり果穗中等にして短き岐肩をなし顆粒中等にして圓し熟すれは白黃色に變す漿多くして味甘美なり夏月熟す生食並に醸酒に用ひて上品なり

第十四號　ボルダウ、ノアール　(Bordeaux Noir.)

佛國原產なり果穗中等にして短き岐肩あり顆粒中等にして圓し熟すれは深黑色にして薄粉を被むる肉柔かく味甘美なり夏月熟す生食並よ醸酒に適す上品なり

第十五號　パルテー、ノアール　(Baltet Noir.)

佛國原產なり果穗大にして岐肩あり粒は小にして圓し皮薄く紫黑色にして肉柔かく漿多くして味甘美なり生食並に醸酒に適す上品とす樹性强健にして豐產なり

第十六號　パルテー、グリー　(Baltet Gris.)

佛國の原產なり果穗小圓にして粒は大圓なり皮薄くして紫褐色肉柔らかにして漿多く味甘美仁少し夏月熟す醸酒用に適す上品とす樹性强健にして豐產なり

第十七號　コンコード　(Concord.)

米國原產なり果穗大にして岐肩あり粒大にして球狀をなす皮厚く深黑色にして白粉を被むる漿多く味甘くして一種の奇臭あり夏月熟し生食に供す品位中等とす樹性强健にして豐產なり

第十八號　カリホルニヤ　(California.)　一名「ミスション」(Mission.)と稱す

歐洲原產にして米國にて多く栽培する所なり果穗長く本豐に末尖りて岐肩あり粒は中等よりして圓く密着せす紫黑色にして厚く白粉を被むる漿多くして味甘美なり生食及釀酒用に宜し上品なり秋月熟す樹性强健にして豐產なり

第十九號　カナダ　(Canada.)

米國原產なり果穗中等にして岐肩あり粒は小にして圓く皮薄く紫黑色にして白粉を被むる漿多く味可なり釀酒に適す品位劣れとも至て栽培し易し

第二十號　クレベリング　(Crevelling.)

米國原產にして果穗大さ中等に岐肩あり粒は小圓にして疎着す皮黑色にして青粉を被むる肉柔らかく漿多くして甘味あり夏月熟す釀酒よ適せり品位中等とす樹性强健にして豐產なり

第廿一號　コーニユコピア　(Cornucopia.)

米國原產にして果穗大きく岐肩あり粒は中等にして密着す皮薄く深黑色にして白粉を被むり肉稍と緊り漿多くして味甘く微し奇臭を帶ぶ秋月熟せり釀酒に用ひて上品なり樹性强健豐產にして能く寒地に適す

第廿二號　カタウバ　(Catawba.)

米國原産なり果穂中等にして疎着し岐肩あり粒は圓くして較ゝ大なり皮厚く淡紅色に白粉を被むり肉稍ゝ緊り漿多く味甘くして微臭あり秋月熟す生食並に釀酒に用ひ上品なり樹性強健にして能く寒地に適す

第廿三號　コツタ、キヤウ、ヴエール　(Cot'a queue vert.)

佛國原産なり果穂長く岐肩をなし穂梗顆蹄共に緑色なり粒は圓く紫黒色にして較ゝ疎着し夏月熟す釀酒に宜し上品とす樹性強健にして豐産なり

第廿四號　シヤスラー、ド、フヲンテンブラウ　(Chasselas de Fontainbleau.)

佛國原産なり果穂大さ中等にして岐肩あり粒も中等にして圓く密着す熟すれは琥珀黄色となり漿多くして味甘美なり夏月熟す釀酒及ひ生食に供す上品なり

第廿五號　クヲレツト、ブランシユ　(Clairette Blanche.)

佛國原産なり果穂大さ中等にして豐に粒も肥圓なり秋月熟す白色多漿にして味甘美なり生食並よ釀酒に用ふへし樹性豐産なりとす

第廿六號　シヤルボノー　(Charboneaux.)

佛國原産なり果穂大きく顆粒中等にして紫黒色味甘し釀酒に用ひて上品とす樹性豐産なり

第廿七號　シチユアン　(Chetuant.)

佛國原産にして釀酒に用ふる種類なり樹性豐産なりと云ふ

第廿八號　ダイアナ　(Diana.)

第廿九號　デラウエーア　(Delaware.)

米國原産なり果穗大にして不齊の岐肩あり粒は大さ中等にして圓く皮厚く淡紅色にして薄粉を被むる肉軟かく漿多くして甘味あり微し奇臭を帶ぶ樹性强健豐産にして能く寒地に適し秋月熟す釀酒並に生食に適す品位上等なり

第三十號　イウメラン　(Eumelan)

米國原産にして樹性强健なり果穗大さ中等にして岐肩あり粒は中圓にして密着し暗紅色にして皮薄し肉柔かく漿多くして味甘し夏月熟す釀酒に供すへし上品なり

第卅一號　フアンダン、ロース　(Fendant Rose)

米國原産なり果穗中等にして岐肩あり粒は中等にして圓く密着す皮深紫色に薄粉を被むる肉柔かく味甘美なり夏月熟す釀酒に用ひて上品とす樹性强健にして豐産なり

第卅二號　フランケン、リスリング　(Franken Riessling.)

佛國より舶來する所にして瑞士の原産なりと云ふ果穗大さ中等顆粒も亦中等にして圓く鮮紅色なり秋月熟せり釀酒並に生食に宜し上品とす樹性豐産なり

米國より舶來する所にして原産地詳ならす果穗大さ中等にして密着し粒は中等なり皮淡黄色を呈す釀酒並に生食に適し品位上等とす

第卅三號　フレーム、カラード、トウケイ　(Flame Coloured Tokay.)

米國より舶來する處にして以太利の原産なり果穗最大にして岐肩あり粒も大圓にして着密す皮厚く暗紅色にして白粉を被り肉緊り味甘美なり釀酒並に生食に適す品位上等なり暖地に栽培するを要す

葡萄第廿九號　デラウエーア

自然形

(Delaware.)

十三

第卅四號　グッテデル　(Gutedel.)

米國より舶來する所なり獨逸の原産なりと云ふ釀酒用上品なり

第卅五號　ゴールデン、ハンボルク　(Golden Hamburgh.)

米國より舶來する所なり原産地詳ならず果穗大にして岐肩あり踈着す粒は大圓にして稍〻卵形をなす皮薄く黄熟して肉柔かく漿多く味甘美なり生食に宜し上品とす

第卅六號　グリイン、ハンガリアン　(Green Hungarian.)

米國より舶來する所なり蓋し匈牙利の原産なるべし果穗中等にして踈着し粒大さ中等にして圓く皮薄く淡綠色にして漿多く味美なり釀酒並に生食に宜し上品なり

第卅七號　ゴールデン、シャスラー　(Golden Chasselas.)

佛國原産なり果穗大にして岐肩あり粒大にして圓し皮薄くして琥珀黄色となる肉柔かくして味甘美なり釀酒並に生食に適す上品なり秋月熟す樹性强健なり

第卅八號　ガメイ、ノアール　(Gamay Noir.)

佛國原産なり果穗密着し紫黑色にして秋月熟す釀酒に適し中品とす樹性强健なり

第卅九號　ハートフォード、プロリフヰック　(Hartford Prolific.)

米國原産なり果穗大にして岐肩あり密着す粒大にして球狀をなす皮薄く紫黑色にして白粉を被むる肉緊り漿多くして味甘けれ共一種の奇臭あり夏月熟す生食に供すべし中品とす樹性豐産なり

第四十號　イサベラ　(Isabella.)

米國原産なり果穂稍々大にして岐肩あり粒大にして卵形をなし踈着す皮厚く暗紫黒色にして肉軟かく稍々緊り漿多く味甘ふして奇臭あり夏月熟す醸酒並に生食に適し中品とす樹性強健にして豐産なり

第四十一號　ジョアニスベルグ、リスリング　(Johannisberg Riessling.)　又單に「リスリング」と稱す

米國より舶來する所にして希臘の原産なり果穂中等にして密着し粒は小圓なり皮薄く淡緑色軟肉にして漿多く味甘美なり夏月熟す醸酒並に生食に適す上品なり

第四十二號　ジューラ、マスカット　(Jura Muscat.)　又「マスカット、ノアール、ド、ジューラ」(Muscat Noir de Jura.) と稱す

米國より舶來する所にして佛國の原産なり果穂長くして尖り較々岐肩あり粒は中等にして卵形をなし紫黒或は黒褐色を呈す肉緊り漿多く佳香ありて味甘美なり醸酒並に生食に供し上品とす樹性豐産なり

第四十三號　ラーガ、ブルーム　(Larga Bloom.)

米國より舶來する所ふして近來西班牙國より傳へたる所なりと云ふ乾藏及ひ生食に宜し上品とす

第四十四號　ロンバーデー　(Lombardy.)　或は第卅三號と同種なりと云ふ

以太利原産にして米國より舶來する所なり果穂最大にして岐肩あり粒は大きく圓くして密着す皮厚く暗紅色にして白粉を被る肉柔かく味甘美なり醸酒並に生食に用ふべし上品なり暖地を要す

第四十五號　モリヨン、ノアール、アチーフ　(Morillon Noir Hâtif.)

葡萄第四十一號　ジョアニスベルグ、リスリング

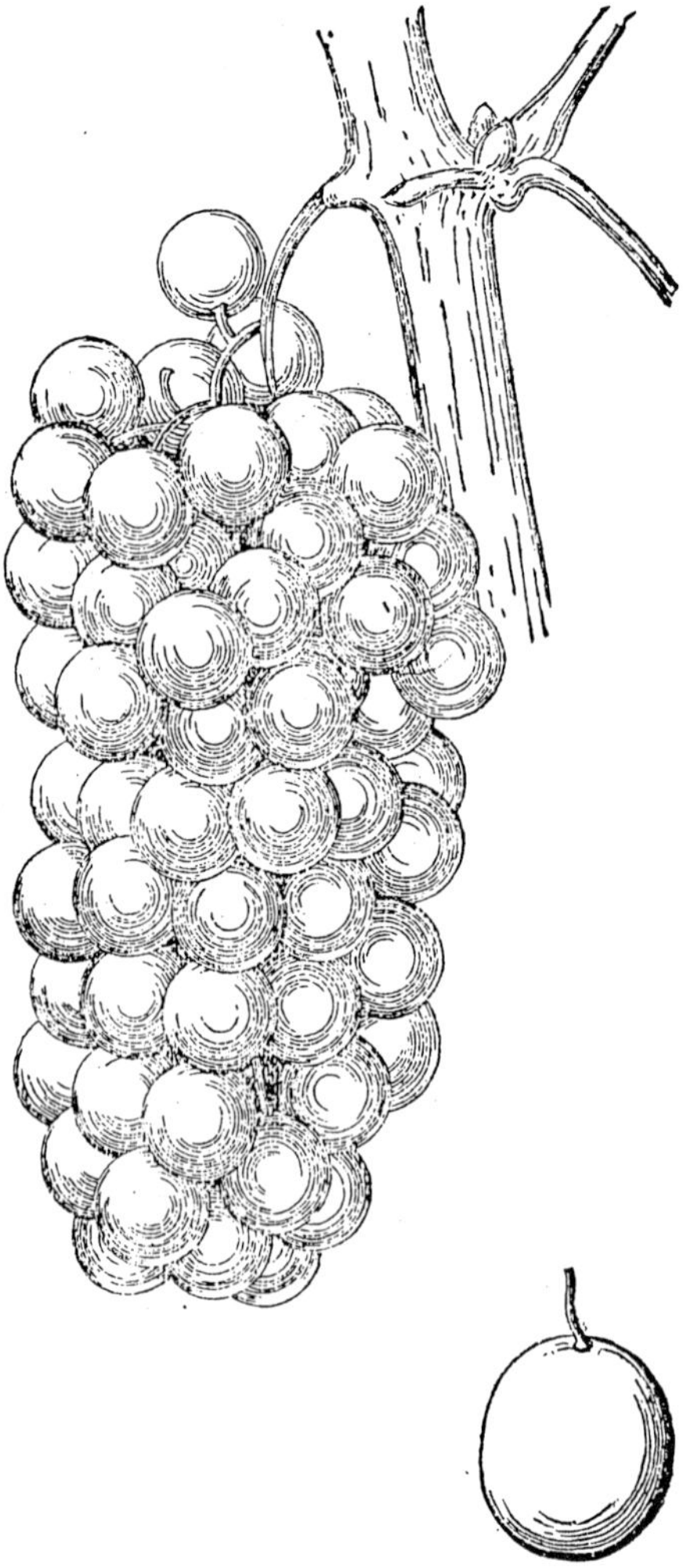

自然形

(Johanisberg Ressling.)

佛國原産なり果穗小にして密着し粒大さ中等にして圓く深紫黑色となる漿多くして味佳なり秋月熟す釀酒に宜し上品とす

第四十六號　メリエー、ノアール　(Meslier Noir.)

佛國の原産なり果穗長く顆粒圓く深黑色にして釀酒並に生食に供すべし秋月熟す上品なり

第四十七號　メリエー、ブラン　(Meslier Blanc.)

佛國の原産なり果穗肥大にして疎着し顆粒は大さ中等にして圓く熟して琥珀黄色を呈す漿多く佳香ありて味甘美なり夏月熟す釀酒並に生食に用ふべし上品とす

第四十八號　マルボアジー、ダスチー　(Malvoise d'Asti.)

以太利原産にして粒密着し熟して青褐色を呈す釀酒並に生食に供し上品なり夏月熟す

第四十九號　マスカット、ハンボルグ　(Muscat Hamburgh.)

米國より舶來する所にして原産地詳ならず果穗大にして岐肩あり粒も大にして卵形をなし皮厚く紫黑色肉緊《しま》り佳香ありて味甘美なり釀酒並に生食に供し上品なり磽地に適す

第五十號　ミユスカ、ド、フロンチギアン　(Muscat de Frontignan.)

佛國の原産なり果穗長くして能く匂《そろ》ひ粒圓くして肥大なり熟して琥珀黄色を呈し肉緊り味極めて甘美麝香に似たる一種の佳香あり秋月熟す生食並に釀酒に適す上品なり

第五十一號　マラガ、マスカッテルラ　(Malaga Muscatella.)

葡萄第四十六號

メリエー、ノアール

自然形

(Meslier Noir.)

米國より舶來する所にして歐洲の原產なり生食並に釀酒用に供す上品なり性質「マスカット」類に同しと云ふ

第五十二號　オセーロ　(Othello.)

米國原產なり果穗大にして岐肩あり密着す粒稍ゝ大にして圓し熟して赤褐色を呈す肉緊りて漿多し生食に供し中品とす夏月熟せり樹性強健にして豐產なり

第五十三號　オレアンス、リスリング　(Orleans Riessling.)

米國より舶來する所にして歐洲種なり果穗顆粒共に中等にして黃白色を呈す生食並に釀酒に適せり上品とす

第五十四號　プレコース、マラングル　(Precoce Maringre.)

佛國原產なり果穗長く顆粒小にして能く匂ひ琥珀黃色或ハ白色を呈す生食並に釀酒に供し上品とす秋月熟す樹性豐產なり

第五十五號　ペリナ　(Parina.)

佛國原產なり果穗大にして岐肩あり顆粒大さ中等にして疎着し淡黃色を呈す釀酒に適せり上品なり夏月熟す樹性豐產なり

第五十六號　ピノー、ノアール　(Pinot Noir.)　又「ピノー、ノアリアン」(Pineau Noirien.)と稱す

佛國原產なり果穗小にして密着し粒も小にして卵圓形をなす熟すれハ深紫黑色を呈し味甘美なり釀酒に適す秋月熟せり品位上品とす

第五十七號　ピノー、ノアール、アチーフ　(Pinot Noir Hâtif.)

佛國原產なり果形果色前條に似て早熟なり夏月熟す品位前條に比すれは微しく劣れり

第五十八號　ピノー、ブラン　(Pinot Blanc.)

佛國原產なり果穗小にして密着し粒は小にして圓し熟して黃白色を呈す味甘美なり釀酒並に生食に適す上品なり夏月熟す

第五十九號　ピノー、グリー　(Pinot Gris.)

佛國原產なり果穗小にして密着し粒稍〻長く皮薄ふして紫褐色を呈す糖氣ありて味甘美なり釀酒に用ひて上品なり秋月熟す

第六十號　ピエ、ド、ペルドリー　(Pied de Perdrix.)

佛國原產なり粒中等にして濃紅色を呈し秋月熟す釀酒用ょ供すべし上品とす樹性豐產なり

第六十一號　プッチ、ガメー　(Petit Gamay.)

佛國原產なり果穗小ふして楕圓形をなし粒小にして圓く熟して黑褐色を呈し微酸を帶ぶ釀酒に用ふべし中品なり夏月熟す樹性強健なり

第六十二號　プッチ、ピノー　(Petit Pinot.)

佛國原產なり顆粒「ピノー」種に比すれは小なり釀酒に適す

第六十三號　プッチ、リスリング　(Petit Riessling.)

佛國原産なり果穗中等にして密着し粒は小にして圓し皮薄く肉柔かくして漿多く味甘美なり釀酒に適す上品なり

第六十四號　ロモランタン　(Romoruntin.)

佛國原産なり釀酒に適す上品なり

第六十五號　レッド、マンソン　(Red Munson.)　或は云ふ「レッド、トラミネール」(Red Traminer.)歟

米國より舶來する所なり蓋し歐洲原産なるべし果穗小にして岐肩あり先尖り密着す顆粒較ゝ小ふして圓く淡紅色を帶び透明す皮薄く味極めて甘美なり釀酒生食共に上品なり

第六十六號　レッド、ハンガリアン　(Red Hungarian.)

米國より舶來する所なり歐洲種なるべし熟して紅色を呈す生食並に釀酒に供し上品なり

第六十七號　シイラ　(Schiras.)

佛國原産なり果穗長くして踈着し岐肩あり粒大にして圓く稍ゝ卵形をなし熟して紫紅色を呈し白粉を被むる漿多く佳香ありて味甘美なり生食に宜し上品なり夏月熟す

第六十八號　シードレッス、サルタナ　(Seedless Sultana.)

米國より舶來する所なり歐洲種なるべし果穗大きく粒圓くして密着し核を含有せず皮薄く金黃色にして光澤あり甘味多し乾藏及び生食に宜し上品なり秋月熟す

第六十九號　ベルダル　(Verdal.)　又「ベルデルホー」(Verdelho.)と稱す

葡萄牙國の原産にして米國より舶來する所なり果穗稍ゝ小にして踈着し粒小にして核を含有せず皮薄く透明にして黄綠色を呈し微し褐色を帶ぶ味甘美なり釀酒及乾藏に供し上品とす樹性强健なり

第七十號　ホワ井ト、マラガ　(White Malaga.)

米國より舶來する所にして歐洲の原産なり果穗濶く大よして岐肩あり粒も大にして卵形をなし皮厚く琥珀色を呈し肉緊り漿多くして味甘く佳香あり生食乾藏並に釀酒に供し上品とす

第七十一號　ホワ井ト、スウ井ート、ウオーター　(White Sweet Water.)

米國より舶來する處にして歐洲の原産なり果穗大さ中等にして踈着し岐肩あり粒は中等よして圓く皮薄く淡綠色肉緊り漿多くして味甘く夏月熟す生食乾藏並に釀酒に用ふべし上品とす樹性稍ゝ强健なり

第七十二號　ホワ井ト、マスカットオフ、アレキサンドリア　(White Muscat of Alexandria.)

亞弗利加洲亞歷山德里亞の原産にして米國より舶來する所なり果穗濶く大にして岐肩あり粒大にして卵形をなし踈着す皮厚く琥珀黄色を呈し肉緊りて漿多く口に入るれは麝香に似たる一種の佳香ありて味極めて甘美なり生食、乾藏並に釀酒に適し暖地を要す寒地にては栽培し難し最上品とす

第七十三號　ホワ井ト、トウケイ　(White Tokay.)

匈牙利の原産にして稍ゝ卵形をなし皮薄ふして暗白色を呈す肉柔かくして佳香あり味甘美なり生食及釀酒に用ひて上品とす

漿果類　葡萄

葡萄第七十二號

ホワヰト、マスカット、オフ、アレキサンドリア

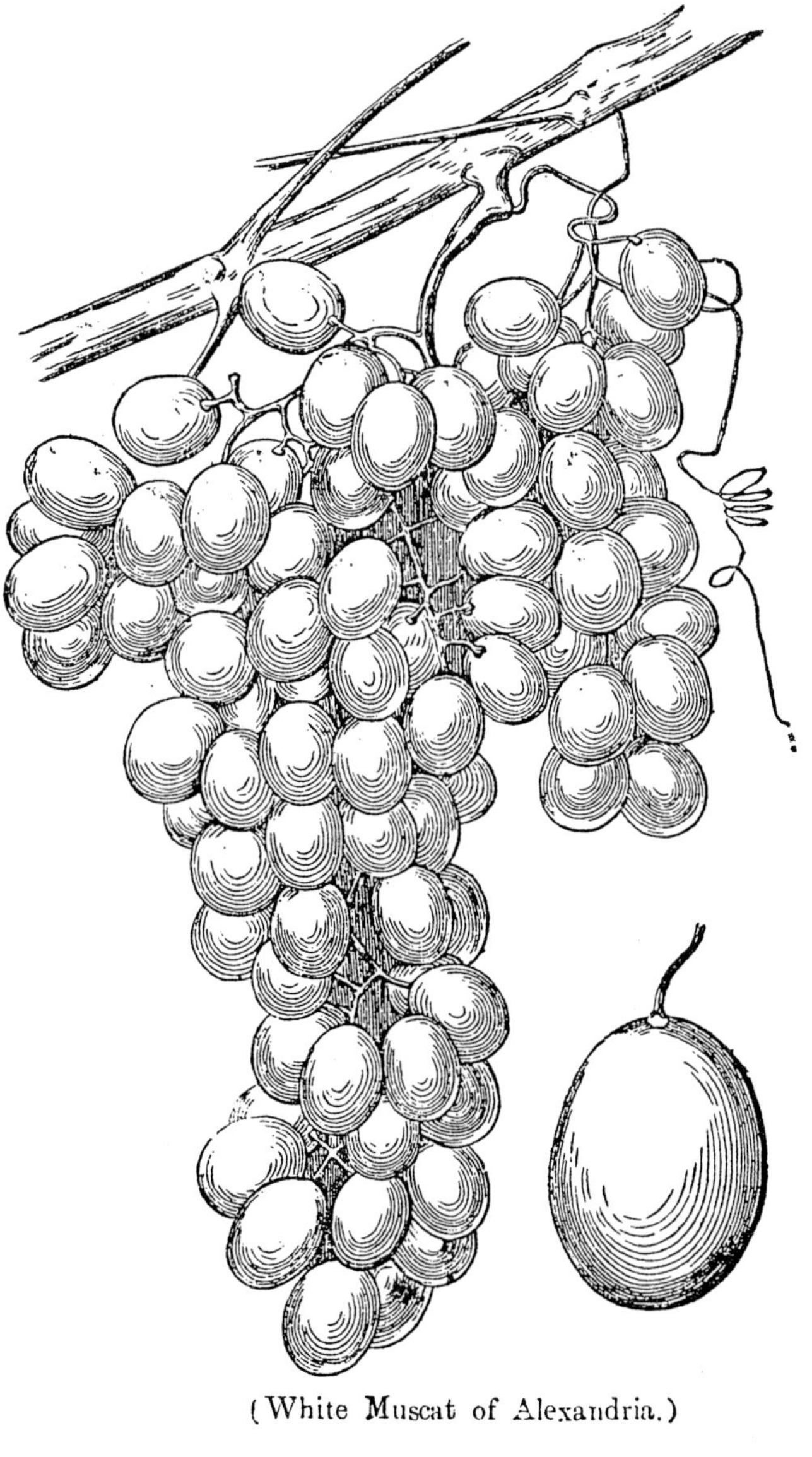

自然形

(White Muscat of Alexandria.)

二十三

第七十四號　大白葡萄

清國種なり粒大にして白色漿多くして味甘美なり生食に宜し

第七十五號　大紅葡萄

清國種なり粒大にして紅色を呈すと云ふ

第七十六號　バルバラウ　(Barbarau.)

米國より舶來する所なり果穗大さ中等粒も亦中等にして圓く熟して淡黄色に靑色を帶ふ皮薄く漿多く肉柔かにして味甘美なり生食並に釀酒に宜し上品とす

第七十七號　ボルガー　(Burger.)

米國より舶來せる所なり果穗大にして白色を呈す生食並に釀酒に用ふべし上品とす樹性豐產なり

第七十八號　ボウカー　(Bowker)

米國より舶來する所なり果穗大にして粒ハ琥珀色に靑色を帶ぶ釀酒並に生食に用ふべし上品とす

第七十九號　ブラッキ、サラ、　(Black Sarara.)

米國より舶來する所なり其性質未た詳ならず

第八十號　ブラッキ、モロッコ　(Black Morocco.)

米國より舶來せる所なり果穗大にして粒も大きく卵形をなす皮厚く暗紅色を呈し味甘美なり秋月

熟す生食並に貯藏に供し上品とす

第八十一號　ブラッキ、プリンス　(Black Prince.)

米國より舶來する所にして歐洲種なり果穗長くして岐肩をなさず粒大にして卵形をなし蹠着す皮厚く黒色を呈し厚く青粉を被る肉柔軟漿多くして味甘美なり生食に供す上品なり

第八十二號　シャスラー、ロース　(Chasselas Rose.)

米國より舶來する所にして蓋し佛國種なるへし果穗顆粒共に中等にして熟すれは黒褐色を呈す釀酒に用ひ上品なり

第八十三號　ショーチ、グリー　(Chauehe Gris.)

米國より舶來する所なり蓋し佛國種なるべし果穗顆粒共に中等にして熟すれば黒褐色を呈す釀酒に用ふ上品なり

第八十四號　シャスラー、モスク　(Chasselas Musque.)

米國より舶來する所にして歐洲種なり果穗中等にして長く粒中等にして圓く蹠着す皮薄ふして黄白色を呈し肉柔軟漿多く佳香ありて味甘美なり生食に供し上品なり温暖の地に適す

第八十五號　ショーチ、ノアール　(Chauche Noir.)

米國より舶來する所ふして佛國種なるべし果穗顆粒共に中等にして黒色を呈し味佳なり夏月熟す生食及釀酒に用ふへし上品とす

第八十六號　コロンバー　(Coloinbar.)

米國より舶來する所にして歐洲種なるへし熟して淡紅色味甘美なり生食及釀酒に用ふへし上品とす

第八十七號　アーリー、マデライン　(Early Madeline.)

米國より舶來する所にして歐洲種なり熟して琥珀黄色を呈す生食及釀酒に用ふべし上品とす

第八十八號　フエール、ザゴス　(Feher Zagos.)

米國より舶來する所にして歐洲種なり果穗大なり粒長大にして密着し熟して淡黄色に青色を帶ひ味甘く微酸氣あり生食並に釀酒に用ふへし上品とす

第八十九號　ラッフォール、ブランシ　(Laffôle Blanche.)

米國より舶來する所にして佛國種なり果穗顆粒中等にして密着し熟して琥珀黄色を呈す味甘美なり生食及釀酒に宜し上品とも

第九十號　マスカット、ロース　(Muscat Rose.)

米國より舶來する所なり佛國種なるべし果穗大にして粒も亦大きく密着す熟して淡紅色を顯し佳香ありて味甘美なり生食乾藏及釀酒に供し上品とす

第九十一號　マスカッテロ、ゴルド、ブランコ　(Muscatello Gordo Blanco.)

米國より舶來する所なり形狀「ホワ井ト、マスカット、オフ、アレキサンドリア」に似て皮薄く種子較ゝ小さく蔓强健にして較ゝ赤褐色を帶ぶ乾藏に適する良種なり

第九十二號　マタロー　(Mataro.)

米國より舶來する所なり穗粒共に中等にして黑色を顯す釀酒用に供すべし上品とす樹性豐產なり

第九十三號　マルベック　(Malbec.)

米國より舶來する所なり穗粒共に中等にして熟して黒色に青を帶ぶ釀酒に用ふべし樹性强健にして豐産なり

第九十四號　パレスタイン　(Palestine.)　又「シリアン」(Syrian.)と稱す

叙利亞パレスタインの原産にして米國より舶來する所なり果穗最大にして能く匀ひ岐肩あり最大なるは十五磅餘に至ると云ふ粒は大にして卵形をなせり皮厚く琥珀黄色にして肉緊り漿多くして味甘美なり乾藏生食並に釀酒に適す上品なり秋月熟す古來有名の葡萄なり

第九十五號　パープル、ダマスカス　(Purple Damascus.)

米國より舶來する所なり歐洲種なるべし果穗大にして粒も大きく微長なり熟して深紫色を呈す味美なり生食に宜し品位最上なり晩秋熟す

第九十六號　レッド、コーニコン　(Red Cornichon.)

米國より舶來する所にして歐洲種なり果穗大にして粒甚た長く八分許あり熟して紅色に褐色を帶び光りあり味甘美なり生食に供し上品なり秋月熟す

第九十七號　スラッソウ　(Srusseau.)

米國より舶來する所なり歐洲種なるべし釀酒に供す

第九十八號　ホワヰト、コーニコン　(White Cornichon.)

米國より舶來する所にして歐洲種なり果穗大にして疎着し粒甚た長くして棗子の狀をなす熟して琥珀黄色に微紅を帶ぶ皮厚く肉緊りて漿多く核少ふして味甘美なり生食に宜し又貯藏に耐ゆ上品なり秋月熟す

第九十九號　ホワ井ト、コリンス　(White Corinth.)

米國より舶來する所なり歐洲種なるべし果穗密着し味甘美なり

第百號　ホワ井ト、ナイス　(White Nice.)

歐洲種なり果穗最大にして岐肩あり粒は中等にして圓し皮薄く綠白色にして後黃色となる肉緊りて味甘美なり生食に供し上品なり秋月熟す樹性强健なりと云ふ

明治十七年六月十日版權免許
同　年八月五日出版

價金五拾錢

東京府平民
編輯　竹中卓郎
芝區三田四國町廿一番地

大日本農會
出版　三田育種場
芝區三田四國町二番地

發兌　三田印刷所
仝區仝町三番地

有隣堂
賣捌所　穴山篤太郎
京橋區南傳馬町二丁目十三番地

謝辞

この本がこのような「かたち」となって生まれるまでには、実に多くの方々のあたたかなお力添えを頂いた。とりわけ、一七年まえ、日本のワイン史などというものが、どんな「かたち」となるか見定めようもない時期に、業界の専門雑誌『食品工業』に連載の場を与えて下さった当時の編集長藤田忠雄氏に、まず心からお礼を申し上げる。本書の前編は、氏の励ましによって、甲州勝沼在のワイナリーに勤務するかたわら書き上げたものである。

これに目を通され、他日出版の意志のあることを表明して下さったのは、日本経済評論社社長栗原哲也氏であった。しかし、ワインについて初めて書いたこの文章を上梓することに、よろこびよりも逡巡の思いが次第に強くなった。資料渉猟の不足もさることながら、歴史を見る目を持たぬ素人のデッサンが世間に通用するものか、おそろしくなったからであった。

ちょうどその頃、『産業革命と民衆』(生活の世界歴史10)を読み、強く触発された。続いて『茶の世界史』、『時計の社会史』と読み進み、これらの、いかにも人間の匂いのする歴史書の著者、角山栄先生の学風に深く敬慕の念を覚えた。それは遂に、厚かましくも、拙稿に目を通して頂くまでに及んだ。

本書の後編は、前編を「面白い」といって下さったことに勇気づけられ、いや、思いあがりの蛮勇であったかも知れないが、ともかく、未完の仕事にもう一度取り組む意欲を持続できたからこその所産であった。再び読んで頂けるであろう、そう思いつつ筆を進めたことを記して、積年のお礼を申し上げる。

後編にとりかかるまでの十数年間、ワイン史の第一級の一次資料と出会う機縁に次々と恵まれた。思えば不思議なことである。祝村葡萄酒会社の流れを汲むワイナリーに勤務して、高野正誠、土屋竜憲、志村市兵衛の、それぞれの孫にあたられる高野正之、土屋總之助、志村富寿各氏の知己を得、貴重な資料に接することができた。それらのうち、土屋竜憲『往復記録』は、京都大学の有木純善教授が解読された未発表の研究によって、その内容を読みとることが可能となった。祝村葡萄酒会社のイメージは、こうした一次資料を繰り返し読むなかで、おのずと浮かんできたものである。各氏に深く感謝申し上げる。

日本ワイン史を源流へ遡ると、いくつかの小さな沢に分れる。殖産興業政策が日本全土にワイン醸造を目的としたブドウ栽培をうながしたためであった。それらを丹念に記録することは敢てしなかった。本書の後編は、上からの誘導によるワインづくりとはおもむきを異にする事蹟に、より多くの関心を注いだつもりである。

その中で、詫間憲久については鈴木富子さん、小沢善平については小沢匡、内藤剛両氏、藤田葡萄園については藤田本太郎氏、葡萄組商会第四分社については森下肇氏に、それぞれ多くのことを教えて頂いた。皆様の御厚意にどれだけこたえられたか。お名前を挙げてお礼の意を表したい。

終りに、日本のワインの誕生譚を書き留めておく作業を、構想の段階からそれが醸成するまで、じっくり見まもって下さり、その上、資料編を加えることまで力を入れて下さった日本経済評論社の宮野芳一氏に、言葉では言い表わせない感謝の気持を捧げる。

一九九二年一月

麻井　宇介

参考文献――書名・編著者名（出版社・出版年）――

★資料（集成）、統計、年鑑、事典類

農務顚末（一～六巻）　農林省藏版（同省　昭27～32）

明治前期勸農事蹟輯録（上・下）　農林省編（大日本農会　昭14）

明治前期産業発達史資料（一～九集）　明治文献資料刊行会編（同会　昭34～）

日本産業資料大系（一～一二巻）　滝本誠一・向井鹿松共編（中外商業新報社　大15～昭2）

明治六年山梨県理事概表　（内藤伝右衛門　明7）

山梨鑑（上・下）　小幡宗海・安藤誠治（山梨鑑編纂局　明27）

山梨百科事典　山梨日日新聞社編（同社　昭47）

新聖書大辞典　馬場嘉一編（キリスト教新聞社　昭46）

★産業史、農業史、果樹園芸史、科学技術史、農産加工業史類

現代日本産業発達史（總論上）　玉城肇（現代日本産業発達史研究会　昭42）

日本農業発達史――明治以降における――（一～一〇巻）　農業発達史調査会編（中央公論社　昭28～32）

大日本農史（今世）　農商務省藏版（東京博文館　明24）

勧農局沿革録　農務局（同局　明14）

明治前期愛知県農史　愛知県農会編（同会　明38）
愛知県園芸要鑑　愛知県農会編（同会　明43）
岡山の園芸　鋳方末彦（岡山県　昭30）
日本科学技術史大系（一巻通史1）　日本科学史学会編（第一法規出版　昭39）
同右　（二二巻農学1）　同右　（同右　昭42）
大日本洋酒缶詰沿革史　朝比奈貞良編（日本和洋酒缶詰新聞社　大4）
稲作以前（NHKブックス147）　佐々木高明（日本放送出版協会　昭46）
木の実（ものと人間の文化史47）　松山利夫（法政大学出版局　昭57）
日本の農書（中公新書852）　筑波常治（昭62）

★　地方史類

山梨県史（一～八巻）　山梨県立図書館編（同館　昭33～40）
山梨県の歴史　磯貝正義・飯田文弥（山川出版社　昭48）
山梨の百年　佐藤森三・上野晴朗・飯田文弥（NHKサービスセンター甲府支所　昭43）
勝沼町誌　勝沼町誌刊行委員会（同町役場　昭37）
勝沼町誌史料集成　上野晴朗（勝沼町役場　昭48）
東八代郡誌　山梨教育会東八代支会（同会　大3）
甲府史三十年史　甲斐新聞社編（同社　大7）
甲府市史（史料編一～六、別編一～二）　甲府市史編纂委員会（甲府市　昭58～平1）
松本市史（上・下）　松本市役所（同市　昭8）

東筑摩郡誌　信濃教育会東筑摩部会（同会　大8）
鷹岡城　成田果（同　明28）
よこはま白話（長谷川伸全集12）　長谷川伸（朝日新聞社　昭47）

★明治維新、明治文化、明治時代関連

明治文化全集（一〜二四）　吉野作造他編（日本評論社　昭2〜5）
文明開化の研究　林屋辰三郎編（岩波書店　昭54）
文明開化（歴史新書150）　井上勲（教育社　昭61）
明治事物起源　石井研堂（春陽堂　大15）
殖産興業（歴史新書111）　田村貞雄（教育社　昭52）
豪農（歴史新書119）　傳田功（教育社　昭53）
特命全権大使米欧回覧実記（五巻）　久米邦武編（岩波文庫　昭52〜57）
お雇い外国人（3自然科学）　上野益三（鹿島研究所出版会　昭43）
お雇い外国人（さっぽろ文庫19）　札幌市教育委員会編（北海道新聞社　昭56）
世界史のなかの明治維新（岩波新書黄版3）　芝原拓自（昭52）
維新と科学（岩波新書青版817）　武田楠雄（昭47）
薩摩藩英国留学生（中公新書375）　犬塚孝明（昭47）
大久保利通（中公新書190）　毛利敏彦（昭44）
福沢諭吉（岩波新書青版590）　小泉信三（昭41）
日本の産業革命　大江志乃夫（岩波書店　昭43）

新聞事始め　杉浦正（毎日新聞社　昭46）
農学事始め　安藤圓秀（東京大学出版会　昭39）
明治という国家　司馬遼太郎（日本放送出版協会　平1）

★新　聞

新聞集成　明治編年史（全一五巻）明治大正昭和新聞研究会編（同会　昭33〜35）
山梨日日新聞
横浜毎日新聞

★ブドウ・ワイン関係

葡萄三説　高野正誠（有隣堂穴山篤太郎　明23）
甲州葡萄栽培法　福羽逸人（星珠園　明14）
果樹栽培全書（一〜四）福羽逸人（博文館　明29）
学芸志林（第三）アトキンソン（東京大学　明11）
食物彙纂　相模嘉作（丸善　明35）
山梨のワイン発達史　上野晴朗（勝沼町　昭52）
ぶどう酒物語　坂本徳一（山梨日日新聞社　昭53）
本朝食鑑（東洋文庫版一〜二）人見必大（平凡社　昭51・52）
日本書紀（日本古典文学大系67、68）（岩波書店　昭42）
農業全書　宮崎安貞（学友館　明27）

大黒天印甲斐産葡萄酒沿革　宮崎光太郎（甲斐産商店　明36）
葡萄会社規則並予算（明15）

祝村葡萄酒会社関係（一次資料）

志村家資料（メルシャン葡萄酒資料館蔵）
高野正誠・土屋助次朗　修学渡航　盟約書（明10）
同右　　　　　　　　　同右　　　誓約書（明10）
岩崎社　酒造蔵、醸造器具借用約定証書（明12）
土屋家資料（土屋總之助氏蔵）
正明要録草稿
明治十年仝十一年中往復記録
葡萄栽培並葡萄酒醸造範本
懐中日記帳（帰国航海日記）
高野家資料（高野正之氏蔵）
祝村葡萄会社大福帳
従明治十二年十二月至同十七年八月　醸造営膳費支払帳
〃　　機械買入帳
〃　　樽買入帳
〃　　壜コロップ金具買入帳
〃　　薪買入帳

〃　給料支出帳
〃　日当仕拂帳
〃　手数料収入帳
〃　利子受拂帳

三田育種場・前田正名関係

前田正名　祖田修（吉川弘文館　昭48）
前田正名　今野賢三（新潮社　昭18）
舶来果樹要覧　竹中卓郎編（大日本農会三田育種場　明17）

学農社・津田仙関係

農業三事（上・下）　津田仙（前川善兵衛・青山清吉　明7）
菓実栽培（一～三）　津田仙訳編（学農社　明23～25）
津田仙　都田豊三郎（同　昭47）
津田仙　今野賢三（新潮社　昭18）
津田梅子　吉川利一（津田塾同窓会　昭31）
農業雑誌（一～四八）　学農社（同　明9～10）

盛田葡萄園・名古屋葡萄組商会関係

盛田命祺翁小伝　溝口幹編（非売品　大5）

盛田家文書目録（上・下）　鈴渓学術財団編（同財団　昭58・62）
葡萄効用論　橡谷喜三郎（葡萄組商会第四分社　明17）
明治初期のワイナリー　森下肇（東海近代史研究第五号　昭58）

岩の原葡萄園・川上善兵衛関係

葡萄栽培提要　川上善兵衛（東京三田育種場　明34）
葡萄提要　川上善兵衛（実業之日本社　明41）
実験葡萄全書（上・中・下）　川上善兵衛（西ケ原刊行会　昭7）
武田範之伝　川上善兵衛（日本経済評論社　昭62）
雪とブドウ酒の先駆者　筑波常治（思想の科学　一九六二年四月号）

撰種園・小沢善平関係

小沢家資料（小沢匡氏蔵）
小沢善平行実手稿（慶応二年〜明治十五年）他
撰種園開園ノ雑説　小沢善平（撰種園　明15）
葡萄培養法摘要　小沢善平（小沢善平　明10）
葡萄培養法（上・下）　小沢善平編（小沢善平　明12）
葡萄培養法続篇（上・下）　小沢善平編（小沢善平　明13）
五葉松　雨宮久治（私家版　昭61）

開拓使・藤田葡萄園・桂二郎関係
西洋菓樹栽培法　開拓使藏版（開拓使　明6）
草創時代に於ける札幌の工業　札幌商工会議所編（同所　昭11）
北海道開拓秘録（第一篇）　若林功（月寒学院　昭24）
北海道風土雑記　北方風物編集部（北方書院　昭24）
日独交通資料（第一輯）　丸山国雄（日独文化協会　昭9）
北海道七重村開墾條約締結始末
藤田葡萄園沿革
弘前・藤田葡萄園　藤田本太郎（小野印刷企画部　昭62）
葡萄栽培新書　桂二郎（玉井治賢　明15）

ヤ行

ラ・ワ行

ナ行

ハ行

マ行

サ行

タ行

人名索引

ア行

カ行

ハ行

マ行

ヤ・ワ行

書籍，新聞等索引

ア行

カ行

サ行

タ行

ナ行

ハ行

マ・ヤ・ラ行

事項索引

ア行

カ行

サ行

タ・ナ行

著者紹介

麻井宇介（あさい・うすけ） 本名 浅井昭吾

1930年 東京に生れる。1953年，東京工業大学卒業。大黒葡萄酒塩尻醸造場，オーシャン軽井沢ディスティラリー，メルシャン勝沼ワイナリー勤務を経て，

現 在 メルシャン㈱理事，山梨県果実酒酒造組合会長

1978年 リュブリアーナ国際ワインコンクール審査員

1984年 ブルガリア国際ワイン・コニャック・ブランデーコンクール審査員

著 書 『ウイスキーの本』（共著，井上書房，1963年），『比較ワイン文化考』（中央公論社，1981年），『ブドウ畑と食卓のあいだ』（日本経済評論社，1986年），『〈酔い〉のうつろい』（日本経済評論社，1988年），『勝沼ブドウ郷歳時記』（東京書籍，1992年）

日本のワイン・誕生と揺籃時代

1992年1月30日 第1刷発行©

著者 麻井 宇介

発行者 栗原 哲也

発行所 株式会社 日本経済評論社

〒101 東京都千代田区神田神保町3-2

電話03-3230-1661 Fax. 03-3265-2993 振替東京3-157198

乱丁落丁本はお取替え致します。

文昇堂・山本製本

Printed in Japan

日本のワイン・誕生と揺籃時代（オンデマンド版）

Digital Publishing

2003年7月25日　発行

著　者　　麻井　宇介
発行者　　栗原　哲也
発行所　　株式会社 日本経済評論社
〒101-0051　東京都千代田区神田神保町3-2
電話 03-3230-1661　FAX 03-3265-2993
E-mail: nikkeihy@js7.so-net.ne.jp
URL: http://www.nikkeihyo.co.jp/
印刷・製本　株式会社　デジタルパブリッシングサービス
URL: http://www.d-pub.co.jp/

AB323

乱丁落丁はお取替えいたします。　Printed in Japan

ISBN4-8188-1616-7